高等学校应用型本科规划教材

Jiegou Lixue
结 构 力 学

（第二版）

主　编　万德臣

副主编　庞传琴　于克萍

人民交通出版社

内 容 提 要

　　本教材是根据教育部审定的"结构力学课程教学基本要求"及土木工程专业、道路桥梁与渡河工程专业及其相关专业的教学要求编写的，取材适宜，内容精练，由浅入深，联系实际。每章有本章要点、思考题、习题以及部分答案，便于自学。

　　全书共十三章，包括：绪论、平面体系的几何构造分析、静定梁、静定平面刚架、静定拱、静定平面桁架、影响线及其应用、静定结构的位移计算、力法、位移法、渐近法、矩阵位移法、结构的动力计算。

　　本书为高等学校应用型本科规划教材，适合于应用型本科院校学生、继续教育学院本专科学生、高职高专院校专升本学生使用，也可作为自学考试教材，还可供有关工程技术人员参考。

图书在版编目（CIP）数据

结构力学/万德臣主编．—2版．—北京：人民
交通出版社，2012.11
　　ISBN 978-7-114-10095-6

　　Ⅰ.①结…　Ⅱ.①万…　Ⅲ.①结构力学　Ⅳ.
0342

中国版本图书馆 CIP 数据核字（2012）第 221705 号

高等学校应用型本科规划教材

书　　　名：结构力学（第二版）
主　　　编：万德臣
责任编辑：岑　瑜
出版发行：人民交通出版社
地　　　址：(100011) 北京市朝阳区安定门外外馆斜街 3 号
网　　　址：http：//www.ccpress.com.cn
销售电话：(010) 59757973
总 经 销：人民交通出版社发行部
经　　　销：各地新华书店
印　　　刷：北京虎彩文化传播有限公司
开　　　本：787×1092　1/16
印　　　张：17.25
字　　　数：424 千
版　　　次：2007 年 6 月　第 1 版　2012 年 11 月　第 2 版
印　　　次：2024 年 1 月　第 6 次印刷　总第 11 次印刷
书　　　号：ISBN 978-7-114-10095-6
定　　　价：30.00 元
（有印刷、装订质量问题的图书由本社负责调换）

21世纪交通版
高等学校应用型本科规划教材
编 委 会

主任委员：张起森

副主任委员：（按姓氏笔画序）

万德臣　马鹤龄　刘培文　伍必庆

汤跃群　张永清　吴宗元　武　鹤

杨少伟　杨渡军　赵永平　谈传生

倪宏革　章剑青

编写委员：（按姓氏笔画序）

于吉太　于少春　王丽荣　王保群

朱　霞　张鹏飞　陈道军　谷　趣

赵志蒙　查旭东　唐　军　曹晓岩

葛建民　韩雪峰　蔡　瑛

主要参编院校：长沙理工大学　　　　　长安大学

重庆交通大学　　　　　东南大学

华中科技大学　　　　　山东交通学院

黑龙江工程学院　　　　内蒙古大学

交通运输部管理干部学院　辽宁交通高等专科学校

鲁东大学

秘书组：岑　瑜（人民交通出版社）

第二版前言

本教材是 21 世纪交通版·高等学校应用型本科规划教材之一。根据教育部颁布实施的《普通高等学校本科专业目录》中规定的土木工程专业培养目标和教育部审定的"结构力学课程教学基本要求"而编写。本教材主要适应于应用型本科院校学生和继续教育学院本专科学生，以及高职高专院校专升本学生。本教材针对土木工程专业、道路桥梁与渡河工程专业以及其他相关专业。

本教材编写中参考了许多高校教材，吸取了多年来的教学经验。力求取材适宜，内容精练，由浅入深，联系实际，并注重培养学生的分析能力、解题能力和自学能力。每章有知识要点提示、思考题及习题和答案，便于自学。

本教材在 2007 年第一版的基础上，听取了使用者的意见，编者又对全书进行了认真修订，并在第四章中增加了平面刚架例题，强化刚架分析计算的技能；在第九章中增加了第五节连续梁的基本结构，以便加强连续梁的概念，提高对连续梁的计算能力。

全书由山东交通学院万德臣教授担任主编，由山东交通学院庞传琴、长安大学于克萍担任副主编。第一、二、三、十一章由山东黄河工程集团有限公司高西柱编写；第四、五章由山东交通学院朱文心编写；第六、八、十二章由山东交通学院万德臣编写；第七章由山东交通学院彭霞编写；第九、十章由山东交通学院庞传琴编写；第十三章由长安大学于克萍编写。

读者在使用本教材过程中，如发现不妥或错误之处，敬请批评指正。有关意见可寄山东交通学院土木工程学院（济南市长清大学科技园海棠路 5001 号，邮编 250357），以便进一步完善。

编　者

2012 年 7 月

第一版前言

本教材是 21 世纪交通版·高等学校应用型本科规划教材之一，根据教育部颁布实施的《普通高等学校本科专业目录》中规定的土木工程专业培养目标和教育部审定的"结构力学课程教学基本要求"而编写。本教材主要适用于应用型本科院校学生、继续教育学院本专科学生，以及高职高专院校专升本学生。本教材主要针对土木工程专业、道路桥梁与渡河工程专业以及其他相关专业。

本教材编写中参考了许多高校教材，吸取了多年来的教学经验，力求做到取材适宜，内容精练，由浅入深，联系实际，并注重培养学生的分析能力、解题能力和自学能力。每章有本章要点、思考题及习题以及部分习题答案，便于自学。

全书由山东交通学院万德臣担任主编，由山东交通学院庞传琴、长安大学于克萍担任副主编。全书第一、二、三、十一章由山东黄河工程集团有限公司高西柱编写；第四、五章由山东交通学院朱文心编写；第六、十二章由山东交通学院万德臣编写；第七章由山东交通学院彭霞编写；第九、十章由山东交通学院庞传琴编写；第八、十三章由长安大学于克萍编写。

读者在使用本教材过程中，如发现不妥或错误之处，敬请批评指正。有关意见可寄山东交通学院土木工程系（济南市交校路 5 号，邮编 250023），以便进一步完善。

编　者
2007 年 1 月

目　　录

第一章 绪 论

本章要点

- 结构力学的任务与方法；
- 结构的计算简图；
- 结构和杆件的分类，荷载的分类。

第一节 结构力学的研究对象和任务

工程中的桥梁、隧道、房屋、塔架、挡土墙、基础等用以担负预定任务、支承荷载的建筑物，都可称为结构。

按照几何特征，结构可分为杆件结构、薄壁结构和实体结构。杆件结构是由长度远大于其他两个尺度（截面的高度和宽度）的杆件组成的结构。薄壁结构是指其厚度远小于其他两个尺度（长度和宽度）的结构，如板（图1-1）和壳（图1-2）。实体结构则三个方向的尺度相近，如水坝（图1-3）、地基、钢球等。

图1-1 板　　　　　　　　图1-2 壳　　　　　　　　图1-3 水坝

结构力学的研究对象主要是杆件结构，其具体任务有以下几个方面。

(1)研究结构的组成规则和合理形式。

(2)研究结构在荷载等因素作用下的内力和位移的计算。

(3)研究结构的稳定性，以及动力荷载作用下结构的反应。

结构力学是一门技术基础课，它一方面要用到理论力学和材料力学等课程的知识，另一方面又为学习桥梁、隧道、建筑结构等课程提供必要的基本理论和计算方法。

第二节 结构的计算简图

实际结构总是比较复杂的，要完全按照结构的实际情况进行力学分析，是很烦琐和困难的，也是不必要的。因此，在计算之前，往往对实际结构加以简化，反映其主要受力和变形性能，略去次要因素，用一个简化图形来代替实际结构。这种图形就称为结构的计算简图。简化工作通常包括以下5个方面。

1. 结构体系的简化

实际结构都是空间结构，这样才能抵御来自各个方面的荷载。但在多数情况下空间结构可以忽略一些次要的空间约束的作用，或是将这种空间约束作用转化到平面内，从而将实际结构分解为平面结构，使计算得以简化。

2. 杆件的简化

杆系结构中的杆件，在计算简图中均用杆件的轴线来表示，杆件的长度一般可用轴线交点间的距离表示。

3. 结点的简化

杆件间相互联结处称为结点。木结构、钢结构和混凝土结构的结点，具体构造形式虽不尽相同，但其结点的计算简图常可归纳为以下两种类型。

(1)铰结点。其特征是所联结各杆可以绕结点做自由转动，因此可用一理想光滑的铰来表示。例如，图1-4a)所示为木屋架的下弦中间结点构造图，由于杆件间的联结对于相对转动的约束不强，受力时杆件可能发生微小的相对转动，因此，这种结点可近似地作为铰结点处理［图1-4b)］。图1-5a)所示为一钢桁架的结点，该处虽然是把各杆件焊接在结点板上使各杆端不能相对转动，但在桁架中各杆主要是承受轴力，因此计算时仍常将这种结点简化为铰结点［图1-5b)］。由此引起的误差在多数情况下是允许的。

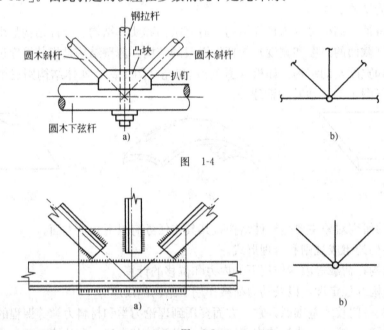

图 1-4

图 1-5

(2)刚结点。其特征是所联结杆件之间不能在结点处产生相对转动，即在刚结点处各杆之间的夹角在变形前后保持不变，可以传递力也可以传递力矩。图1-6a)所示为混凝土多层刚架边柱与横梁的结点构造图。由于边柱与横梁间为整体浇筑，同时横梁的受力钢筋伸入柱内并满足锚固长度的要求，因而就保证了横梁与边柱能相互牢固地联结在一起，构成了刚结点。其计算简图如图1-6b)所示。

4. 支座的简化

把结构与基础联系起来的装置称为支座。结构所受的荷载通过支座传递给基础和地基。

支座对结构的反作用力称为支座反力。平面结构的支座形式主要有以下5种类型。

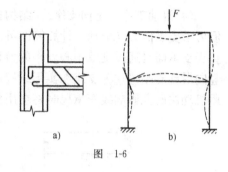

图 1-6

（1）活动铰支座。图1-7a)为一桥梁活动铰支座的照片，图1-7b)、图1-7c)是桥梁中用的辊轴支座及摇轴支座的简化图形。它容许结构在支承处绕圆柱铰 A 转动和沿平行于支承平面 m-n 的方向移动，但 A 点不能沿垂直于支承面的方向移动。当不考虑摩擦力时，这种支座的反力 R_A 将通过铰 A 中心并与支承平面 m-n 垂直，即反力的作用点和方向都是确定的，只有它的大小是一个未知量。根据这种支座的位移和受力的特点，在计算简图中，可以用一根垂直于支承面的链杆 AB 来表示［图1-7d)］。此时结构可绕铰 A 转动，链杆又可绕铰 B 转动，当转动很微小时，A 点的移动方向可看成是平行于支承面的。

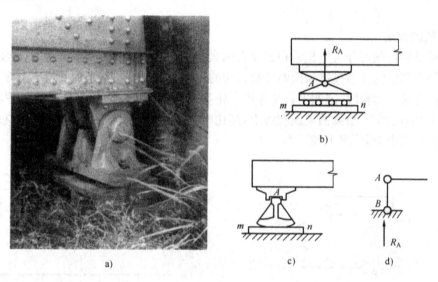

图 1-7

（2）固定铰支座。图1-8a)、图1-8b)所示的铰支座，容许结构在支承处绕圆柱铰 A 转动，但 A 点不能做水平移动和竖向移动。支座反力 R_A 将通过铰 A 中心，但大小和方向都是未知的。通常可用沿两个确定方向的分反力，如水平反力 H_A 和竖向反力 V_A 来表示。这种支座的计算简图可用交于 A 点的两根支承链杆来表示，如图1-8c)或图1-8d)所示。

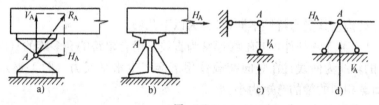

图 1-8

（3）固定支座。图1-9a)所示固定支座不容许结构在支承处发生任何移动和转动，它的反力大小、方向和作用点位置都是未知的，通常用水平反力 H_A、竖向反力 V_A 和反力偶 M_A 来表示，计算简图如图1-9b)所示。

(4)滑动支座（定向支座）。结构在支承处不能转动，不能沿垂直于支承面的方向移动，但可沿支承面方向滑动。计算简图可用垂直于支承面的两根平行链杆表示，其反力为一个垂直于支承面（通过支承中心点）的力和一个力偶。图 1-10 为一水平滑动支座，图 1-11 为一竖向滑动支座（这种支座在实际结构中并不常见，但在对称结构取一半的计算简图中，以及用机动法研究影响线等情况时将会用到）。

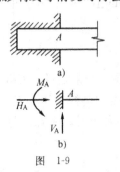

图 1-9

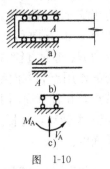

图 1-10

5. 荷载的简化

结构承受的荷载可分为体积力和表面力两大类。体积力指的是结构的重力和惯性力等；表面力则是由其他物体通过接触面而传给结构的作用力，如土压力、车辆的轮压力等。在杆件结构中把杆件简化为轴线，因此不管是体积力还是表面力都可以简化为作用在杆件轴线上的力。如图 1-12a)所示一根梁两端搁在墙上，简化时，梁的自重视为沿梁轴线均匀分布的荷载，重物近似看作集中荷载[图 1-12b)]。

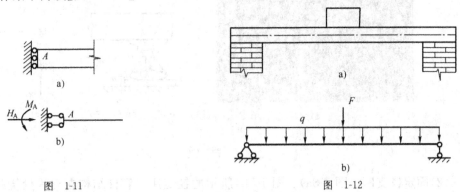

图 1-11   图 1-12

第三节 杆件结构的分类

常用的杆件结构按其受力特性不同，可分为以下几种。

(1)梁。梁是一种受弯杆件，其轴线通常为直线，梁有单跨的和多跨的（图 1-13）。

(2)拱。拱的轴线为曲线且在竖向荷载作用下会产生水平反力（图 1-14），这使得拱内弯矩比跨度、荷载相同的梁的弯矩为小。

(3)刚架。由直杆组成并具有刚结点（图 1-15）。

(4)桁架。由直杆组成，但所有结点均为铰结点（图 1-16），当只是结点受集中荷载作用时，各杆只产生轴力。

(5)组合结构。这是由桁架与梁或桁架与刚架组合在一起的结构，其中桁架杆件只承受轴力，其余杆件则同时还承受弯矩和剪力（图1-17）。

图 1-13   图 1-14

按照杆轴线和外力的空间位置，结构可分为平面结构和空间结构。

如果结构的各杆轴线及外力（包括荷载和反力）均在同一平面内，则称为平面结构，否

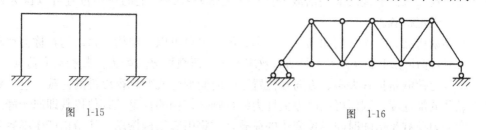

图 1-15   图 1-16

则便是空间结构。实际上工程中的结构都是空间结构，不过在很多情况下可以简化为平面结构或近似分解为几个平面结构来计算。当然，不是所有情况都能这样处理，有些必须作为空间结构来计算，如图1-18所示的塔架。

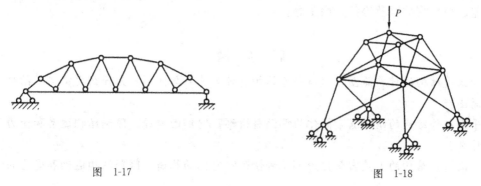

图 1-17   图 1-18

（6）悬索结构。主要承重构件为悬挂于塔、柱上的缆索，索只受轴向拉力，可充分发挥钢材的强度，且自重轻，跨度大，如悬索桥、斜拉桥（图1-19）等。

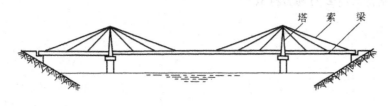

图 1-19

按照内力是否静定，结构可分为静定结构和超静定结构。若在任意荷载作用下，结构的全部反力和内力都可以由静力平衡条件确定，这样的结构便称为静定结构〔如图1-13a)〕；若只靠平衡条件还不能确定全部反力和内力，还必须考虑变形条件才能确定，这样的结构便称为超静定结构〔如图1-13b)〕。

第四节　荷载的分类

荷载（作用）是主动作用在结构上的外力，按不同分类方法，荷载可进行如下分类。

(1)按作用时间的久暂，荷载可分为恒载和活载。

①恒载是长期作用在结构上的不变荷载，如结构的自重、土压力等。

②活载是暂时作用于结构上的可变荷载，如列车、人群、风、雪荷载等。

(2)按作用位置是否变化，荷载可分为固定荷载和移动荷载。

①固定荷载。恒载及某些活载（如风、雪等）在结构上的作用位置可以认为是不变动的，称为固定荷载。

②移动荷载。有些活载如列车、汽车、吊车等是可以在结构上移动的，称为移动荷载。

(3)根据荷载对结构所产生的动力效应大小，荷载可分为静力荷载和动力荷载。

①静力荷载是指其大小、方向和位置不随时间变化或变化很缓慢的荷载，它不致使结构产生显著的加速度，因而可以略去惯性力的影响。结构的自重及其他恒载即属于静力荷载。

②动力荷载是指随时间迅速变化的荷载，它将引起结构振动，使结构产生不容忽视的加速度，因而必须考虑惯性力的影响。打桩机产生的冲击荷载、动力机械产生的振动荷载、风及地震产生的随机荷载等，都属于动力荷载。

除荷载外，还有其他一些因素也可以使结构产生内力或位移，如温度变化、支座沉陷、制造误差、材料收缩以及松弛、徐变等。

思　考　题

1.什么是结构的计算简图？它与实际结构有什么关系与区别？为什么要将实际结构简化为计算简图？

2.平面杆件结构的结点通常简化为哪两种情形？它们的构造、限制结构运动和受力的特征各是什么？

3.平面杆件结构的支座常简化为哪几种情形？它们的构造、限制结构运动和受力的特征各是什么？

4.常用的杆件结构有哪几类？

5.怎样区别静力荷载与动力荷载？

第二章　平面体系的几何构造分析

本章要点

- 自由度和约束的概念；
- 几何不变、几何可变、瞬变的概念；
- 无多余约束几何不变体系组成的三个基本规则。

第一节　概　　述

杆件结构通常是由若干杆件相互联结而组成的体系，但并不是无论怎样组成都能作为工程结构使用的。例如，图 2-1a)所示由两根杆件与地基组成的铰接三角形，在平面内受到任意荷载作用时，若不考虑材料的变形，则其几何形状与位置均能保持不变，这样的体系称为几何不变体系；而图 2-1b)所示铰接四边形，即使不考虑材料的变形，在很小的荷载作用下，也会发生机械运动而不能保持原有的几何形状和位置，这样的体系称为几何可变体系。一般工程结构都必须是几何不变体系，而不能采用几何可变体系，

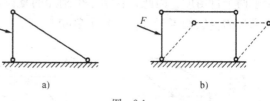

图　2-1

否则将不能承受任意荷载而维持平衡。因此，在设计结构和选取其计算简图时，首先必须判别它是否几何不变，从而决定能否采用。这一工作就称为体系的几何构造分析。

在几何构造分析中，由于不考虑材料的变形，因此可以把一根杆件或已知是几何不变的部分看作是一个刚体。在平面体系中又将刚体称为刚片。

第二节　平面体系的计算自由度

分析一个体系是否几何不变，实际上就是判别该体系是否存在刚体运动的自由度。因此，先来介绍自由度和约束的概念。

1. 自由度

所谓自由度，是指完全确定体系位置所需要的独立的坐标数目。例如，一个点在平面内自由运动时，其位置要用两个坐标 x 和 y 来确定 [图 2-2a)]，所以一个点的自由度等于 2。又例如一个刚片在平面内自由运动时，其位置可由它上面任一点 A 的坐标 x、y 和任一直线 AB 的倾角 φ 来确定 [图 2-2b)]，因此一个刚片的自由度等于 3。

2. 约束

限制运动的装置称为约束，体系的自由度因加入约束而减少。凡减少一个自由度的装

置，称为一个约束。常用的约束有链杆和铰。图 2-3a)所示为用一根链杆将一个刚片与地基

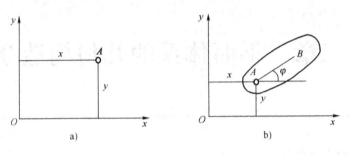

图 2-2

相联，因 A 点不能沿链杆方向移动，故刚片只有两种运动方式：A 点绕 C 点转动；刚片绕 A 点转动。此时刚片的位置只需用两个参数如链杆的倾角 φ_1 及刚片上任一直线的倾角 φ_2 即可确定，其自由度由 3 减少为 2。由此可知，一根链杆为一个约束。图 2-3b) 用一个圆柱铰 A 把两个刚片联结起来，这种联结两个刚片的铰称为单铰。刚片 I 的位置由 A 点的坐标 x、y 和倾角 φ_1 确定后，刚片 II 只能绕 A 点转动，其位置只需一个参数倾角 φ_2 即可确定。这样，两个刚片总的自由度就由 6 减为 4，可见一个单铰为两个约束，也就是相当于两根链杆的作用。有时一个铰同时联结两个以上刚片，这种铰称为复铰。如图 2-3c) 所示，三个刚片共用一个铰 A 相联。若刚片 I 的位置已确定，则刚片 II、III 都只能绕 A 点转动，从而各减少了两个自由度。因此，联结三个刚片的复铰相当于两个单铰的作用。由此可推知，联结 n 个刚片的复铰相当于 $(n-1)$ 个单铰。

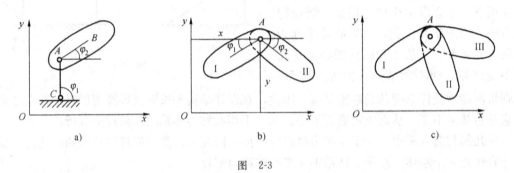

图 2-3

如果在体系中加入一个约束，而体系的自由度并不因此而减少，则此约束称为多余约束。

3. 平面体系的计算自由度

一个平面体系，通常是由若干个刚片彼此用铰相联并用支座链杆与基础相联而组成的。设其刚片数为 m，单铰数为 h，支座链杆数为 r，则当各刚片都是自由时，它们所具有的自由度总数为 $3m$；而现在所加入的约束总数为 $(2h+r)$，设每个约束都使体系减少一个自由度，则体系的自由度为

$$W = 3m - (2h+r) \tag{2-1}$$

实际上每个约束不一定都能使体系减少一个自由度，因为这还与约束的具体布置情况有关。因此，W 不一定能反映体系的真实自由度。为此，把 W 称为体系的计算自由度。

下面举例说明 W 的计算。如图 2-4 所示体系，可将除支座链杆外的各杆件均当作刚片，其中 CD 与 BD 两杆在结点 D 处为刚结，因而 CDB 为一连续整体，故可作为一个刚片。这样总的刚片数 $m=8$。在计算单铰数 h 时，应正确识别各复铰所联结的刚片数。例如，在结

点 D 处，折算单铰数应为 2，其余各结点处的折算单铰数均在图中括号内标出。这样，体系的单铰数共为 $h=10$。注意到固定支座 A 处相当于有三根支座链杆，故体系总的支座链杆数为 $r=4$。于是由式（2-1）可算出此体系的自由度为

$$W=3m-(2h+r)=3\times8-(2\times10+4)=0$$

又如图 2-5a）所示桁架，用式（2-1）求其自由度，为

$$W=3\times9-(2\times12+3)=0$$

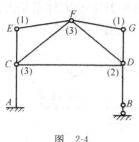

图 2-4

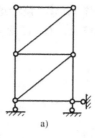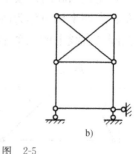

a)　　　　　　　b)

图 2-5

图 2-5a）所示完全由两端铰接的杆件所组成的体系，称为铰接链杆体系。这类体系的自由度，除可用式（2-1）计算外，还可用下面更简便的公式来计算。设 j 代表结点数，b 表示杆件数，r 为支座链杆数。若每个结点均为自由，则有 $2j$ 个自由度，但联结结点的每根杆件都起一个约束的作用，故体系的自由度为

$$W=2j-(b+r) \tag{2-2}$$

例如，对于图 2-5a）的桁架，按式（2-2）计算有

$$W=2\times6-(9+3)=0$$

与上面结果相同。

任何平面体系的自由度，按式（2-1）或式（2-2）计算的结果，将有以下三种情况。

(1)$W>0$，表明体系缺少足够的约束，因此肯定是几何可变的。

(2)$W=0$，表明体系具有成为几何不变所必需的最少约束数目。如果布置得当，则是几何不变的 [图 2-5a）]；如果布置不当，则是几何可变的 [图 2-5b）]。

(3)$W<0$，表明体系具有多余约束，但体系是否几何不变同样要看约束布置是否得当。

由上可见，一个几何不变体系必须满足 $W\leqslant0$ 的条件。

有时可以不考虑支座链杆，而只检查体系本身（或称体系内部）的几何不变性。这时，由于本身为几何不变的体系作为一个刚片在平面内尚有 3 个自由度，因此体系本身为几何不变时必须满足 $W\leqslant3$ 的条件。

必须指出，一个体系满足了 $W\leqslant0$（或体系本身 $W\leqslant3$）的条件，不一定就是几何不变的。因为尽管体系总的约束数目足够甚至还有多余，但若布置不当，则仍可能是几何可变的。因此自由度 $W\leqslant0$（或体系本身 $W\leqslant3$），只是几何不变的必要条件。为了判别体系是否几何不变，还须进一步研究其充分条件，即几何不变体系的几何组成规则。

第三节　几何不变体系的基本组成规则

几何不变的平面体系的几何组成规则，归结为以下三条基本组成规则。

1. 三刚片规则

三个刚片用不在同一直线上的三个单铰两两相联，组成的体系是几何不变的。

图 2-6 所示铰接三角形，每一根杆件均为一个刚片，每两个刚片间均用一个单铰相联，故称为"两两相联"。假定刚片 I 不动（如把 I 看成地基），则刚片 II 只能绕铰 A 转动，其上的 C 点只能在以 A 为圆心，以 AC 为半径的圆弧上运动；刚片 III 只能绕铰 B 转动，其上的 C 点只能在以 B 为圆心以，BC 为半径的圆弧上运动。但是刚片 II、III 又用铰 C 相联，铰 C 不可能同时沿两个方向不同的圆弧运动，因而只能在两个圆弧的交点处固定不动，于是各刚片间不可能发生任何相对运动。因此，这样组成的体系是几何不变的。例如，图 2-7 所示三铰拱，其左、右两半拱可作为刚片 I、II，整个地基可作为一个刚片 III，故此体系是由三个刚片用不在同一直线上的三个单铰 A、B、C 两两相联组成的，为几何不变体系。

图 2-6　　　　　　　　　　　　　　　图 2-7

2. 二元体规则

两根不在一直线上的链杆联结一个新结点的构造称为二元体。在一个体系上增加或删去一个二元体，不会改变原体系的几何构造性质。如图 2-8 所示，在一个刚片上增添一个二元体仍为几何不变体系。

在分析图 2-9 所示桁架时，可任选一铰接三角形如 123 为基础，增加一个二元体的结点 4，从而得到几何不变体系 1234；再以其为基础，增加一个二元体的结点 5，…，如此依次增添二元体而最后组成该桁架，故知它是一个几何不变体系。

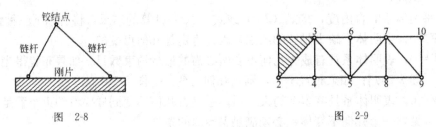

图 2-8　　　　　　　　　　　　　　　图 2-9

此外，也可以反过来，用拆除二元体的方法来分析。因为从一个体系拆除一个二元体后，所剩下的部分若是几何不变的，则原来的体系必定也是几何不变的。现从结点 10 开始拆除一个二元体，然后依次拆除结点 9，8，7，…，最后剩下铰接三角形 123，它是几何不变的，故知原体系也是几何不变的。

当然，若去掉二元体后剩下的部分是几何可变的，则原体系必定也是几何可变的。

3. 两刚片规则

两个刚片用一个铰和一根不通过此铰的链杆相联，为几何不变体系，或者两个刚片用三根不全平行也不交于同一点的链杆相联，为几何不变体系。

图 2-10 所示体系，显然也是按三刚片规则组成的，但如果把三个刚片中的两个作为刚片，另一个看作是链杆，则此体系即为两个刚片用一个铰和不通过此铰的一根链杆相联而组成的。这当然是几何不变体系，因为这与三刚片规则实际上也相同。

两个刚片还有用三根链杆相联的情形。为了分析此种情形，先来讨论两刚片间用两根链杆相联时的运动情况。如图 2-11 所示，假定刚片 I 不动，则刚片 II 运动时，链杆 AB 将绕

A 点转动,因而 B 点将沿与 AB 杆垂直的方向运动;同理,D 点将沿与 CD 杆垂直的方向运动。因而可知,整个刚片 II 将绕 AB 与 CD 两杆延长线的交点 O 转动。O 点称为刚片 I 和 II 的相对转动瞬心。此情形就相当于将刚片 I 和 II 在 O 点用一个铰相联,这种铰称为虚铰。

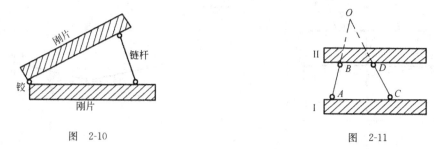

图 2-10   图 2-11

图 2-12 所示为两个刚片用三根不全平行也不交于同一点的链杆相联的情况。此时可把链杆 AB、CD 看做是在其交点 O 处的一个铰。故此两刚片又相当于用铰 O 和链杆 EF 相联,而铰与链杆不在一直线上,故为几何不变体系。

例如,对图 2-13 所示体系进行几何组成分析时,可把地基作为一个刚片,当中的 T 字形部分 BCE 作为一个刚片。左边的 AB 部分虽为折线,但本身是一个刚片而且只用两个铰与其他部分相联,因此它实际上与 A、B 两铰连线上的一根链杆(如图 2-13 中虚线所示)的作用相同。同理右边的 CD 部分也相当于一根链杆。这样,此体系便是两个刚片用 AB、CD 和 EF 三根链杆相联而组成,三杆不全平行也不同交于一点,故为几何不变体系。

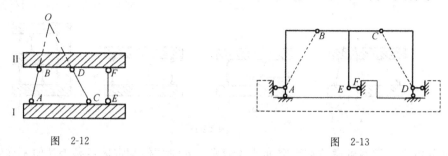

图 2-12   图 2-13

以上介绍了几何不变的平面体系的三条简单组成规则,按这些规则组成的几何不变体系,其自由度均为 $W=0$(或体系本身 $W=3$),因而都是没有多余约束的。

第四节   瞬 变 体 系

上述规则中,都提出了限制条件,如联结三刚片的三个铰不能在同一条直线上、联结两刚片的三根链杆不全平行也不交于一点等。现在来研究不加这些限制条件,其结果如何。

如图 2-14 所示的三个刚片,它们之间用在一条直线上的三个铰两两相联。此时,点 C 位于以 AC 和 BC 为半径的两圆弧的公切线上,故此瞬时铰 C 可沿此公切线方向运动,因而体系是几何可变的。不过一旦发生微小位移(铰 C 移动到 C')后,三铰就不再共线,运动也就不再继续发生。这种原为几何可变、经微小位移后即转化为几何不变的体系,称为瞬变体系。瞬变体系也是一种几何可变体系。为了区别起见,又可将经微小位移后仍能继续发生刚体运动的几何可变体系称为常变体系〔如图 2-1b)及图 2-5b)所示体系〕。这样,几何可变体系便包括常变体系和瞬变体系两种。

瞬变体系在工程结构中能否采用？现来分析图 2-15 所示体系的内力。由平衡条件可知，AC 和 BC 的轴力为：

$$N=\frac{P}{2\sin\theta}$$

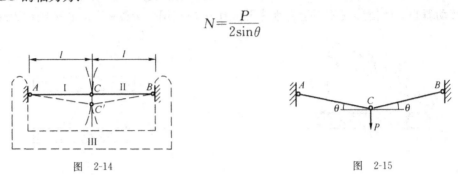

图 2-14　　　　　　　　　　图 2-15

当 $\theta=0$ 时，便是瞬变体系，此时若 $P=0$（称为零荷载）则 N 为不定值；若 $P\neq0$ 则 $N=\infty$。这表明，瞬变体系即使在很小的荷载作用下也会产生巨大的内力，从而可能导致体系的破坏。因此工程结构中不能采用瞬变体系，而且接近于瞬变的体系也应避免。

又如图 2-16 所示的两个刚片，它们之间用三根链杆相联。若三根链杆交于同一点 [图 2-16a)]，则两刚片可绕交点 O 做相对转动，但发生转动后三杆一般便不再交于同一点，故此体系为瞬变体系。若三杆平行但不等长时 [图 2-16b)]，两刚片发生微小相对移动后三杆便不再全平行，因此属瞬变体系；若三杆平行且等长，在同侧方向联出时 [图 2-16c)]，则运动可一直继续下去，故为常变体系。在异侧方向联出时 [图 2-16d)]，则为瞬变体系。

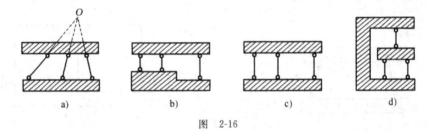

图　2-16

在分析中，常遇到虚铰在无穷远处的情况，此时如何判定体系是否几何不变呢？下面给出三种分析结论。

(1)一铰无穷远。若组成无穷远虚铰的两平行链杆与另两铰连线不平行 [图 2-17a)]，则体系为几何不变；若平行，则体系为瞬变 [图 2-17b)]。在特殊情况下，如图 2-17c) 所示，$O_{I,III}$ 和 $O_{II,III}$ 为实铰，其连线和杆 1、2 平行，而且三者等长，则体系为常变。

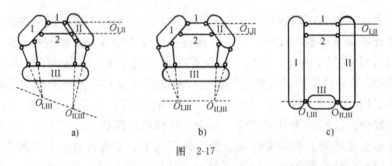

图　2-17

(2)两铰无穷远。若组成两无穷远虚铰的两对平行链杆互不平行，则体系为几何不变 [图 2-18a)]；若两对平行链杆相互平行，则体系为瞬变 [图 2-18b)]；若四杆均平行且等长，则体系为常变［图 2-18c)］。

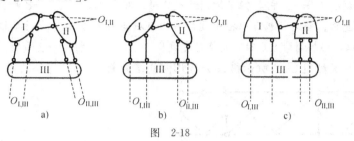

图 2-18

（3）三铰均无穷远。如图 2-19a) 所示，三刚片用任意方向的三对平行链杆两两铰联，三个虚铰均在无穷远处，体系是瞬变的。在特殊情况下，如果像图 2-19b) 那样三对平行链杆又各自等长，则体系是常变的。如果像图 2-19c) 那样有从异侧方向联出的，则体系仍是瞬变的。

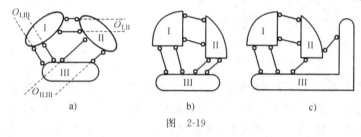

图 2-19

第五节 几何构造分析示例

对一个体系进行几何构造分析时，可首先计算其自由度 W。若 $W>0$（或体系本身 $W>3$），则体系肯定是常变的；若 $W \leqslant 0$ 时（或体系本身 $W \leqslant 3$），再进行几何构造分析，判定它是否几何不变。但通常也可略去 W 的计算，而直接进行几何构造分析。

几何构造分析的依据就是前述几个基本组成规则，问题在于正确和灵活地运用它们去分析各种各样的体系。对于较为复杂的体系，宜先把能直接观察出的几何不变部分当作刚片，或者以地基或一个刚片为基础按二元体或两刚片规则逐步扩大刚片范围，或者拆除二元体使体系的组成简化，或者寻求三个刚片，它们之间是用三个铰（包括虚铰）两两相联，以便进一步用组成规则去分析它们。下面举例加以说明。

［例2-1］ 试对图 2-20 所示多跨静定梁进行几何构造分析。

解： 以地基为一刚片，观察各段梁与地基的联结情况。首先可看出 AB 段梁与地基是用三根链杆按两刚片规则相联的，为几何不变。这样，就可以把地基与 AB 段梁一起看成是一个扩大了的刚片。再看 BC 段梁，它与上述扩大了的刚片之间又是用一铰一杆按两刚片规则相联的，于是这个"大刚片"就更扩大到包含 BC 段梁。同样，CD 段梁与上述大刚片又是按两刚片规则相联的，DE 段梁也可作同样分析。因此，可知整个体系为几何不变且无多余联系。

［例2-2］ 试对图 2-21a) 所示体系进行几何构造分析。

解： 此体系的支座链杆只有三根，且不全平行也不交于一点，若体系本身为一刚片，则它与地基按两刚片规则组成的，因此只需分析体系本身是不是一个几何不变的刚片即可。对于体系本身 ［图 2-21b)］，分析时可从左右两边均按结点 1，2，3，……的顺序拆去二元体，最后剩下了 9—10 杆，但当拆到结点 6 时，即发现 6—7、6—8 两杆在一直线上，故知此体系是瞬变的。当然，也可以把中间的 9—10 杆当作基本刚片，而按结点 8，7，……的顺序增加二元体，当加到结点 6 时，同样可发现 6—7、6—8 两杆在一直线上，故知为瞬变体系。

[例 2-3] 试对图 2-22 所示桁架进行几何构造分析。

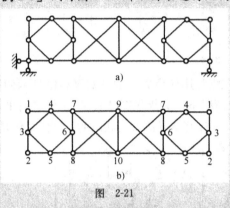 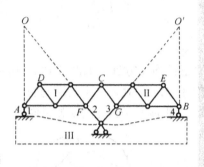

图 2-21　　　　　　　　　　　　图 2-22

解：由观察可知，*ADCF* 和 *BECG* 两部分都是几何不变的，可作为刚片 I、II。此外，地基可作为刚片 III。这样，刚片 I、III 之间由杆 1，2 相联，这相当于用虚铰 *O* 相联；同理，刚片 II、III 相当于用虚铰 *O'* 相联；而刚片 I、II 则用铰 *C* 相联；*O*、*O'*、*C* 三铰不共线，故此桁架为几何不变体系，且无多余约束。

[例 2-4] 试对图 2-23a) 所示体系进行几何组成分析。

解：首先，可按式 (2-2) 求其自由度：

$$W = 2j - (b+r) = 2 \times 6 - (8+4) = 0$$

这表明体系具有几何不变所必需的最少约束数目。

其次，进行几何组成分析。此体系本身不是一个几何不变的刚片，它与地基又由 4 根支座链杆相联，因而不能按两刚片规则分析；此外也无二元体可去。因此，可以试用三刚片规则来分析。

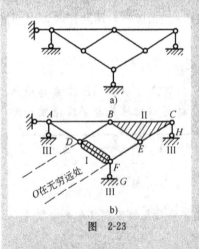

图 2-23

由于应连同地基一起分析，故将地基作为一刚片，用 III 表示。而铰 *A* 处的两根支座链杆可看做是地基上增加的二元体，因而同属于地基的刚片 III。于是从刚片 III 上一共有 *AB*、*AD*、*FG* 和 *CH* 4 根链杆联出，它们应该两两分别联到另外两个刚片上，这样就可找出应以杆件 *DF* 和三角形 *BCE* 作为另外两个刚片 [图 2-23b)]。此时刚片 I、II 之间也恰有两根链杆 *BD*、*EF* 相联。这样所有的杆件都已用上，且符合两两铰联。现分析各铰的位置：

刚片 I、III 用链杆 *AD*、*FG* 相联，虚铰在 *F* 点；刚片 II、III 用链杆 *AB*、*CH* 相联，虚铰在 *C* 点；刚片 I、II 用链杆 *BD*、*EF* 相联，因为此两杆平行，故虚铰 *O* 在此两杆延长线上的无穷远处。

由于虚铰 *O* 在 *CF* 的延长线上，故 *C*、*F*、*O* 三铰在一直线上，因此这是一个瞬变体系。

思 考 题

1. 什么是刚片？什么是链杆？链杆能否作为刚片？刚片能否作为链杆？
2. 何谓单铰、复铰、虚铰？
3. 为什么自由度 $W \leqslant 0$ 的体系不一定就是几何不变的？试举例说明。
4. 试述几何不变体系的三条简单组成规则。它们之间的内在联系和实质是什么？
5. 何谓瞬变体系？为什么土木工程中不能采用瞬变体系和接近瞬变的体系？
6. 进行机动分析的意义何在？分析步骤与要领是什么？

习 题

试对图 2-24～图 2-40 所示的平面体系进行几何组成分析。

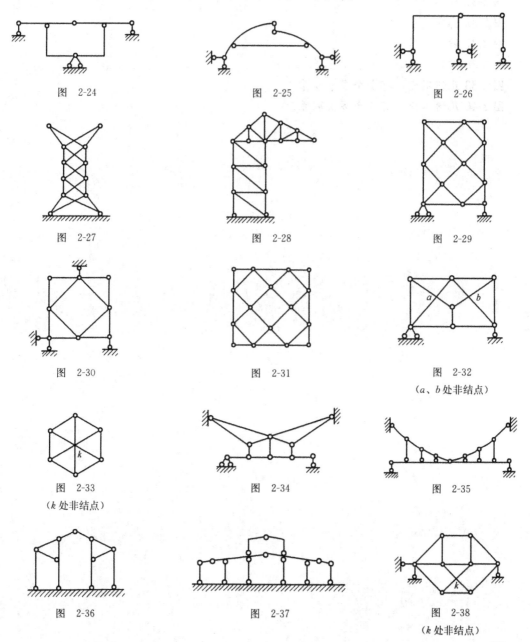

图 2-24

图 2-25

图 2-26

图 2-27

图 2-28

图 2-29

图 2-30

图 2-31

图 2-32
（a、b 处非结点）

图 2-33
（k 处非结点）

图 2-34

图 2-35

图 2-36

图 2-37

图 2-38
（k 处非结点）

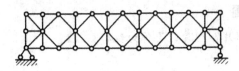
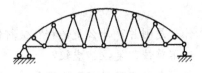

图 2-39

图 2-40

部分习题答案

除下列图示结构外，其余图示结构均为几何不变，且无多余联系。

图 2-26 常变；

图 2-31 常变；

图 2-33 瞬变；

图 2-37 瞬变；

图 2-38 常变；

图 2-39 几何不变，有1个多余联系；

图 2-40 几何不变，有8个多余联系。

第三章 静 定 梁

本章要点
- 单跨静定梁和多跨静定梁的支座反力计算、内力计算；
- 内力图的绘制、内力图的形状特征及叠加法的运用。

第一节 单跨静定梁

单跨静定梁在工程中应用很广泛，是组成各种结构的基本构件之一，其受力分析也是各种结构受力分析的基础。常见的单跨静定梁有简支梁、伸臂梁和悬臂梁三种，如图 3-1 所示。

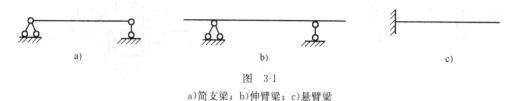

图 3-1

a)简支梁；b)伸臂梁；c)悬臂梁

1. 单跨静定梁的反力

单跨静定梁是由梁和地基按两刚片规则组成的静定结构，因而其支座反力只有三个，可取全梁为隔离体，由平面一般力系的三个平衡方程求出。

2. 用截面法求指定截面的内力

平面结构在任意荷载作用下，其杆件横截面上一般有三个内力分量，即轴力 N、剪力 Q 和弯矩 M（图 3-2）。

内力的符号通常规定如下：**轴力以拉力为正；剪力以绕隔离体顺时针方向转动者为正；弯矩以使梁的下侧纤维受拉者为正。**

计算内力的基本方法是截面法：将结构沿拟求内力的截面截开，取截面任一侧的部分为隔离体，利用平衡条件计算所求内力。由截面法的运算可以得知：

（1）轴力 N 的数值等于截面一侧所有外力（包括荷载和反力）沿截面法线方向的投影代数和；

（2）剪力 Q 的数值等于截面一侧所有外力沿截面方向的投影代数和；

（3）弯矩 M 的数值等于截面一侧所有外力对截面形心的力矩代数和。

对于直梁，当所有外力均垂直于梁轴线时，横截面上将只有剪力和弯矩，没有轴力。

3. 利用微分关系作内力图

表示结构上各截面内力数值的图形称为内力图。内力图通常是用平行于杆轴线的坐标表示截面的位置（此坐标轴通常又称为基线），而用垂直于杆轴线的坐标（又称竖标）表示内力的数值而绘出的。在土木工程中，弯矩图习惯绘在杆件受拉的一侧，而图上可不注明正负号；剪力图和轴力图则将正值的竖标绘在基线的上方，负值绘在基线的下方，同时标明正负号。绘制内力图的基本方法是先写出内力方程，然后根据方程作图，但通常更多采用的是利用微分关系来作内力图。

在直梁中［图 3-3a)］由微段［图 3-3b)］的平衡条件可得出荷载集度与内力之间具有如下微分关系：

$$\begin{cases} \dfrac{dQ}{dx} = -q(x) \\[2mm] \dfrac{dM}{dx} = Q \\[2mm] \dfrac{dN}{dx} = -p(x) \end{cases} \tag{3-1}$$

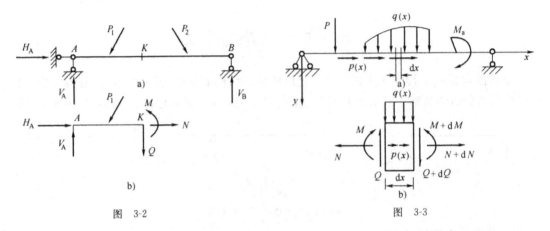

图 3-2   图 3-3

式（3-1）的几何意义是：剪力图上某点处切线斜率等于该点处的横向荷载集度，但符号相反；弯矩图上某点处切线斜率等于该点处的剪力；轴力图上某点处切线斜率等于该点处的轴向荷载集度，但符号相反。据此，可以推知荷载情况与内力图形状之间有一定的对应关系，如表 3-1 所示。

直梁内力图的形状特征 表 3-1

梁上情况	无横向均布力区段	有横向均布力 q 作用区段	横向集中力 P 作用处		集中力偶 M 作用处	铰接处
剪力图	水平线	斜直线	为零处	有突变（突变值 = P）	如变号	无变化	无影响
弯矩图	斜直线	抛物线（凸向同 q 的指向）	有极值	有尖角（尖角指向同 P 指向）	有极值	有突变（突变值 = M）	为零

利用微分关系绘制内力图的一般步骤如下。

（1）求反力（悬臂梁可不必求反力）。

（2）计算各段梁控制截面的内力。控制截面一般取杆端截面和在外力不连续点处截面，如集中力及力偶作用点两侧的截面、均布荷载两端点处截面等。

（3）绘制内力图。先将控制截面的内力值在内力图基线上用竖标绘出，然后根据各段梁内力图的形状，分别用直线或曲线将各竖标依次相连，即得所求内力图。

4. 用叠加法作弯矩图

当梁承受几个荷载作用时，用叠加法作弯矩图有时是很方便的，可以避免求支座反力。

例如，作图 3-4a）所示简支梁的弯矩图，可先绘出两端弯矩 M_A、M_B 和集中力 P 分别作用时的弯矩图 [图 3-4b）和图 3-4c）]，然后将两图相应的竖标叠加，即得所求的弯矩图 [图3-4d）]。实际作图时，通常不必作出图 3-4b）和图 3-4c）而可直接作出图 3-4d）。方法是：先将两端弯矩 M_A、M_B 绘出并联以直线，如图 3-4d）中虚线所示，然后以此虚线为基线叠加上简支梁在集中力 P 作用下的弯矩图。必须注意，这里弯矩图的叠加，是指其纵坐标叠加，因此图 3-4d)中的竖标 Pab/l 仍应沿竖向量取（而不是垂直于 M_A、M_B 连线的方向）。这样，最后所得的图线与最初的水平基线之间所包含的图形即为叠加后所得的弯矩图。

上述绘制简支梁弯矩图的叠加，可以推广应用于任何直杆区段。如果要绘制图 3-5a）直杆中 AB 段的弯矩图，可截取 AB 段为隔离体 [图 3-5b）]。隔离体上除作用有 q 外，在杆端还作用有弯矩 M_A、M_B 和剪力 Q_A、Q_B。将图 3-5b）与图 3-5c)所示相应简支梁比较，它们受力情况是相同的。因为若在二者中分别用平衡条件求 Q_A、Q_B 和 V_A、V_B，便可得知 $Q_A = V_A$，$Q_B = -V_B$，即它们所受外力完全相同，因而二者的弯矩图相同。这样，绘制任何直杆区段弯矩图即可利用绘制简支梁弯矩图的叠加法。由叠加法绘制的 AB 段的弯矩图如图 3-5d)所示。

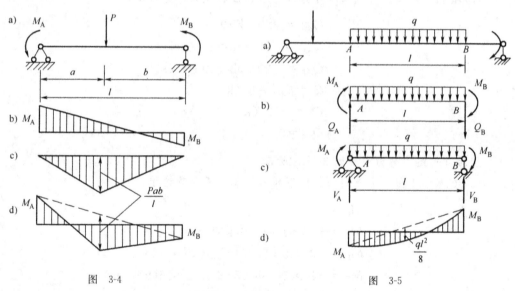

图 3-4   图 3-5

[**例 3-1**] 试作图 3-6a）所示梁的剪力图和弯矩图。

解：（1）首先计算支座反力。取全梁为隔离体，由 $\sum M_B = 0$，有

$$R_A \times 8 - 20 \times 9 - 30 \times 7 - 5 \times 4 \times 4 - 10 + 16 = 0$$

得

$$R_A = 58 \text{（kN）} \uparrow$$

再由 $\sum Y = 0$，可得

$$R_B = 20 + 30 + 5 \times 4 - 58 = 12 \text{（kN）} \uparrow$$

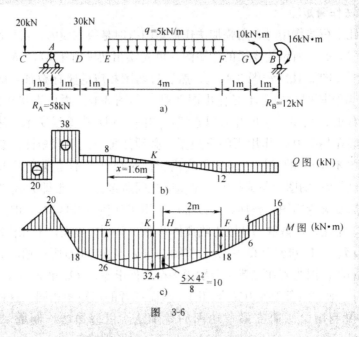

图 3-6

（2）绘制剪力图。用截面法计算出下列各控制截面的剪力值：

$$Q_{C右} = -20 \ (kN)$$
$$Q_{A右} = -20 + 58 = 38 \ (kN)$$
$$Q_{D右} = -20 + 58 - 30 = 8 \ (kN)$$
$$Q_E = Q_{D右} = 8 \ (kN)$$
$$Q_F = -12 \ (kN)$$
$$Q_{B右} = 0$$

然后即可绘出剪力图如图 3-6b）所示。

（3）绘制弯矩图。用截面法算出下列各控制截面的弯矩值

$$M_C = 0$$
$$M_A = -20 \times 1 = -20(kN \cdot m)$$
$$M_D = -20 \times 2 + 58 \times 1 = 18(kN \cdot m)$$
$$M_E = -20 \times 3 + 58 \times 2 - 30 \times 1 = 26(kN \cdot m)$$
$$M_F = 12 \times 2 - 16 + 10 = 18(kN \cdot m)$$
$$M_{G左} = 12 \times 1 - 16 + 10 = 6(kN \cdot m)$$
$$M_{G右} = 12 \times 1 - 16 = -4(kN \cdot m)$$
$$M_{B左} = -16(kN \cdot m)$$

然后，可绘出弯矩图如图 3-6c）所示，其中 EF 段梁的弯矩图是用叠加法绘出的。

（4）梁中点 H 处的弯矩为

$$M_H = \frac{M_E + M_F}{2} + \frac{ql^2}{8} = \frac{26 + 18}{2} + \frac{5 \times 4^2}{8} = 22 + 10 = 32(kN \cdot m)$$

(5)求最大弯矩值M_{max}。应确定剪力为零处即截面K的位置。由$Q_K = Q_E - qx = 8 - 5x = 0$，可得$x = 1.6\text{m}$，故

$$M_{max} = M_E + Q_E x - \frac{qx^2}{2} = 26 + 8 \times 1.6 - \frac{5 \times 1.6^2}{2} = 32.4 \; (\text{kN} \cdot \text{m})$$

第二节　多跨静定梁

多跨静定梁是由若干根梁用铰相联，并用若干支座与基础相联而组成的静定结构。图 3-7a)为一用于公路桥的多跨静定梁，图 3-7b) 为其计算简图。

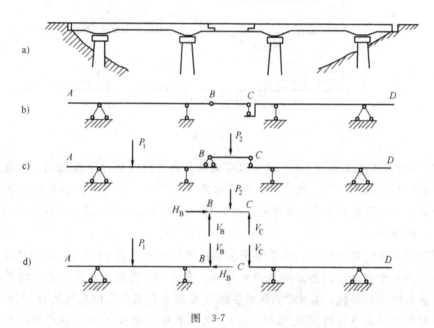

图　3-7

从几何组成上看，多跨静定梁的各部分可以分为基本部分和附属部分。例如，上述多跨静定梁，其中 AB 部分由三根支座链杆直接与地基相联，它不依赖其他部分的存在而能独立地维持其几何不变性，称它为基本部分。同理，CD 也是一基本部分。而 BC 部分则必须依靠基本部分才能维持其几何不变性，故称为附属部分。为了更清晰地表示各部分之间的支承关系，可以把基本部分画在下层，而把附属部分画在上层，如图 3-7c) 所示，称为层叠图。

从受力分析来看，由于基本部分直接与地基组成为几何不变体系，因此它能独立承受荷载作用而维持平衡。当荷载作用于基本部分上时，由平衡条件可知，只有基本部分受力，附属部分不受力。当荷载作用于附属部分上时，不仅附属部分受力，而且由于它是支承在基本部分上的，其反力将通过铰接处传给基本部分，因而使基本部分也受力。

由上述基本部分与附属部分之间的传力关系可知，计算多跨静定梁的顺序应该是先附属部分，后基本部分，这样才可顺利地求出各铰接处的约束力和各支座反力，而避免求解联立方程。当每取一部分为隔离体进行分析时 [图 3-7d)]，都与单跨梁的情况一样，其反力计算与内力图的绘制均与单跨梁相同。各部分的内力图作出后，即得到多跨静定梁的内力图。

[例3-2] 试计算图3-8a) 所示多跨静定梁的内力，并作出内力图。

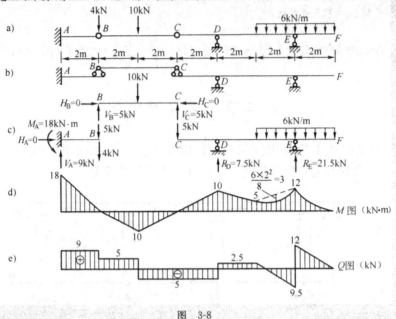

图 3-8

解：AB梁为基本部分。CF梁虽只有两根竖向支座链杆与地基相联，但在竖向荷载作用下它能独立维持平衡，故在竖向荷载作用下它为一基本部分。层叠图如图3-8b) 所示。分析应先从附属部分BC梁开始，然后再分析AB梁和CF梁。各段梁的隔离体图如图3-8c) 所示。

因梁上只承受竖向荷载，由整体平衡条件可知水平反力 $H_A=0$，从而可推知各铰接处的水平约束力都为零，全梁均不产生轴力。求出BC梁的竖向反力后，将其反向即为作用于基本部分的荷载。其中，AB梁在铰B处除承受梁BC传来的反力5kN（↓）外，尚承受有原作用在该处的荷载4kN（↓）。至于其他各约束力和支座反力的数值均标明在图中，无须再行说明。

求出约束力和反力后，即可按照上节所述方法逐段作出梁的弯矩图和剪力图，如图3-8d)、图3-8e) 所示，读者可自行校核。

[例3-3] 试作图3-9a) 所示多跨静定梁的内力图，并求出各支座的反力。

解：按一般步骤是先求出各支座反力及铰接处的约束力，然后作的剪力图和弯矩图。但是如果能熟练地应用弯矩图的形状特征以及叠加法，则在某些情况下也可以不计算反力而首先绘出弯矩图，本题即是一例。

作弯矩图时从附属部分开始。GH段的弯矩图与悬臂梁的相同，可立即绘出。G、E间并无外力作用，故其弯矩图必为一段直线，只需定出两个点便可绘出此直线。现已知 $M_G=-4\text{kN}\cdot\text{m}$；而F处为铰，其弯矩应等于零即 $M_F=0$，故以上两点联以直线并将其延长至E点之下，即得EG段梁的弯矩图，并可定出 $M_E=4\text{kN}\cdot\text{m}$。用同样的方法可绘出CE段梁的弯矩图。最后，在绘出伸臂部分AB的弯矩后，BC段梁的弯矩图便可用叠加法绘出。这样，就未经计算反力而绘出了全梁的弯矩图，如图3-9b) 所示。

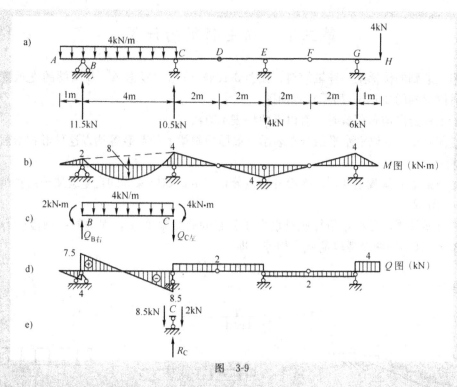

图 3-9

有了弯矩图，剪力图即可根据微分关系或平衡条件求得。对于弯矩图为直线的区段，利用弯矩图的斜率来求剪力是方便的，如 CE 段梁的剪力值为

$$Q_{CE} = \frac{4+4}{4} = 2(kN)$$

至于剪力的正负号，可按如下方法迅速判定：若弯矩图是从基线顺时针方向转的（以小于 90° 的转角），则剪力为正，反之为负。据此可知 Q_{GE} 应为正。又如 EG 段梁，有

$$Q_{EG} = -\frac{4+4}{4} = -2(kN)$$

对于弯矩图为曲线的区段，则根据弯矩图的切线斜率来计算剪力并不方便，此时可利用杆段的平衡条件来求得其两端剪力。例如，BC 段梁，可取出该段梁为隔离体（在截面 B 右和 C 左处截断），如图 3-9c) 所示。

由

$$\sum M_c = 0 \ 得 \ Q_{B右} = \frac{4 \times 4 \times 2 - 4 + 2}{4} = 7.5(kN)$$

由

$$\sum M_B = 0 \ 得 \ Q_{C左} = \frac{-4 \times 4 \times 2 - 4 + 2}{4} = -8.5 \ (kN)$$

在均布荷载作用区段剪力图应为斜直线，故将以上两点联以直线即得 BC 段梁的剪力图。整个多跨静定梁的剪力图如图 3-9d) 所示。

剪力图作出后，求支座反力就不困难，如求支座 C 的反力，可取出结点 C 为隔离体考虑其平衡条件 $\sum Y = 0$ ［图 3-9e)］，得到

$$R_C = 8.5 + 2 = 10.5(kN)$$

当然，反力值也可以直接从剪力图上竖标的突变值得到。各支座反力已标在图 3-9a) 中。

第三节 简支斜梁的计算

工程上遇到的楼梯梁，杆轴倾斜，如图 3-10a）所示。根据 A、B 两端的支承情况，对其简化后便得到图 3-10b）所示计算简图。

斜梁承受竖向均布荷载时，有以下两种表示方法。

一是荷载集度 q 以沿水平线分布表示，如屋面斜梁上的荷载等均以这种形式给出，如图 3-11a）所示。

二是斜梁上的荷载集度 q'，按沿杆轴线分布表示，如楼梯梁的自重就属于这种情况，如图 3-11b）所示。

为了方便计算，可将 q' 折算成沿水平线分布的荷载集度 q_0，根据同一微段合力相等的原则，图 3-11b）中两个微段荷载应相等，即

$$q_0 \mathrm{d}x = q' \mathrm{d}s$$

由此得

$$q_0 = \frac{q}{\mathrm{d}x/\mathrm{d}s} = \frac{q'}{\cos \alpha}$$

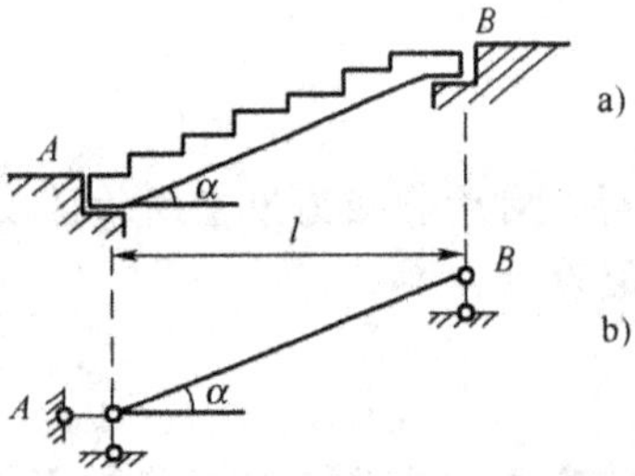

图 3-10

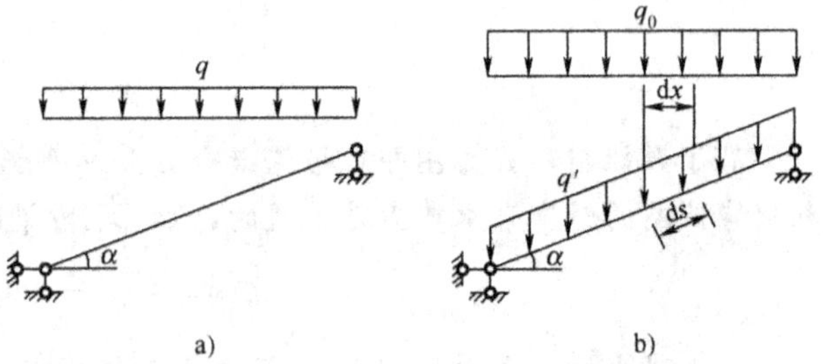

图 3-11

下面讨论斜梁内力计算的特点。

图 3-12a）为一简支斜梁 AB，承受沿水平线作用的均布荷载 q，绘其内力图。由平衡条件求出支座反力

$$\sum M_A = 0, \quad V_B = \frac{ql}{2}$$

$$\sum M_B = 0, \quad V_A = \frac{ql}{2}$$

$$\sum X = 0, \quad H_A = 0$$

求内力时，可求距 A 为 x 的任一截面 C 的内力，将 C 截面切开，取 AC 段为隔离体如图 3-12b）所示，C 截面上内力有 N、Q、M，根据平衡条件列出 C 截面各内力方程

$$\sum t = 0, \quad N = -V_A \sin \alpha + qx \sin \alpha = -q\left(\frac{l}{2} - x\right)\sin \alpha$$

$$\sum n = 0, \quad Q = V_A \cos \alpha - qx \sin \alpha = q\left(\frac{l}{2} - x\right)\cos \alpha$$

$$\sum M_C = 0, \quad M = V_A x - qx\frac{x}{2} = \frac{1}{2}qlx - \frac{1}{2}qx^2$$

由内力方程可绘出斜梁的 N、Q、M 图，如图 3-12c）、图 3-12d）、图 3-12e）所示。

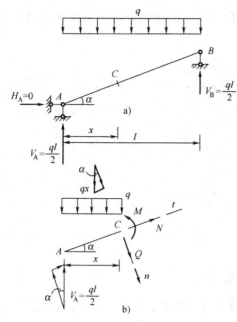

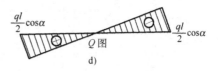

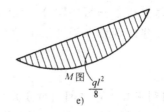

图 3-12

[例3-4] 作图 3-13a) 所示简支斜梁的内力图。

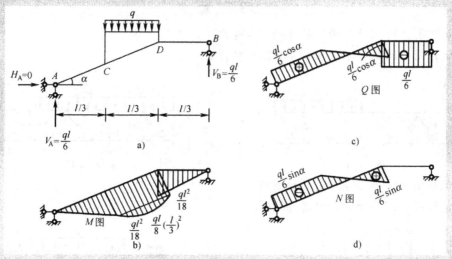

图 3-13

解：(1) 计算支座反力

$$V_A = V_B = \frac{ql}{6}, \quad H_A = 0$$

(2) 作内力图

①M图

$$M_C = V_A \times \frac{l}{3} = \frac{ql^2}{18}$$

$$M_D = V_B \times \frac{l}{3} = \frac{ql^2}{18}$$

CD 段的弯矩图可用叠加法，将 M_C、M_D 连一直线后再叠加相应简支梁的弯矩，作出 M 图如图 3-13b) 所示。

②Q 图。各控制截面剪力为

$$Q_A = \frac{ql}{6}\cos\alpha$$

$$Q_C = \frac{ql}{6}\cos\alpha$$

$$Q_B = -\frac{ql}{6}$$

$$Q_D = -\frac{ql}{6}\cos\alpha$$

由此作出 Q 图如图 3-13c) 所示。

同样可作出 N 图如图 3-13d) 所示。

思 考 题

1. 如何利用 Q、M 之间的微分关系对内力图进行校核？如何由 M 图画 Q 图？

2. 用叠加法作弯矩图时，为什么是竖标的叠加，而不是图形的拼合？

3. 多跨静定梁中，荷载作用在基本部分上时，对附属部分是否引起内力？为什么？

习 题

1. 试作图 3-14 所示单跨梁的弯矩图和剪力图。

2. 试作图 3-15 所示单跨梁的弯矩图和剪力图。

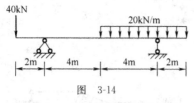

图 3-14

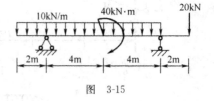

图 3-15

3. 试作图 3-16 所示单跨梁的弯矩图。

4. 试作图 3-17 所示单跨梁的弯矩图。

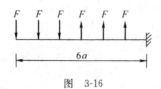

图 3-16

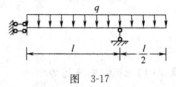

图 3-17

5. 图 3-18 所示多跨静定梁承受左图和右图的荷载时，弯矩图是否相同？

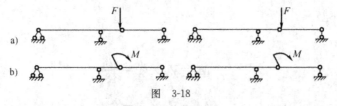

图 3-18

6. 试作图 3-19 所示多跨静定梁的弯矩图和剪力图。

7. 图 3-20 所示结构的荷载作用在纵梁上，再通过横梁传到主梁。试作主梁的弯矩图。

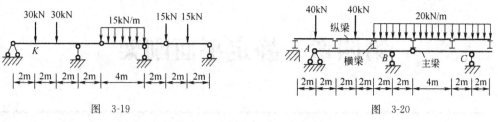

图　3-19　　　　　　　　　　　　　图　3-20

8. 试不计算反力而绘制图 3-21 所示梁的弯矩图。

9. 试不计算反力而绘制图 3-22 所示梁的弯矩图。

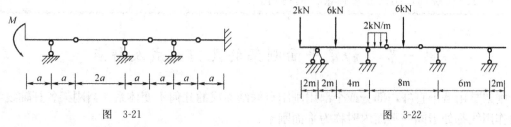

图　3-21　　　　　　　　　　　　　图　3-22

10. 求图 3-23 所示梁的支座反力，并作梁的内力图。

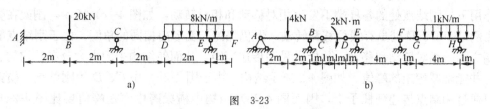

a)　　　　　　　　　　　　　b)

图　3-23

11. 如图 3-24 所示，选择铰的位置 x，使中间一跨的跨中弯矩与支座弯矩绝对值相等。

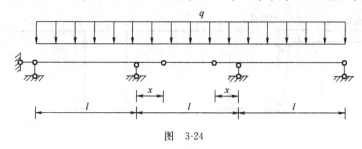

图　3-24

部分习题答案

1. 左支座反力 65kN↑。

2. 左支座反力 52.5kN↑。

3. 右端弯矩－9Fa。

4. 左端弯矩 $\frac{3}{8}ql^2$。

5. a) 相同；b) 不同。

6. $M_K = 47.5$kN·m。

7. $M_B = -186.7$kN·m。

11. $x \approx 0.147l$。

第四章　静定平面刚架

> **本章要点**
> - 支座反力的计算，杆端截面内力的计算；
> - 内力图的绘制，刚结点平衡条件的运用。

第一节　静定平面刚架的几何组成及特点

刚架是由若干直杆，部分或全部用刚结点联结而成的几何不变体系。当刚架各杆轴线和外力作用线都处于同一平面内时称为平面刚架。

图 4-1a）为一门式平面刚架，计算简图如图 4-1b）所示，结点 C、D 为刚结点。在任何荷载作用下，刚结点处的各杆端不发生相对移动和相对转动，如图 4-1c）所示，刚架在受力变形后刚结点 C、D 处虽有线位移和转动，但仍保持与变形前相同的角度。由于刚结点能约束杆端之间的相对转动和移动，故能承受和传递弯矩，从而使结构中的内力分布较均匀、较合理，并能削减弯矩的峰值。如图 4-2 所示结构，由于图 4-2b）中 C、D 为刚结点，横梁的弯矩可通过刚结点传递到柱子上，因而图 4-2b）结构中横梁跨中弯矩峰值要比图 4-2a）结构横梁跨中弯矩小得多。

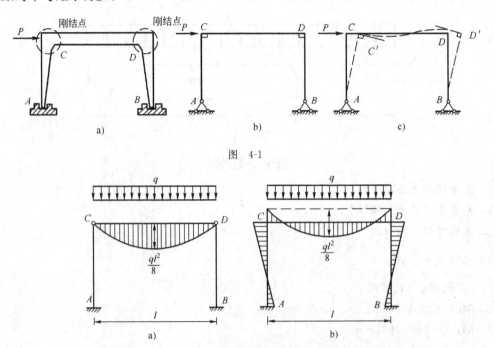

图　4-1

图　4-2

刚架中的反力和内力可全部由静力平衡条件确定的称为静定刚架。本章只讨论静定平面刚架。工程上常见的静定平面刚架的主要形式有悬臂式 [图 4-3a)]、简支式 [图 4-3b)] 和三铰式 [图 4-3c)]。

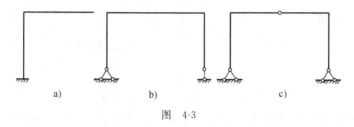

图 4-3

第二节 静定平面刚架的内力图

静定平面刚架的内力计算方法原则上与静定梁相同，通常需先求出支座反力。当刚架与地基系按两刚片规则组成时，支座反力只有 3 个，容易求得；当刚架与地基系按三刚片规则组成时（如三铰刚架），支座反力有 4 个，除考虑结构整体的三个平衡方程外，还需再取刚架的左半部（或右半部）为隔离体建立一个平衡方程（通常是 $\sum M_C = 0$），方可求出全部反力；当刚架系由基本部分与附属部分组成时，也应遵循先附属部分后基本部分的计算顺序。反力求出后，即可逐杆求出各控制截面内力，按各杆段内力图形状绘制内力图。各杆内力图作出后，即得整个刚架内力图。

在刚架中，弯矩通常规定使刚架内侧受拉者为正（若不便区分内外侧时可假设任一侧受拉为正），弯矩图绘在杆件受拉边而不注正负号。其剪力和轴力正负号规定与梁相同，剪力图和轴力图可绘在杆件的任一侧，但必须注明正负号。

为了明确地表示刚架上不同截面的内力，尤其是为区分汇交于同一结点的各杆端截面的内力，使之不致混淆，一般在内力符号后面引用两个脚标：第一个表示内力所属截面，第二个表示该截面所属杆件的另一端。例如，M_{AB} 表示 AB 杆 A 端截面的弯矩；Q_{AC} 则表示 AC 杆 A 端截面的剪力，等等。

[例 4-1] 试作图 4-4a) 所示刚架的内力图。

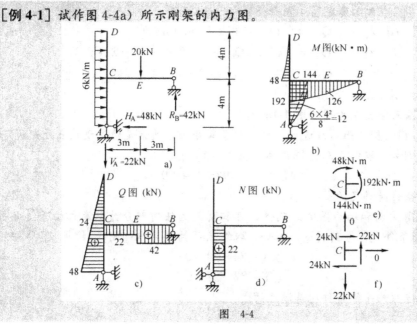

图 4-4

解： (1)计算支座反力。此为一简支刚架，反力只有 3 个，考虑刚架的整体平衡，由 $\sum X=0$ 可得

$$H_A = 6 \times 8 = 48 (\text{kN}) \leftarrow$$

由 $\sum M_A = 0$ 可得

$$R_B = \frac{6 \times 8 \times 4 + 20 \times 3}{6} = 42 (\text{kN}) \uparrow$$

由 $\sum Y = 0$ 可得

$$V_A = 42 - 20 = 22 (\text{kN}) \downarrow$$

(2)绘制弯矩图。作弯矩图时应逐杆考虑。首先考虑 CD 杆。该杆为一悬臂梁，故其弯矩图可直接绘出。其 C 端弯矩为

$$M_{CD} = \frac{6 \times 4^2}{2} = 48 (\text{kN} \cdot \text{m}) (\text{左侧受拉})$$

其次考虑 CB 杆。该杆上作用一集中荷载，可分为 CE 和 EB 两无荷载区段，用截面法求出下列控制截面的弯矩

$$M_{BE} = 0$$
$$M_{EB} = M_{EC} = 42 \times 3 = 126 (\text{kN} \cdot \text{m}) (\text{下侧受拉})$$
$$M_{CB} = 42 \times 6 - 20 \times 3 = 192 (\text{kN} \cdot \text{m}) (\text{下侧受拉})$$

便可绘出该杆弯矩图。

最后考虑 AC 杆。该杆受均布荷载作用，可用叠加法来绘其弯矩图。为此，先求出该杆两端弯矩

$$M_{AC} = 0, M_{CA} = 48 \times 4 - 6 \times 4 \times 2 = 144 (\text{kN} \cdot \text{m}) (\text{右侧受拉})$$

这里 M_{CA} 是取截面 C 下边部分为隔离体算得的。将两端弯矩绘出并连以直线，再于直线上叠加相应简支梁在均布荷载作用下的弯矩图即可。

由上所得整个刚架的弯矩图如图 4-4b) 所示。

(3)绘制剪力图和轴力图。作剪力图时同样逐杆考虑。根据荷载和已求出的反力，用截面法不难求得各控制截面的剪力值如下

$$CD \text{ 杆} \quad Q_{DC} = 0, Q_{CD} = 6 \times 4 = 24 (\text{kN})$$
$$CB \text{ 杆} \quad Q_{BE} = -42 \text{kN}, Q_{EC} = -42 + 20 = -22 (\text{kN})$$
$$AC \text{ 杆} \quad Q_{AC} = 48 \text{kN}, Q_{CA} = 48 - 6 \times 4 = 24 (\text{kN})$$

据此可绘出剪力图 [图 4-4c]。

用同样方法可绘出轴力图 [图 4-4d]。

(4)校核。内力图作出后应进行校核。对于弯矩图，通常是检查刚结点处是否满足力矩平衡条件。例如，取结点 C 为隔离体 [图 4-4e] 有

$$\sum M_C = 48 - 192 + 144 = 0$$

可见这一平衡条件是满足的。

为了校核剪力图和轴力图的正确性，可取刚架的任何部分为隔离体检查 $\sum X = 0$ 和 $\sum Y = 0$ 的平衡条件是否得到满足。例如，取结点 C 为隔离体 [图 4-4f]，有

$$\sum X = 24 - 24 = 0$$
$$\sum Y = 22 - 22 = 0$$

故知此结点投影平衡条件也是满足的。

[例 4-2] 绘制图 4-5a) 所示刚架的弯矩图。

解： 先进行几何组成分析。F 以右部分为三铰刚架，是基本部分；F 以左部分则为支承于地基和右部之上的简支刚架，是附属部分。因此应先取附属部分计算 [图 4-5b)]，求出其反力。然后将 F 铰处的约束反力反向加于基本部分，再求出基本部分的反力 [图 4-5c)]。反力均求出后，即可绘出弯矩图 [图 4-5d)]。

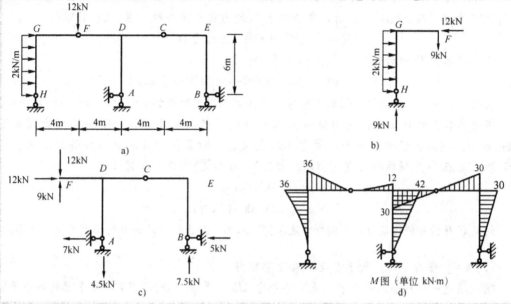

图 4-5

[例 4-3] 试计算图 4-6a) 所示刚架并绘制其内力图。

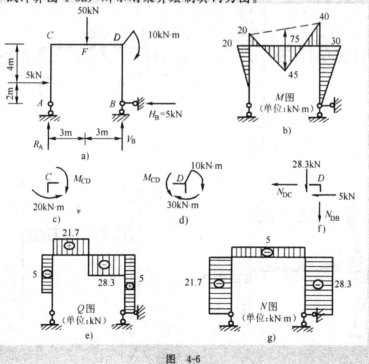

图 4-6

解：由刚架的整体平衡条件$\sum X=0$可知水平反力

$$H_B=5(\mathrm{kN})\leftarrow$$

此时不需再求两竖向反力就可绘出刚架的全部弯矩图。因为反力R_A与竖杆AC的轴线重合，由截面法可知（取该杆任意截面以下部分为隔离体来看），R_A无论多大都不会对AC杆产生弯矩。同理，反力V_B对BD杆的弯矩也不会产生影响。因此该二竖杆的弯矩图就可作出〔图4-6b)〕。然后，根据结点C的力矩平衡条件〔图4-6c)〕可得

$$M_{CD}=20(\mathrm{kN\cdot m})（上边受拉）$$

再考虑结点D的力矩平衡〔图4-6d)〕，可得

$$M_{DC}=30+10=40(\mathrm{kN\cdot m})（上边受拉）$$

至此，横梁CD两端的弯矩都已求得，故其弯矩图可用叠加法绘出，如图4-6b)所示。

根据已作出的弯矩图，利用微分关系或杆段的平衡条件可作出刚架的剪力图如图4-6e)所示。然后，根据剪力图，考虑各结点投影平衡条件即可求出各杆端的轴力。例如，取出结点D为隔离体〔图4-6f)〕，由$\sum X=0$和$\sum Y=0$可分别求得

$$N_{DC}=-5\mathrm{kN}（压力）$$

$$N_{DB}=-28.3\mathrm{kN}（压力）$$

结点C处的各杆端轴力可用同样方法求得，从而可绘出刚架的轴力图如图4-6g)所示。

〔例4-4〕 作图4-7a)所示多层刚架的弯矩图。

解：这是一个双层三铰刚架，基本部分为ABC，附属部分为DFE，按先附属部分后基本部分的原则求解支座反力，如图4-7a)、图4-7b)、图4-7d)所示；然后绘制弯矩图，如图4-7c)所示。

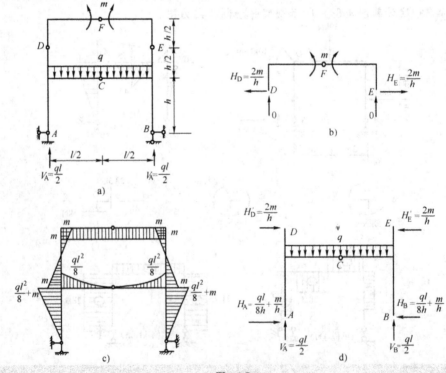

图 4-7

在静定刚架中，常常也可以不求或少求反力而迅速绘出弯矩图。例如，结构上若有悬臂部分及简支梁部分（含两端铰接直杆承受横向荷载），则其弯矩图可先绘出；充分利用弯矩图的形状特征（最常用的是直杆的无荷区段弯矩图为直线和铰处弯矩为零），刚节点的力矩平衡条件，区段叠加法作弯矩图；外力与杆轴重合时不产生弯矩，外力与杆轴平行及外力偶产生的弯矩为常数，以及对称性的利用；等等，这些都将给绘制弯矩图的工作带来极大方便。至于剪力图，则可根据弯矩图的斜率或杆段的平衡条件求得。然后，根据剪力图利用结点投影平衡条件又可作出轴力图，以及求得支座反力。

[例 4-5] 绘制图 4-8a) 所示刚架的内力图。

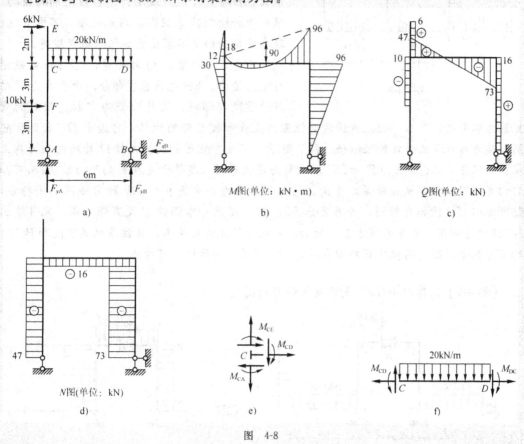

图 4-8

解： 根据 A 支座竖向反力不会使 AC 杆产生弯矩的特征，CE 和 AC 杆的弯矩图形可一目了然。

$$M_{CA} = 10 \times 3 = 30 \ (kN \cdot m) \ (左侧受拉)$$
$$M_{CE} = 6 \times 2 = 12 \ (kN \cdot m) \ (左侧受拉)$$

由刚架的整体平衡条件 $\sum X = 0$ 可得 B 支座的水平反力 $F_{XB} = 16$（kN）←

BD 杆的弯矩图为直线，其 $M_{BD} = 0$，$M_{DB} = 16 \times 6 = 96$（kN · m）（右侧受拉）；

CD 杆的弯矩图为抛物线，其杆端弯矩 $M_{DC} = M_{DB} = 96$（kN · m）（上侧受拉）。

根据 C 结点的力矩平衡条件 [图 4-8e]，可求得 CD 杆的 C 端弯矩：

$$M_{CD} = 30 - 12 = 18 \ (kN \cdot m) \ (上侧受拉)$$

然后以 M_{CD} 和 M_{DC} 的连线为基线叠加简支梁的弯矩图则得到刚架的最终弯矩图 [图4-8b]。

根据已作出的弯矩图，利用微分关系或杆段［图 4-8f)］的平衡条件可作出刚架的剪力图，如图 4-8c) 所示。然后，根据剪力图，考虑各结点的投影平衡条件［图 4-8e)］即可求出各杆端的轴力，从而可绘出刚架的轴力图，如图 4-8d) 所示。

［**例 4-6**］试作图 4-9 所示刚架的弯矩图。

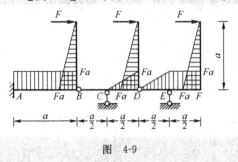

图 4-9

解：这是一个多刚片结构，若将各刚片拆开，自右至左按先附属部分后基本部分的顺序依次求出各支座反力及刚片间铰接处的约束力，然后逐杆绘制其弯矩图，则无困难，不需赘述。现在要讨论的是不求反力如何绘出弯矩图。

首先，三根竖杆均为悬臂，它们的弯矩图可先行绘出。EF 也属悬臂部分，由于外力 F 平行于该段杆轴线，故其弯矩为常数，相应的弯矩图为水平线。然后，由无荷区段弯矩图为直线和铰处弯矩为零，可绘出 DE 段的弯矩图。接着作 CD 段的弯矩图似乎遇到了困难，因为支座 E 的反力或铰 D 处的约束力都未求出。但是，注意到 CD 段和 DE 段的剪力是相等的（都等于支座 E 的反力），因而可知它们弯矩图的斜率也应相等。于是，利用刚结点力矩平衡和作 DE 段弯矩图的平行线，便可绘出 CD 段的弯矩图，并可定出 $M_{CD}=0$。据此并根据铰 B 处弯矩为零，又可绘出 BC 段的弯矩图，它与基线重合。最后，利用刚结点力矩平衡，并注意到 AB 段和 BC 段的剪力相等，因而两段的弯矩图应平行，便可作出 AB 段的弯矩图。

［**例 4-7**］试作图 4-10a) 所示刚架的弯矩图。

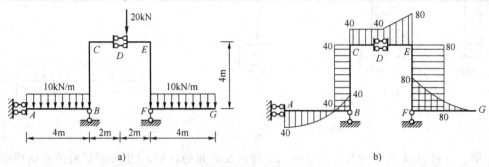

图 4-10

解：此刚架是由两个刚片与基础联结而成。D 处滑动铰以左部分与地基形成无多余约束的几何不变体系，属基本部分；D 以右为附属部分。刚架的内力计算应遵循先附属部分，后基本部分的顺序进行。

先绘制附属部分悬臂杆 FG 在均布荷载作用下的弯矩图，得 $M_{FG}=M_{FE}=80\text{kN}\cdot\text{m}$；由 F 点处支座特征可知 EF 杆无剪力，弯矩图形应与杆件轴线平行；由 D 处滑动铰的特点可知 DE 段剪力数值等于 -20kN，也就是说，DE 段的弯矩图是直线，其斜率为 -20，据此可算得 D 点的弯矩值 $M_{DE}=80\text{kN}\cdot\text{m}-20\text{kN}\times2\text{m}=40\text{kN}\cdot\text{m}$；CD 和 CB 杆均无剪力，弯矩图形与杆件轴线平行；AB 杆 B 端弯矩 $M_{BA}=M_{BC}=40\text{kN}\cdot\text{m}$，A 端弯矩可根据

第三节　静定结构的特性

根据静定结构的定义，可以列举它在静力学方面的若干特性。掌握了这些特性，对于了解静定结构的性能和正确迅速地进行内力分析，都是有益的。

1. 静力解答的唯一性

前已述及，超静定结构的内力，仅满足平衡条件，可以有无限多组解答。瞬变体系在一般荷载作用下内力是无限大的；在某些特殊荷载如零荷载下，内力是不定的，也就是有无限多组解答。只有静定结构，全部反力和内力才可由平衡条件确定，在任何给定荷载下，满足平衡条件的反力和内力的解答只有一种，而且是有限的数值。这就是静定结构静力解答的唯一性。据此可知，在静定结构中，能够满足平衡条件的内力解答就是真正的解答，并可确信除此之外再无其他任何解答存在。这一特性，对于静定结构的所有理论，具有基本的意义。

2. 在静定结构中，除荷载外，其他任何原因如温度改变、支座位移、材料收缩、制造误差等均不引起内力

如图 4-11 所示悬臂梁，若其上、下侧温度分别升高t_1和t_2（设$t_1>t_2$），则梁将变形即产生伸长和弯曲（如图 4-11 中虚线所示）。但因没有荷载作用，由平衡条件可知，梁的反力和内力均为零。又如图 4-12 所示简支梁，其支座E发生了沉陷，因而梁随之产生位移（如图 4-12 中虚线所示）。同样，由于荷载为零，其反力及内力也均为零。实际上，当荷载为零时，零内力状态能够满足结构所有各部分的平衡条件，对于静定结构，这就是唯一的解答。因此可以断定除荷载外，其他任何因素均不引起静定结构的内力。

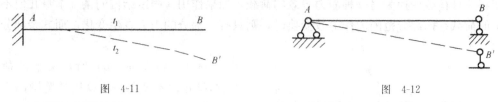

图　4-11　　　　　　　　　　图　4-12

3. 平衡力系的影响

当由平衡力系组成的荷载作用于静定结构的某一本身为几何不变的部分上时，则只有此部分受力，其余部分的反力和内力均为零。

例如，图 4-13a) 所示静定结构，有平衡力系作用于本身为几何不变的部分DE上。若依次取BC和AB为隔离体计算，则可得知支座C处的反力、铰B处的约束力及支座A处的反力均为零。由此可知，除DE部分外其余部分的内力均为零。结构的弯矩图如图 4-13a) 中阴影线所示。又如图 4-13b) 所示，有平衡力系作用在本身几何不变部分BF上，同上分析可知除BF部分外其余部分均不受力。这种情形实际上具有普遍性。因为当平衡力系作用于静定结构的任何本身几何不变部分上时，若设想其余部分均不受力而将它们撤去，则所剩部分由于本身是几何不变的，在平衡力系作用下仍能独立地维持平衡。而所去部分的零内力状态也与其零荷载相平衡。这样，结构上各部分的平衡条件都能得到满足。根据静力解答的唯一性可知，这样的内力状态就是唯一的解答。

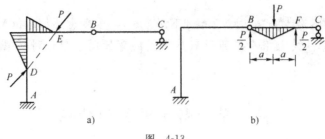

图 4-13

当平衡力系所作用的部分本身不是几何不变部分时，则上述结论一般不能适用。如图 4-14a)所示，平衡力系作用于 GBH 部分。若仍设想其余部分不受力而将它们撤去，则所剩部分是几何可变的，不能承受图示荷载的作用而维持平衡。因此，设想其余部分不受力是错误的。但当几何可变部分在某些特殊的荷载作用下可以独立维持平衡时，则上述结论仍可适用。如图 4-14b) 所示情况，IBC 部分本身虽是几何可变的，但其轴力可与荷载维持平衡，因而其余部分的反力和内力皆为零。

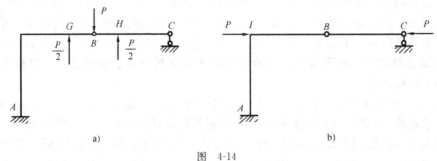

图 4-14

4. 荷载等效变换的影响

合力相同（即主矢与对同一点的主矩均相等）的各种荷载称为静力等效的荷载。等效变换是指将一种荷载变换为另一种静力等效的荷载。如果作用在静定结构的某一本身几何不变部分上的荷载在该部分范围内作等效变换时，则只有该部分的内力发生变化，而其余部分的内力保持不变。

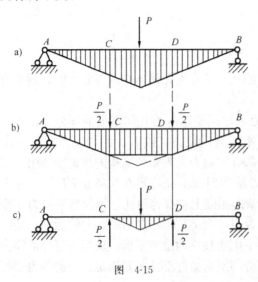

图 4-15

例如，将图 4-15a) 所示梁上的荷载在本身几何不变部分 CD 段的范围内作等效变换，而成为图 4-15b) 的情况时，则除 CD 段外其余部分的内力均不改变。这一结论可用平衡力系的影响来证明。设图 4-15a)和图 4-15b) 的两种荷载分别用 P_1 和 P_2 表示，其产生的内力分别用 S_1 和 S_2 表示。若以 P_1 和 $-P_2$ 作为一组荷载同时作用于结构，如图 4-15c)所示，则根据叠加原理，由荷载 $P_1 - P_2$ 作用所产生的内力为 $S_1 - S_2$。显然 $P_1 - P_2$ 为一组平衡力系，故除其所作用的本身几何不变部分 CD 段外，其余部分的内力 $S_1 - S_2 = 0$，因而有 $S_1 = S_2$。这就证明了上述结论。

思 考 题

1. 刚架与梁比较，力学性能有何不同？
2. 为什么刚架中内力分布要比梁均匀、合理？
3. 如何利用刚结点的平衡条件校核内力图？

习 题

1. 简捷画出图 4-16 所示刚架的弯矩图。

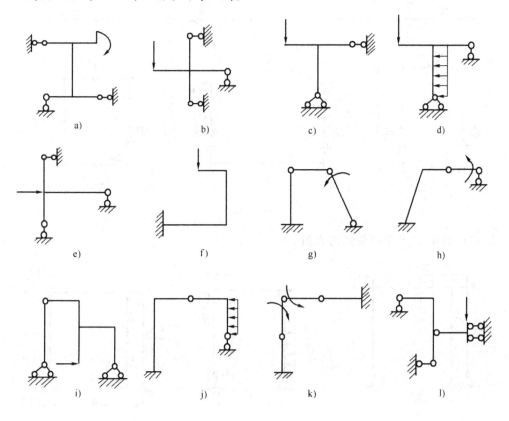

图 4-16

2. 试作出图 4-17 所示刚架的 M、Q、N 图。

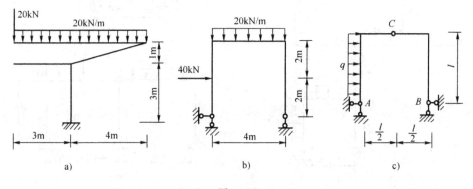

图 4-17

3. 试作图 4-18 所示刚架的 M 图。

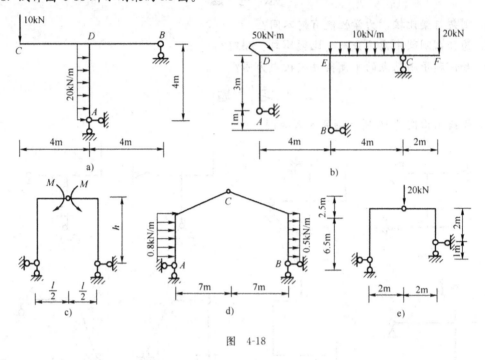

图　4-18

4. 作出图 4-19 所示刚架的内力图。

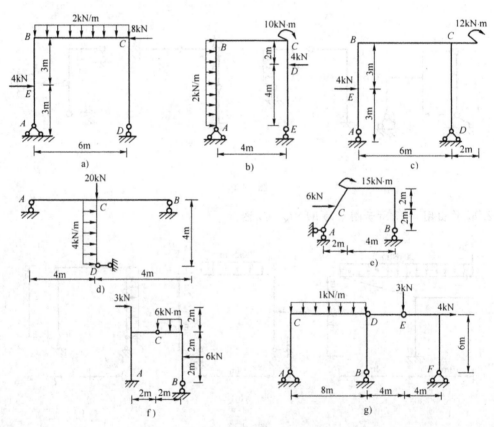

图　4-19

部分习题答案

2. a) 竖柱弯矩 10kN·m（左侧受拉），图略；

c) $H_A = \dfrac{3ql}{4} \leftarrow$，图略。

3. a) $M_{DB} = 120$kN·m（下侧受拉），图略；

b) $M_{ED} = 80$kN·m（下侧受拉），图略；

d) $H_A = 4.85$kN←，$H_B = 3.60$kN←，图略；

e) $H = 8$kN←，图略。

4. a) $M_{BE} = 36$kN·m，$Q_{BE} = -8$kN，图略；

b) $M_{BA} = 12$kN·m，$Q_{BA} = -4$kN，$N_{BA} = 7.5$kN，图略；

c) $M_{CB} = 36$kN·m，$Q_{CB} = -4$kN，$N_{CB} = -4$kN，图略；

d) $M_{CA} = 24$kN·m，图略；

e) $M_C = 3$kN·m，图略；

f) $M_A = 12$kN·m，图略；

g) $M_C = 12$kN·m，图略。

第五章 静 定 拱

本章要点

- 三铰拱的几何及受力特征；
- 三铰拱的支座反力、内力计算，内力图的绘制；
- 合理拱轴线的概念。

第一节 概 述

拱是杆轴线为曲线并且在竖向荷载作用下会产生水平反力的结构。拱常用的形式有三铰拱、两铰拱和无铰拱（图 5-1）等几种。其中，三铰拱是静定的，后两种都是超静定的。本章只讨论静定拱。

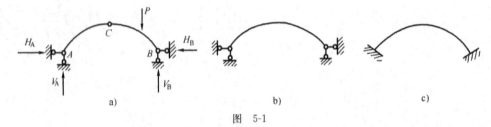

图 5-1

a) 三铰拱；b) 两铰拱；c) 无铰拱

拱与梁的区别不仅在于杆轴线的曲直，更重要的是拱在竖向荷载作用下会产生水平反力。这种水平反力又称为推力。由于推力的存在，拱的弯矩要比跨度、荷载相同的梁的弯矩小得多，并主要是承受压力。这就使得拱截面上的应力分布较为均匀，因而更能发挥材料的作用，并可利用抗拉性能较差而抗压性能较强的材料如砖、石、混凝土等来建造，这是拱的主要优点。拱的主要缺点也正在于支座要承受水平推力，因而要求比梁具有更坚固的地基或支承结构（墙、柱、墩、台等）。可见，推力的存在与否是区别拱与梁的主要标志。凡在竖向荷载作用下会产生水平反力的结构都可称为拱式结构或推力结构。例如，三铰刚架、拱式桁架等均属此类结构。

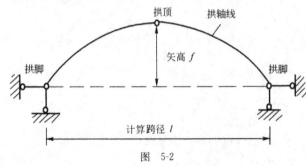

图 5-2

拱的各部分名称如图 5-2 所示。拱身各横截面形心的连线称为拱轴线。拱的两端支座处称为拱脚。两拱脚间的水平距离称为拱的计算跨径。拱轴上距两拱脚间水平线最远的一点称为拱顶，三铰拱通常在拱顶处设置铰。拱顶至两拱脚间水平线之间的竖直距离称为矢高。矢高与计算跨径之比 f/l 称为矢跨比。

第二节　三铰拱的数解法

1. 支座反力的计算

三铰拱是由两根曲杆与地基之间按三刚片规则组成的静定结构。其反力计算方法与三铰刚架相同，即除了取全拱为隔离体可建立三个平衡方程外，还可取左（或右）半拱为隔离体，以中间铰 C 为矩心，根据平衡条件 $\sum M_C = 0$ 建立一个方程，从而求出所有的反力。

首先考虑全拱的整体平衡。由 $\sum M_B = 0$ 及 $\sum M_A = 0$ 可求得两支座的竖向反力为

$$V_A = \frac{\sum P_i b_i}{l} \tag{5-1}$$

$$V_B = \frac{\sum P_i a_i}{l} \tag{5-2}$$

由 $\sum x = 0$ 可得

$$H_A = H_B = H \tag{5-3}$$

再取左半拱为隔离体，由 $\sum M_C = 0$ 有

$$V_A l_1 - P_1 (l_1 - a_1) - Hf = 0$$

可得

$$H = \frac{V_A l_1 - P_1 (l_1 - a_1)}{f} \tag{5-4}$$

考察式（5-1）和式（5-2）的右边，可知其恰等于相应简支梁［图 5-3b)］的支座竖向反力 V_A^0 和 V_B^0，而式（5-4）右边的分子则等于相应简支梁上与拱的中间铰处对应的截面 C 的弯矩 M_C^0，因此可将以上各式写为

$$\begin{cases} V_A = V_A^0 \\ V_B = V_B^0 \\ H = \dfrac{M_C^0}{f} \end{cases} \tag{5-5}$$

由式（5-5）可知，推力 H 等于相应简支梁截面 C 的弯矩 M_C^0 除以矢高 f。当荷载和跨径 l 给定时，M_C^0 即为定值，当矢高 f 也给定时，H 值即可确定。这表明三铰拱的反力只与荷载及三个铰的位置有关，而与各铰间的拱轴线形状无关。当荷载及跨径 l 不变时，推力 H 将与拱高 f 成反比，f 越大即拱越陡时 H 越小，反之，f 越小即拱越平坦时 H 越大。若 $f = 0$，则 $H = \infty$，此时三个铰已在一条直线上，属于瞬变体系。

2. 内力的计算

反力求出后，用截面法即可求出拱上任一横截面的内力。任一横截面 K 的位置可由其形心的坐标 x、y 和该处拱轴切线的倾角 φ 确定［图 5-4a)］。在拱中，通常规定弯矩以使拱内侧受拉者为正。由图 5-4b) 所示隔离体可求得截面 K 的弯矩为

$$M = [V_A x - P_1 (x - a_1)] - Hy$$

由于 $V_A = V_A^0$，可见式中方括号内之值即为相应简支梁［图 5-4c)］截面 K 的弯矩 M^0，故上式可写为

$$M = M^0 - Hy$$

即拱内任一截面的弯矩 M 等于相应简支梁对应截面的弯矩 M^0 减去推力所引起的弯矩 Hy。可见，由于推力的存在，拱的弯矩比梁的要小。

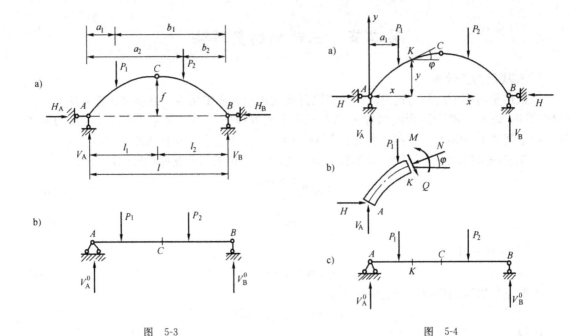

图 5-3   图 5-4

剪力以绕隔离体顺时针转动为正，反之为负。任一截面 K 的剪力 Q 等于该截面一侧所有外力在该截面方向上的投影代数和，由图 5-4b）可得

$$Q = V_A \cos \varphi - P_1 \cos \varphi - H \sin \varphi$$
$$= (V_A - P_1) \cos \varphi - H \sin \varphi$$
$$= Q^0 \cos \varphi - H \sin \varphi$$

式中，$Q^0 = V_A - P_1$ 为相应简支梁截面 K 的剪力，φ 的符号在图示坐标系中左半拱取正，右半拱取负。

因拱常受压，故规定轴力以压力为正。任一截面 K 的轴力等于该截面一侧所有外力在该截面法线方向上的投影代数和，由图 5-4b）有

$$N = (V_A - P_1) \sin \varphi + H \cos \varphi$$
$$= Q^0 \sin \varphi + H \cos \varphi$$

综上所述，三铰平拱在竖向荷载作用下任意截面的内力计算公式可写为

$$\begin{cases} M = M^0 - Hy \\ Q = Q^0 \cos \varphi - H \sin \varphi \\ N = Q^0 \sin \varphi + H \cos \varphi \end{cases} \tag{5-6}$$

如果该截面在某一集中力作用点处，则该截面左侧内力为

$$\begin{cases} M = M^0 - Hy \\ Q_左 = Q^0_左 \cos \varphi - H \sin \varphi \\ N_左 = Q^0_左 \sin \varphi + H \cos \varphi \end{cases}$$

右侧内力为

$$\begin{cases} M = M^0 - Hy \\ Q_右 = Q^0_右 \cos \varphi - H \sin \varphi \\ N_右 = Q^0_右 \sin \varphi + H \cos \varphi \end{cases}$$

由式（5-6）可知，三铰拱的内力值将不但与荷载及三个铰的位置有关，而且与各铰间拱轴线的形状有关。

[例5-1] 试作图5-5a) 所示三铰拱的内力图。拱轴为抛物线，其方程为 $y=\frac{4f}{l^2}x\ (l-x)$。

解： 先求支座反力。由式（5-5）可得

$$V_A = V_A^0 = \frac{14 \times 6 \times 9 + 50 \times 3}{12} = 75.5 \text{(kN)}$$

$$V_B = V_B^0 = \frac{14 \times 6 \times 3 + 50 \times 9}{12} = 58.5 \text{(kN)}$$

$$H = \frac{M_C^0}{f} = \frac{75.5 \times 6 - 14 \times 6 \times 3}{4} = 50.25 \text{(kN)}$$

反力求出后，即可计算各截面的内力。为此，可将拱轴沿水平方向分为8等份，计算各分段点截面的 M、Q、N值。今以距左支座1.5m的截面1为例，计算其内力如下：

首先，将 $l=12$m 及 $f=4$m 代入拱轴方程有

$$y = \frac{4f}{l^2}x(l-x) = \frac{x}{9}(12-x)$$

由此可得

$$\tan \varphi = \frac{dy}{dx} = \frac{2}{9}(6-x)$$

截面1的横坐标 $x_1=1.5$m，代入以上二式可求得其纵坐标 y_1 及 $\tan\varphi_1$ 为

$$y_1 = \frac{1.5}{9} \times (12 - 1.5) = 1.75 \text{(m)}$$

$$\tan \varphi_1 = \frac{2}{9} \times (6 - 1.5) = 1$$

据此可得 $\varphi_1 = 45°$，并有

$$\sin \varphi_1 = 0.707, \qquad \cos \varphi_1 = 0.707$$

于是由式（5-6）可得

$$M_1 = M_1^0 - Hy_1$$

$$= \left(75.5 \times 1.5 - 14 \times 1.5 \times \frac{1.5}{2}\right) - 50.25 \times 1.75 = 97.5 - 87.9 = 9.6 \text{(kN·m)}$$

$$Q_1 = Q_1^0 \cos \varphi_1 - H\sin \varphi_1$$

$$= (75.5 - 14 \times 1.5) \times 0.707 - 50.25 \times 0.707 = 38.5 - 35.5 = 3.0 \text{(kN)}$$

$$N_1 = Q_1^0 \sin \varphi_1 - H\cos \varphi_1$$

$$= (75.5 - 14 \times 1.5) \times 0.707 + 50.25 \times 0.707 = 38.5 + 35.5 = 74.0 \text{(kN)}$$

其他各截面的计算与上相同。为清楚起见，计算应列表进行，详见表5-1。然后，根据表中算得的结果绘出 M、Q、N 图，如图5-5b)、图5-5c)、图5-5d) 所示。

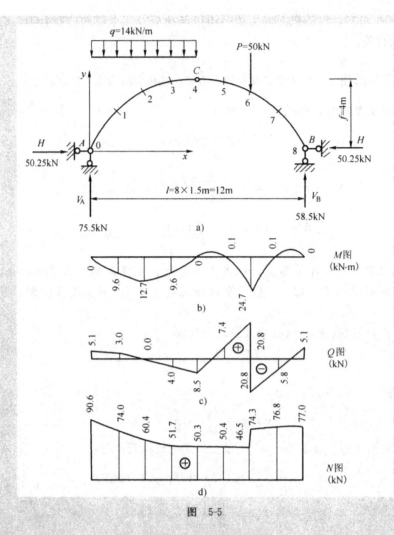

图 5-5

三铰拱内力计算

表 5-1

截面	x (m)	y (m)	$\tan\varphi$	$\sin\varphi$	$\cos\varphi$	Q^0 (kN)	M (kN·m)			Q (kN)			N (kN)		
							M^0	$-Hy$	M	$Q^0\cos\varphi$	$-H\sin\varphi$	Q	$Q^0\sin\varphi$	$H\cos\varphi$	N
0	0	0	1.333	0.800	0.600	75.5	0	0	0	45.3	−40.2	5.1	60.4	30.2	90.6
1	1.5	1.75	1.000	0.707	0.707	54.5	97.5	−87.9	9.6	38.5	−35.5	3.0	38.5	35.5	74.0
2	3	3.00	0.667	0.555	0.832	33.5	163.5	−150.8	12.7	27.9	−27.9	0.0	18.6	41.8	60.4
3	4.5	3.75	0.333	0.316	0.949	12.5	198.0	−188.4	9.6	11.9	−15.9	−4.0	4.0	47.7	51.7
4	6	4.00	0	0	1.000	−8.5	201.0	−201.0	0	−8.5	0	−8.5	0	50.3	50.3
5	7.5	3.75	−0.333	−0.316	0.949	−8.5	188.3	−188.4	−0.1	−8.5	15.9	7.4	2.7	47.7	50.4
6左	9	3.00	−0.667	−0.555	0.832	−8.5	175.5	−150.8	24.7	−7.1	27.9	20.8	4.7	41.8	46.5
6右	9	3.00	−0.667	−0.555	0.832	−58.5	175.5	−150.8	24.7	−48.7	27.9	−20.8	32.5	41.8	74.3
7	10.5	1.75	−1.000	−0.707	0.707	−58.5	87.8	−87.9	−0.1	−41.3	35.5	−5.8	41.3	35.5	76.8
8	12	0	−1.333	−0.800	0.600	−58.5	0	0	0	−35.1	40.2	5.1	46.8	30.2	77.0

第三节 三铰拱的内力图解法

本节介绍三铰拱内力的图解法，并由此说明压力线的概念。

拱上任一截面的内力通常用弯矩、剪力和轴力三个分量来表示，而这三个内力分量又可以合成一个总内力。根据平衡条件可知，此总内力就等于该截面以左（或以右）所有外力的合力。因此，只要确定截面一边所有外力的合力（包括确定其大小、方向和作用线位置），则该截面的内力即可确定。

如图 5-6a）所示三铰拱，设其支座 A、B 的总反力 R_A 和 R_B 已用数解法确定（先算出竖向反力和水平反力，再合成）。为了求得拱上任一截面 K 的内力，就须确定该截面以左（或以右）所有外力的合力大小、方向及其作用线。为此，首先按一定的比例尺，依 R_A，P_1，P_2，…，R_B 的顺序绘出外力的闭合力多边形，如图 5-6b）所示。然后以 R_A 和 R_B 的交点 O 为极点，画出射线 R_{12}，R_{23}，…，则射线 R_{12} 就是反力 R_A 与荷载 P_1 的合力，射线 R_{23} 就是 R_A、P_1 和 P_2 的合力，以此类推。这样，各合力的大小和方向就已由此力多边形所确定。

其次，为了确定各合力作用线的位置，在图 5-6a）中，过 A 点作平行于射线 R_A 的直线，即为 R_A 的作用线位置。又在 R_A 与 P_1 作用线的交点作平行于射线 R_{12} 的直线 12，即为合力 R_{12} 的作用线位置。再在 R_{12} 与 P_2 作用线的交点作平行于射线 R_{23} 的直线 23，即为合力 R_{23} 的作用线位置，以此类推。这样，就在图 5-6a）中得到了一个多边形，称为索多边形，其中每一条边称为索线。如上所述，每一条索线就代表它以左（或以右）所有外力的合力作用线位置。由于拱通常受压，故此索多边形又称为压力多边形，或压力线。当拱在分布荷载作用下，压力线就成为曲线。如果图形绘得准确，则压力线由铰 A 开始，必定依次通过铰 C 和铰 B。这是因为在铰处弯矩为零，故压力线应通过铰心。

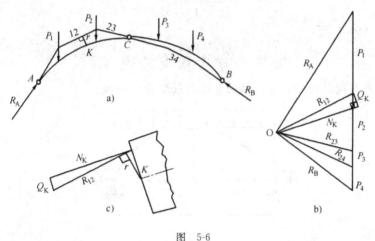

图 5-6

由上述力多边形及相应的压力线，就可以完全确定拱上任一截面的内力。今以截面 K 为例〔图 5-6c）〕，该截面以左所有外力的合力为 R_{12}，其大小可由力多边形上量出，其作用线位置则由压力线确定。设截面 K 的形心至索线 12 的垂直距离为 r，则弯矩 $M_K = R_{12} r$；再将 R_{12} 沿截面 K 的切线和法线方向分解，即可求得剪力 Q_K 和轴力 N_K 的大小。显然，压力线越靠近拱轴线，压力偏心距就越小。对于砖、石及混凝土这一类拱，若要求截面上不出现拉应力，则压力线不应超出截面核心的范围。

第四节　三铰拱的合理拱轴线

由前已知，当荷载及三个铰的位置给定时，三铰拱的反力就可确定，而与各铰间拱轴线形状无关；三铰拱的内力则与拱轴线形状有关。当拱上所有截面的弯矩都等于零（可以证明，从而剪力也为零）而只有轴力时，截面上的正应力是均匀分布的，材料能得以最充分地利用，单从力学观点看，这是最经济的，故称这时的拱轴线为合理拱轴线。

合理拱轴线可根据弯矩为零的条件来确定。在竖向荷载作用下，合理拱轴线方程可由下式求得

$$M = M^0 - Hy = 0$$

由此得

$$y = \frac{M^0}{H} \tag{5-7}$$

上式表明，在竖向荷载作用下，三铰拱合理拱轴线的纵坐标 y 与相应简支梁弯矩图的竖标成正比。当荷载已知时，只需求出相应简支梁的弯矩方程，然后除以常数 H，便得到合理拱轴线方程。

[**例5-2**] 试求图5-7a) 所示对称三铰拱在均布荷载 q 作用下的合理拱轴线。

解： 相应简支梁 [图5-7b)] 的弯矩方程为

$$M^0 = \frac{ql}{2}x - \frac{qx^2}{2} = \frac{1}{2}qx(l-x)$$

又由式 (5-5) 求得推力为

$$H = \frac{M_C^0}{f} = \frac{ql^2}{8f}$$

于是由式 (5-7) 有

$$y = \frac{M^0}{H} = \frac{4f}{l^2}x(l-x)$$

可见在竖向均布荷载作用下，三铰拱的合理拱轴线是抛物线。

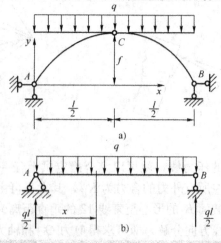

图 5-7

[例5-3] 试求图5-8所示对称三铰拱在拱上填料重力作用下的合理拱轴线。拱上荷载集度按 $q = q_C + \gamma y$ 变化，其中 q_C 为拱顶处的荷载集度，γ 为填料重度。

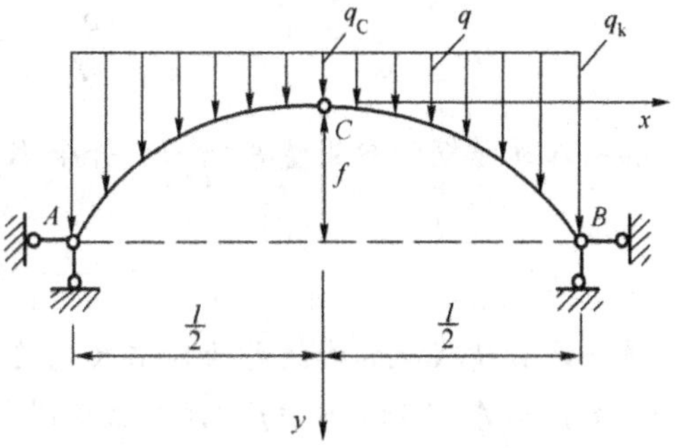

图 5-8

解： 根据现在的坐标系，式 (5-6) 第一式成为

$$M = M^0 - H(f - y)$$

由于 $M = 0$ 有

$$f - y = \frac{M^0}{H}$$

本题由于荷载集度 q 随拱轴线纵坐标 y 而变，而 y 尚属未知，故相应简支梁的弯矩方程 M^0 也无法事先写出，因而不能由上式直接求出合理拱轴线方程。为此，将上式两边分别对 x 求导两次得

$$-y'' = \frac{1}{H} \frac{\mathrm{d}^2 M^0}{\mathrm{d} x^2}$$

注意到 q 以向下为正时，有 $\dfrac{\mathrm{d}^2 M^0}{\mathrm{d} x^2} = -q$，故得

$$y'' = \frac{q}{H}$$

这就是竖向荷载作用下合理拱轴线的微分方程。求解此微分方程并结合边界条件，即可确定合理拱轴线方程。

对于本例，将 $q = q_C + \gamma y$ 代入上式，可得

$$y'' - \frac{\gamma}{H} y = \frac{q_C}{H}$$

这是一个二阶常系数线性非齐次微分方程，它的一般解可用双曲线函数表示

$$y = A\mathrm{ch}\sqrt{\frac{\gamma}{H}}x + B\mathrm{sh}\sqrt{\frac{\gamma}{H}}x - \frac{q_C}{\gamma}$$

式中，常数 A、B 可由边界条件确定。

当 $x = 0$ 时，$y = 0$，得

$$A = \frac{q_C}{\gamma}$$

当 $x = 0$ 时，$y' = 0$，得 $B = 0$。

于是可得合理拱轴线的方程为

$$y = \frac{q_C}{\gamma}\left(\mathrm{ch}\sqrt{\frac{\gamma}{H}}x - 1\right)$$

为了实际应用方便，避免直接计算推力 H，可将上式改写为另一种形式。为此，引入比值

$$m = \frac{q_k}{q_C}$$

由于，$q_k = q_C + \gamma f$，故有

$$m = \frac{q_C + \gamma f}{q_C}$$

可得

$$\frac{q_C}{\gamma}=\frac{f}{m-1}$$

再引入无量纲的自变量 $\xi=\dfrac{x}{l/2}$，并令 $K=\dfrac{l}{2}\sqrt{\dfrac{\gamma}{H}}$，则合理拱轴线方程可写为

$$y=\frac{f}{m-1}(\mathrm{ch}K\xi-1)$$

这一方程所代表的曲线称为列格氏悬链线。式中 K 值可由比值 m 和下述第三个边界条件确定；当 $\xi=1$ 时，$y=f$，代入上式得

$$\mathrm{ch}K=m$$

或

$$K=\ln(m+\sqrt{m^2-1})$$

可见，只要当拱脚与拱顶处的荷载集度之比 $m=\dfrac{q_k}{q_C}$ 给定时，合理拱轴线方程即可确定。但当 $m=1$ 时，上式不再适用，此时 $q_k=q_C$，拱上荷载为均布荷载，合理拱轴应为抛物线 $y=f\xi^2$。

[例5-4] 试求三铰拱在垂直于拱轴线的均布荷载（如水压力）作用下的合理拱轴线 [图5-9a)]。

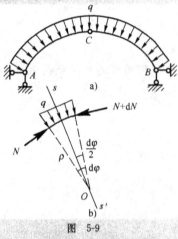

图 5-9

解：本题为非竖向荷载。通常可以假定拱处于无弯矩状态，然后根据平衡条件推求合理拱轴线的方程。为此，从拱中截取一微段为隔离体 [图5-9b)]，设微段两端横截面上弯矩、剪力均为零，而只有轴力 N 和 $N+\mathrm{d}N$。由 $\sum M_O=0$ 有

$$N\rho-(N+\mathrm{d}N)\rho=0$$

式中，ρ 为微段的曲率半径。由上式可得

$$\mathrm{d}N=0$$

由此可知

$$N=常数$$

再沿 s—s' 轴写出投影方程有

$$2N\sin\frac{\mathrm{d}\varphi}{2}-q\rho\mathrm{d}\varphi=0$$

因 $\mathrm{d}\varphi$ 角极小，故可取 $\sin\dfrac{\mathrm{d}\varphi}{2}=\dfrac{\mathrm{d}\varphi}{2}$，于是上式成为

$$N-q\rho=0$$

因 N 为常数，荷载 q 也为常数，故

$$\rho=\frac{N}{q}=常数$$

这表明合理拱轴线是圆弧线。

思 考 题

1. 拱的受力情况和内力计算与梁和刚架有何异同?
2. 在非竖向荷载下怎样计算三铰拱的反力和内力?
3. 什么是合理拱轴线? 试绘出图 5-10 中各荷载作用下三铰拱的合理拱轴线形状。

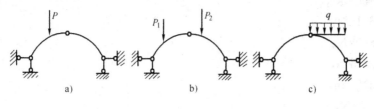

图 5-10

习 题

1. 图 5-11 所示抛物线三铰拱的轴线方程为 $y=\dfrac{4f}{l^2}x\,(l-x)$,试求截面 K 的内力。

2. 试求图 5-12 所示带拉杆的半圆三铰拱截面 K 的内力。

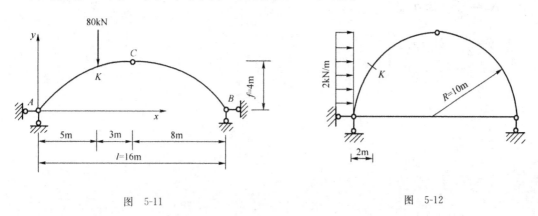

图 5-11

图 5-12

3. 求图 5-13 所示三铰圆环截面 K 的内力。

4. 求图 5-14 所示三铰拱在均布荷载作用下的合理拱轴线方程。

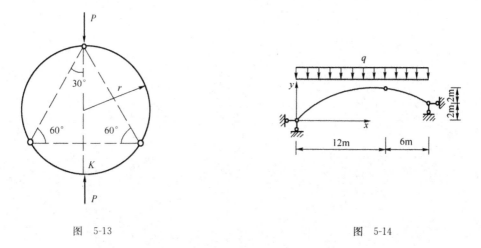

图 5-13

图 5-14

部分习题答案

1. $H=50\text{kN}$,

   $M_K=103.1\text{kN}$,

   $Q_{K左}=33.9\text{kN}$,

   $Q_{K右}=-41.0\text{kN}$,

   $N_{K左}=66.1\text{kN}$,

   $N_{K右}=38.0\text{kN}$。

2. 拉杆轴力 5kN,

   $M_K=44\text{kN}\cdot\text{m}$,

   $Q_K=-0.6\text{kN}$,

   $N_K=-5.8\text{kN}$（拉力）。

3. $M_K=\dfrac{\sqrt{3}}{3}Pr$（内侧受拉），

   $Q_{K左}=-P/2$，$Q_{K右}=P/2$，

   $N_K=\dfrac{\sqrt{3}}{6}$（拉力）。

4. $y=\dfrac{x}{27}(21-x)$。

第六章 静定平面桁架

本章要点

- 桁架简化的基本假定;
- 掌握节点法、截面法求解桁架内力的方法;
- 组合结构的计算方法。

第一节 平面桁架的计算简图

梁和刚架是以承受弯矩为主的,横截面上主要产生非均匀分布的弯曲正应力 [图 6-1a)],其边缘处应力最大,而中部的材料并未充分利用。桁架则主要承受轴力。在平面桁架的计算简图 [图 6-1b)] 中,通常引用如下假定。

(1)各结点都是无摩擦的理想铰。

(2)各杆轴都是直线,并在同一平面内且通过铰的中心。

(3)荷载只作用在结点上并在桁架的平面内。

这样,桁架的各杆将只受轴力,截面上的应力是均匀分布的,可同时达到容许值,材料能得到充分利用。因而与梁相比,桁架的用料较省,并能获得更大的跨度。

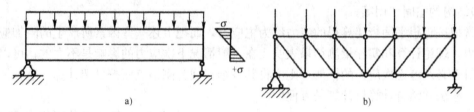

图 6-1

实际的桁架并不完全符合上述理想假定。图 6-2a) 所示钢桁架桥,它是由两片主桁架和联结系(上、下平纵联、横联、桥门架等)及桥面系(纵、横梁等)组成的空间结构。图 6-2b)为其横剖面示意图。列车荷载通过钢轨、轨枕、纵梁、横梁传到主桁架的结点上。图 6-2c) 为主桁架的一个结点构造略图,各杆件与结点板之间是用许多铆钉(或螺栓)联结起来的(也有的用焊接)。此外,主桁架与联结系、桥面系之间也是铆(栓)接或焊接的。可见,实际钢桁架桥的构造和受力情况都是很复杂的。

在竖向荷载作用下计算主桁架时,为简化起见,可不考虑整个体系的空间作用,而认为纵梁是支承在横梁上的简支梁,横梁又是支承在主桁架结点上的简支梁,于是可按杠杆原理将荷载分配于两片主桁架,同时认为在竖向荷载作用下联结系只起联结作用而不承受力。这样,每片主桁架便可作为彼此独立的平面桁架来计算,从而得到图 6-3 所示的计算简图。

实际结构与上述计算简图之间在以下方面尚存在一些差别。

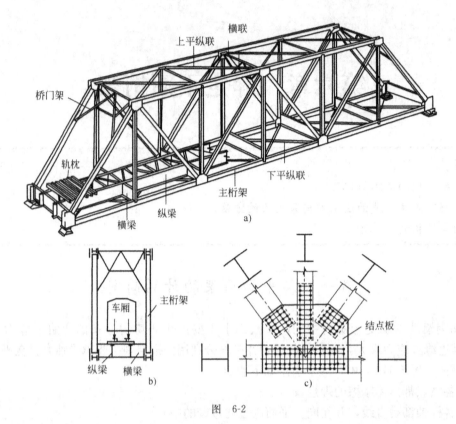

图 6-2

(1)结点的刚性。

(2)各杆轴线不可能绝对平直,在结点处也不可能准确交于一点。

(3)非结点荷载(如杆件自重,风荷载等)。

(4)结构的空间作用等。

通常把按理想平面桁架算得的应力称为主应力,而把上述一些因素所产生的附加应力称为次应力。理论计算和实际量测结果表明,在一般情况下次应力的影响是不大的,可以忽略不计。对于必须考虑次应力的桁架,则应将其各结点视为刚结点而按刚架计算,这种情况采用矩阵位移法并结合计算机计算是方便的。

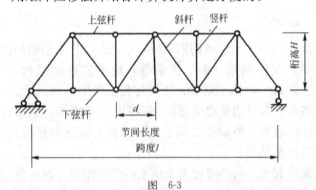

图 6-3

桁架的杆件,依其所在位置不同,可分为弦杆和腹杆两类。弦杆又分为上弦杆和下弦杆。腹杆又分为斜杆和竖杆。弦杆上相邻两结点间的区间称为节间,其间距 d 称为节间长度。两支座间的水平距离 l 称为跨度。支座联线至桁架最高点的距离 H 称为桁高,如图 6-3 所示。

桁架可按不同的特征进行分类。

根据桁架的外形,可分为平行弦桁架 [图 6-4a)]、折弦桁架 [图 6-4b)] 和三角形桁架 [图 6-4c)]。

按照竖向荷载是否引起水平支座反力(即推力),桁架可分为无推力桁架或梁式桁架 [图 6-4a)、图 6-4b)、图 6-4c)] 和有推力桁架或拱式桁架 [图 6-4d)]。

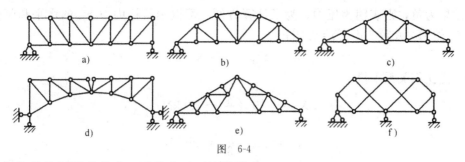

图 6-4

依桁架的几何组成方式，可分为以下几种形式。

(1)简单桁架。由一个基本铰接三角形依次增加二元体而组成的桁架 [图 6-4a)、图 6-4b)、图 6-4c)]。

(2)联合桁架。由几个简单桁架按几何不变体系的简单组成规则而联合组成的桁架 [图 6-4d)、图 6-4e)]。

(3)复杂桁架。不是按上述两种方式组成的其他静定桁架 [图 6-4f)]。

第二节 结 点 法

为了求得桁架各杆的内力，可以截取桁架的一部分为隔离体，由隔离体的平衡条件来计算所求内力。若所取隔离体只包含一个结点，就称为结点法；若所取隔离体不止包含一个结点，则称为截面法。本节讨论结点法。

一般说来，任何静定桁架的内力和反力都可以用结点法求出。因为作用于任一结点的诸力（包括荷载、反力及杆件内力）均组成一平面汇交力系，故可就每一结点列出两个平衡方程。设桁架的结点数为 j，杆件数为 b，支座链杆数为 r，则一共可列出 $2j$ 个独立的平衡方程，而所需求解的各杆内力和支座反力共有 $(b+r)$ 个。由于静定桁架的计算自由度 $W = 2j - b - r = 0$，故有 $b + r = 2j$，即未知力数目与方程式数目相等，故所有内力及反力总可以用结点法解出。但是在实际计算中，只有当每取一个结点，其上的未知力都不超过两个而能将它们解出时，应用结点法才是方便的，才能避免在结点间解算联立方程。由于简单桁架是从一个基本铰接三角形开始，依次增加二元体所组成的，其最后一个结点只包含两根杆件，故对于这类桁架，在求出支座反力后，可按与几何组成相反的顺序，从最后的结点开始，依次倒算回去，便能顺利地用结点法求出所有杆件的内力。

在计算中，经常需要把斜杆的内力 S 分解为水平分力 X 和竖向分力 Y（图 6-5）。设斜杆的长度为 l，其水平和竖向的投影长度分别为 l_x 和 l_y，则由比例关系可知

$$\frac{S}{l} = \frac{X}{l_x} = \frac{Y}{l_y}$$

这样，在 S、X 和 Y 三者中，任知其一便可很方便地推算其余两个，而无须使用三角函数。

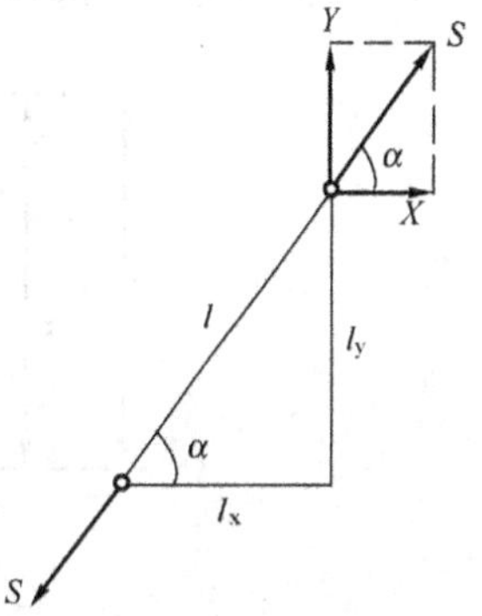

现在用图 6-6a)所示桁架为例，来说明结点法的运算。首先可由桁架的整体平衡条件求出支座反力如图 6-6 上所注。然后，即可截取各结点解算杆件内力。最初遇到只包含两个未知力的结点有 A 和 G 两个。现在从结点 G 开始，其隔离体图如图 6-6b)所示。通常假定杆件内力均为拉力，

图 6-5

若计算结果为负，则表明为压力。为了计算方便，可以用斜杆内力 S_{GE} 的水平和竖向分力 X_{GE} 和 Y_{GE} 作为未知数。由 $\sum Y = 0$ 可得

$$Y_{GE} = 15\text{kN}$$

并可由比例关系求得

$$X_{GE} = 15 \times \frac{4}{3} = 20(\text{kN})$$

$$S_{GE} = 15 \times \frac{5}{3} = 25(\text{kN})$$

再由 $\sum X = 0$ 可得

$$S_{GF} = -X_{GE} = -20(\text{kN})$$

然后依次取结点 F、E、D、C 计算，每次都只有两个未知力，故不难求解。到结点 E 时只有一个未知力 S_{BA}，而最后到结点 A 时，各力都已求出，故此二结点的平衡条件是否都满足可作为校核。

当计算比较熟练时，可不必绘出各结点的隔离体图，而直接在桁架图上进行心算，并将杆件内力及其分力标注于杆旁，如图 6-6a) 所示。

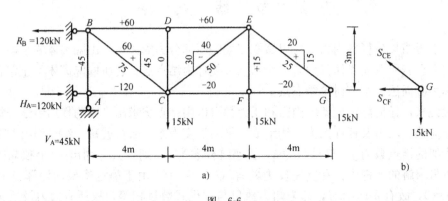

图 6-6

有时会遇到一个结点上内力未知的两杆都是斜杆的情形，如图 6-7a) 中的结点 A。此时可仍用水平和竖向两投影平衡方程来求 S_1 和 S_2，但需解算联立方程。如果欲避免解联立方程，则可改选投影轴的方向或者改用力矩平衡方程求解。如图 6-7b) 所示，若取与 S_2 垂直的方向为 X 轴，则由 $\sum X = 0$ 可首先求出 S_1，但这种方法有时投影计算不很方便。另一方法是在 S_2 的作用线上选择一点（A 点除外）作为力矩中心，而用力矩平衡方程来求 S_1。例如，

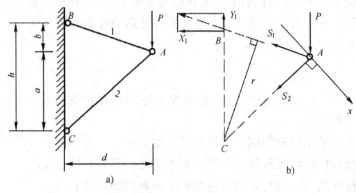

图 6-7

选 C 点为矩心，但此时 S_1 至 C 的力臂 r 不容易求得。为此，可将 S_1 在其作用线上的适当地点分解，如在 B 点分解，用水平和竖直分力 X_1 和 Y_1 来代替 S_1。这样竖直分力 Y_1 恰通过矩心 C，而水平分力 X_1 的力臂即为竖直距离 h，于是由 $\sum M_C = 0$ 求得

$$X_1 = \frac{Pd}{h}$$

值得指出，在桁架中常有一些特殊形状的结点，掌握了这些特殊结点的平衡规律，可给计算带来很大的方便。现列举几种特殊结点如下。

(1)L 形结点。或称两杆结点 [图 6-8a]，当结点上无荷载时两杆内力皆为零。凡内力为零的杆件称为零杆。

(2)T 形结点。这是三杆汇交的结点而其中两杆在一直线上 [图 6-8b]，当结点上无荷载时，第三杆（又称单杆）必为零杆，而共线两杆内力相等且符号相同（即同为拉力或同为压力）。

(3)X 形结点。这是四杆结点且两两共线 [图 6-8c]，当结点上无荷载时，则共线两杆内力相等且符号相同。

(4)K 形结点。这也是四杆结点，其中两杆共线，而另外两杆在此直线同侧且交角相等 [图 6-8d]。结点上如果无荷载，则非共线两杆内力大小相等而符号相反（一为拉力则另一为压力）。

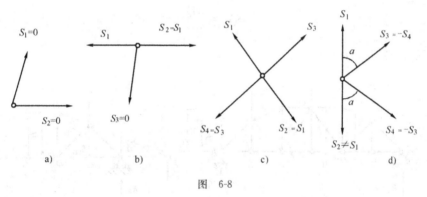

图 6-8

上述各条结论，均可根据适当的投影平衡方程得出，读者可自行证明。

应用以上结论，不难判断图 6-9 及图 6-10 桁架中虚线所示各杆皆为零杆，于是剩下的计算工作便大为简化。

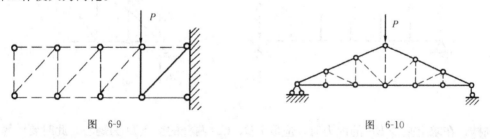

图 6-9   图 6-10

第三节 截 面 法

截面法是作一截面将桁架分为两部分，然后任取一部分为隔离体（隔离体包含一个以上

的结点），根据平衡条件来计算所截杆件的内力。通常作用在隔离体上的诸力为平面一般力系，故可建立三个平衡方程。因此，若隔离体上的未知力不超过三个，则一般可将它们全部求出。为了避免联立求解，应注意选择适宜的平衡方程。按所选方程类型的不同，截面法又可分为力矩法和投影法，现分述如下。

1. 力矩法

如图 6-11a) 所示简支桁架，设支座反力已求出，现要求 EF、ED 和 CD 三杆的内力。为此，作截面 I—I 截断此三杆，并取截面以左部分为隔离体来计算 [图 6-11b)]。在列平衡方程时，最好使每个方程中只包含一个未知力，这样就可避免联立求解。例如，求下弦杆 CD 的内力时，可取另两杆 EF 和 ED 的交点 E 为力矩中心，由力矩平衡方程 $\sum M_E = 0$ 来求。此时有

$$R_A d - P_1 d - P_2 \times 0 - S_{CD} h = 0$$

得

$$S_{CD} = \frac{R_A d - P_1 d - P_2 \times 0}{h}$$

式中，分母 h 为 S_{CD} 对矩心 E 的力臂；分子为隔离体上所有外力对矩心 E 的力矩代数和，它恰等于相应简支梁 [图 6-11c)] 上 E 点的弯矩 M_E^0，因此上式又可写为

$$S_{CD} = \frac{M_E^0}{h}$$

因 M_0^E 是正的，故 S_{CD} 为拉力。

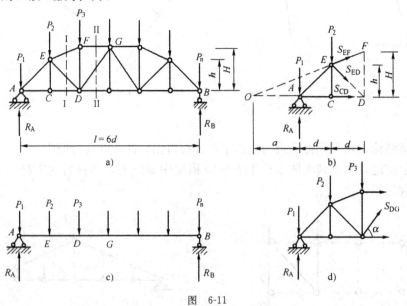

图 6-11

同样，在求上弦杆 EF 的内力时，应取 ED、CD 两杆的交点 D 为矩心。此时要计算 S_{EF} 的力臂是不太方便的。为此，可将 S_{EF} 在其作用线上的 F 点处分解为水平和竖向两个分力，竖向分力 Y_{EF} 通过矩心 D，而水平分力 X_{EF} 的力臂即为桁高 H。由 $\sum M_D = 0$ 有

$$R_A \times 2d - P_1 \times 2d - P_2 d + X_{EF} H = 0$$

得

$$X_{EF} = \frac{R_A \times 2d - P_1 \times 2d - P_2 d}{H} = -\frac{M_D^0}{H}$$

即求得了分力 X_{EF}，便可依比例关系求得各 S_{EF}。式中，M_D^0 表示相应简支梁上 D 点的弯矩。因 M_D^0 是正的，故 S_{EF} 为压力。

用同样方法可以证明：简支桁架在竖直向下的荷载作用下，下弦杆都受拉力，上弦杆都受压力。

最后，为了求斜杆 ED 的内力，应取 EF、CD 两杆延长线的交点 O 为矩心，并将 S_{ED} 在 D 点分解为水平和竖向分力 X_{ED} 和 Y_{ED}，由 $\sum M_O = 0$ 有

$$-R_A a + P_1 a + P_2 (a + d) + Y_{ED}(a + 2d) = 0$$

得

$$Y_{ED} = \frac{R_A a - P_1 a - P_2(a + d)}{a + 2d}$$

据此不难求得 S_{ED}。至于此杆为受拉或受压，需看上式右端分子为正或为负而定。

2. 投影法

如果在上述桁架中，欲求斜杆 DG 的内力时，可作截面 II—II 并取其左边部分来计算 [图 6-11d)]。此时因被截断的另两杆平行，故应采用投影方程来求，由 $\sum Y = 0$ 有

$$R_A - P_1 - P_2 - P_3 + Y_{DG} = 0$$

得

$$Y_{DG} = S_{DG} \sin \alpha = -(R_A - P_1 - P_2 - P_3)$$

上式右端括号内之值恰等于相应简支梁上 DG 段的剪力，故此法有时也称剪力法。

如前所述，用截面法求桁架内力时，应尽量使所截断的杆件不超过三根，这样所截杆件的内力均可求出。有时，所作截面虽然截断了三根以上的杆件，但只要在被截各杆中，除一杆外，其余均汇交于一点或均平行，则该杆内力仍可首先求得。例如，在图 6-12 所示桁架中作截面 I—I，由 $\sum M_K = 0$ 可求得 S_a。又如在图 6-13 所示桁架中作截面 I—I，由 $\sum X = 0$ 可求出 S_b。

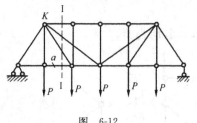

图 6-12

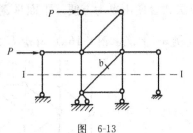

图 6-13

上面分别介绍了结点法和截面法。对于简单桁架，当要求全部杆件内力时，用结点法是适宜的；若只求个别杆件的内力，则往往用截面法较方便。对于联合桁架，若只用结点法将会遇到未知力超过两个的结点，故宜先用截面法将联合杆件的内力求出。如图 6-14 所示桁架，应先由截面 I—I 求出联合杆件 DE 的内力，然后再对各简单桁架进行分析便无困难。又如图 6-15a) 所示桁架，要求各杆内力时，初看似乎无从下手，但从分析其几何构造可知，它是由两个铰接三角形用 1、2、3 三杆相联而组成的联合桁架。因此，可作截面截断该三杆而取出一个三角形为隔离体 [图 6-15b)]，首先求出该三杆的内力，然后便不难求得其余杆件的内力。

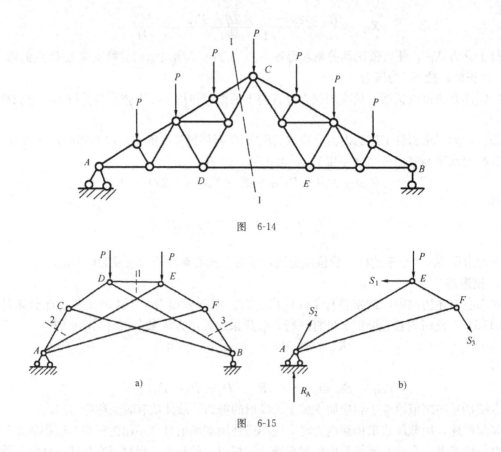

图 6-14

图 6-15

第四节 截面法和结点法的联合应用

上一节已指出，截面法和结点法各有所长，应根据具体情况选用。在有些情况下，则将两种方法联合使用更为方便。下面举例说明。

[例 6-1] 试求图 6-16a) 所示 K 式桁架中 a 杆和 b 杆的内力。

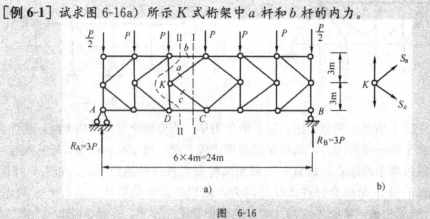

图 6-16

解：求 a 杆内力时，可作截面 I—I 并取其左部为隔离体。由于截断了 4 根杆件，故仅由此截面尚不能求解，还需再取其他隔离体先求出这 4 个未知力中的某一个或找出其中两个未知力的关系，从而使该截面所取隔离体上只包含 3 个独立的未知力时，方可解

出。为此，可截取结点 K 为隔离体 [图 6-16b)]，由 K 形结点的特性可知

$$S_a = -S_c \qquad 或 \qquad Y_a = -Y_c$$

再由截面 I—I 根据 $\sum Y = 0$ 有

$$3P - \frac{P}{2} - P - P + Y_a - Y_c = 0$$

得

$$Y_a = -\frac{P}{4}$$

由此例关系得

$$S_a = -\frac{P}{4} \times \frac{5}{3} = -\frac{5}{12}P$$

求得 S_a 后，由截面 I—I 利用 $\sum M_c = 0$ 即可求得 S_b。不过，也可以作截面 II—II 并取其左部由 $\sum M_D = 0$ 来求得 b 杆内力

$$S_b = -\frac{3P \times 8 - \frac{P}{2} \times 8 - P \times 4}{6} = -\frac{8}{3}P$$

显然，后一方法更简捷。

[例 6-2] 试求图 6-17 桁架 HC 杆的内力。

解：可由不同的途径求得 HC 杆的内力。方法之一是先作截面 I—I 由 $\sum M_F = 0$ 求得 DE 杆内力；接着由结点 E 求得 EC 杆内力；再作截面 II—II，由 $\sum M_G = 0$ 求得 HC 杆的内力。现计算如下：

由桁架整体平衡可求出支座反力如图 6-17 所示。

取截面 I—I 以左为隔离体，由 $\sum M_F = 0$ 可得

$$S_{DE} = \frac{90 \times 5}{4} = 112.5 \text{(kN)（拉力）}$$

由结点 E 的平衡可知 $S_{EC} = S_{ED} = 112.5$ （kN）（拉力）。

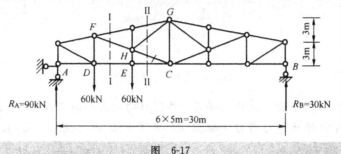

图 6-17

再取截面 II—II 以右为隔离体，由 $\sum M_G = 0$，并将 S_{HC} 在 C 点分解为水平和竖向分力，可求得

$$X_{HC} = \frac{30 \times 15 - 112.5 \times 6}{6} = -37.5 \text{(kN)（压力）}$$

并由几何关系可得

$$S_{HC} = -37.5 \times \frac{\sqrt{5^2 + 2^2}}{5} = -40.4 \text{(kN)（压力）}$$

第五节　组合结构的计算

组合结构是指由链杆和受弯杆件混合组成的结构。其中，链杆（两铰直杆且杆身上无荷载作用者）只受轴力（又称二力杆），受弯杆件则同时还受有弯矩和剪力。用截面法分析组合结构的内力时，为了使隔离体上的未知力不致过多，宜尽量避免截断受弯杆件。因此，分析这类结构的步骤一般是先求出反力，然后计算各链杆的轴力，最后再分析受弯杆件的内力。当然，如果受弯杆件的弯矩图很容易先行绘出时，则不必拘泥于上述步骤。

[**例 6-3**] 试分析图 6-18a）所示组合结构的内力。

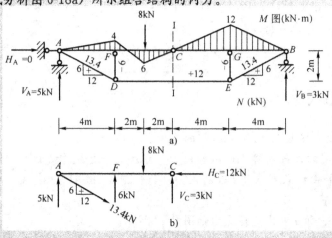

图　6-18

解： 首先考虑结构的整体平衡，可求得支座反力如图 6-18a）所示。然后，作截面 I—I 拆开铰 C 和截断拉杆 DE，并取右边部分为隔离体，由 $\sum M_C = 0$ 有

$$3 \times 8 - S_{DE} \times 2 = 0$$

得

$$S_{DE} = 12(\text{kN})(\text{拉力})$$

再考虑结点 D 和 E 的平衡，便可求得其余各链杆的内力如图 6-18a）所示。

现在来分析受弯杆件的内力。取出 AC 杆为隔离体 [图 6-18b）]，考虑其平衡可求得

$$H_C = 12(\text{kN}) \leftarrow, \quad V_C = 3(\text{kN}) \uparrow$$

并可作出其弯矩图如图 6-18a）所示。其剪力图及轴力图也不难作出，此处从略。CE 杆的内力可同样分析，无须赘述。

图 6-19a）所示为静定拱式组合结构，它是由若干根链杆组成的链杆拱与加劲梁用竖向链杆联结而组成的几何不变体系。当跨度较大时，加劲梁也可换为加劲桁架。

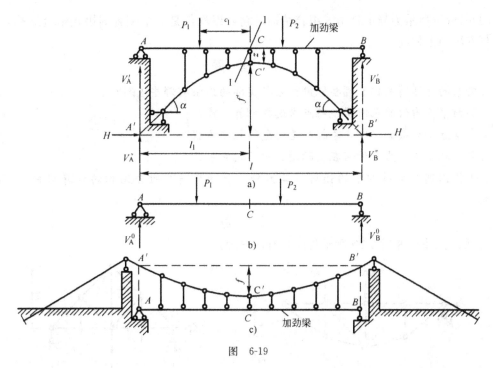

图 6-19

计算这类结构的反力时，为方便起见，可将拱两端的反力分别在 A' 和 B' 点分解为水平分力和竖向分力。考虑结构的整体平衡，不难看出拱和梁两部分总的竖向反力就等于相应简支梁 [图 6-19b)] 的竖向反力，即

$$V_A' + V_A'' = V_A^0$$

$$V_B' + V_B'' = V_B^0$$

若考虑链杆拱上每一结点的平衡条件 $\sum X = 0$，则可知拱上每一杆件的水平分力都相等，即等于拱的水平推力 H。

再作截面 I—I 并取其左（或右）部为隔离体，且将被截拱杆的内力在 C' 点沿水平及竖向分解，则由 $\sum M_C = 0$ 有

$$Hz - H(f' + z) + (V_A' + V_A'')l_1 - P_1c_1 = 0$$

式中，后两项之和即为相应简支梁截面 C 的弯矩 M_C^0，故得

$$H = \frac{M_C^0}{f'} \tag{6-1}$$

链杆拱及加劲梁的竖向反力分别为

$$\begin{cases} V_A'' = V_B'' = H\tan\alpha \\ V_A' = V_A^0 - H\tan\alpha \\ V_B' = V_B^0 - H\tan\alpha \end{cases} \tag{6-2}$$

式中，α 为两端拱杆的倾角。

反力确定后，便不难求出各链杆的轴力，然后即可求出加劲梁的内力。

图 6-19c) 所示为静定悬吊式组合结构，它可以看作是一个倒置的拱式组合结构，因此其计算方法与上相同。

思 考 题

1. 桁架的计算简图作了哪些假设？它与实际的桁架有哪些差别？

2. 如何根据桁架的几何构造特点来选择计算顺序？

3. 在结点法和截面法中，怎样尽量避免解联立方程？

4. 零杆既然不受力，为何在实际结构中不把它去掉？

5. 怎样识别组合结构中的链杆（二力杆）和受弯杆？组合结构的计算与桁架有何不同之处？

习 题

1. 用结点法计算图 6-20 所示桁架各杆的内力。

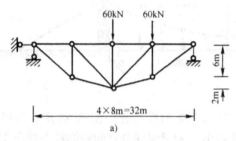
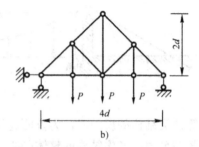

图 6-20

2. 试判断图 6-21 所示桁架中的零杆。

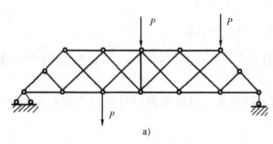
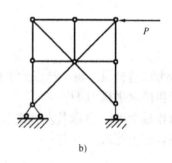

图 6-21

3. 用截面法计算图 6-22 所示桁架中指定杆件的内力。

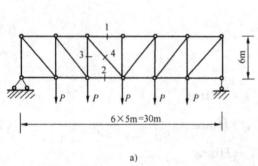
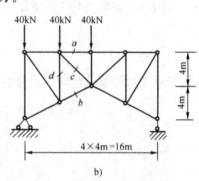

图 6-22

4. 试用较简便方法求图 6-23 所示各桁架中指定杆件的内力。

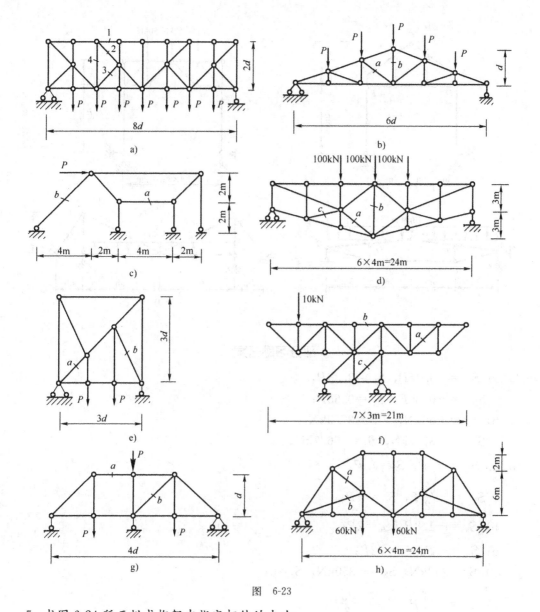

图 6-23

5. 求图 6-24 所示拱式桁架中指定杆件的内力。

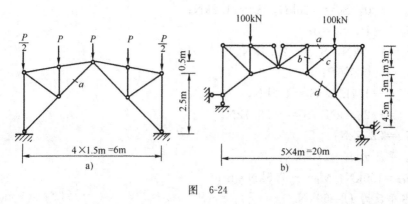

图 6-24

6. 试求图 6-25 所示组合结构中各链杆的轴力并作受弯杆件的内力图。

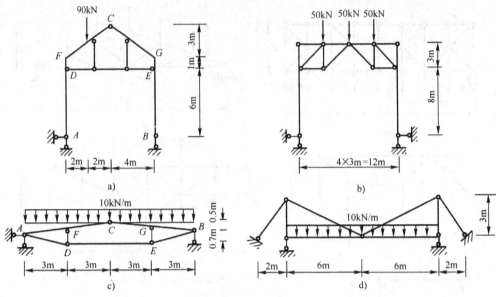

图 6-25

部分习题答案

3. a) $S_1 = -3.75P$, $S_2 = 3.33P$,

   $S_3 = -0.50P$, $S_4 = 0.65P$；

   b) $S_a = -60\text{kN}$, $S_b = 37.3\text{kN}$,

   $S_c = -37.7\text{kN}$, $S_d = -66.7\text{kN}$。

4. a) $S_1 = -4P$, $S_2 = \sqrt{2}P$,

   $S_3 = -\dfrac{\sqrt{2}}{2}P$, $S_4 = -P$；

   b) $S_a = -1.8P$, $S_b = 2P$；

   c) $S_a = -P$, $S_b = \sqrt{2}P$；

   d) $S_a = 292\text{kN}$, $S_b = -350\text{kN}$, $S_c = 0$；

   e) $S_a = -\dfrac{\sqrt{2}}{3}P$, $S_b = -\dfrac{\sqrt{5}}{3}P$；

   f) $S_a = -0$, $S_b = -20\text{kN}$, $S_c = 21.2\text{kN}$；

   g) $S_a = -P$, $S_b = 0$；

   h) $S_a = 41.7\text{kN}$, $S_b = -21.4\text{kN}$。

5. a) $S_a = -0.566P$；

   b) $S_a = -1.7\text{kN}$, $S_b = 1.3\text{kN}$,

   $S_c = -28.2\text{kN}$, $S_d = -59.1\text{kN}$。

6. a) $S_{DE} = 22.5\text{kN}$；

   b) 水平反力 $H = 27.3\text{kN}$；

   c) $S_{DE} = 150\text{kN}$, $M_F = -7.5\text{kN·m}$；

   d) 水平反力 $H = 60\text{kN}$。

第七章　影响线及其应用

本章要点

- 影响线的概念；
- 影响线的绘制方法（梁、桁架）；
- 影响线的应用；
- 公路和铁路标准荷载。

第一节　影响线的概念

前面几章讨论静定结构的内力计算时，荷载的位置是固定不动的。但一般工程结构除了承受固定荷载作用外，还要受到移动荷载的作用。例如，桥梁要承受列车、汽车等荷载，厂房中的吊车梁要承受吊车荷载等。本章讨论在移动荷载作用下，如何求解简支梁内力及支座反力问题。

显然，在移动荷载作用下，结构的反力和内力随着荷载位移的移动而变化，因此在结构设计中，必须求出移动荷载作用下反力和内力的最大值。为了解决这个问题，就需要研究荷载移动时反力和内力的变化规律。然而不同的反力和不同截面的内力变化规律是各不相同的，即使同一截面，不同的内力（如弯矩和剪力）变化规律也各不相同。如图 7-1 所示简支梁，当汽车由左向右移动时，反力 R_A 将逐渐减小，而反力 R_B 却逐渐增大。因此，一次只宜研究一个反力或某一个截面的某一项内力的变化规律。显然，要求出某一反力或某一内力的最大值，就必须先确定产生这一最大值的荷载位置，这一荷载位置称为**最不利荷载位置。**

工程实际中的移动荷载通常是由很多间距不变的竖向荷载所组成，而其类型是多种多样的，一般不可能逐一加以研究。为此，可先只研究一种最简单的荷载，即一个竖向单位集中荷载 $P=1$ 沿结构移动时，对某一指定量值（如某一反力或某一截面的某一内力或某一位移等）所产生的影响，然后根据叠加原理就可进一步研究各种移动荷载对该量值的影响。

如图 7-2a) 所示简支梁，当荷载 $P=1$ 分别移动到 A、1、2、3、B 各等分点时，反力 R_A 的数值分别为 1、$\frac{3}{4}$、$\frac{1}{2}$、$\frac{1}{4}$、0。如果以横坐标表示荷载 $P=1$ 的作用点位置，以纵坐标

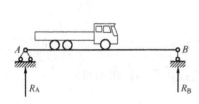

图　7-1

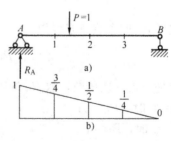

图　7-2

表示反力 R_A 的数值，则可将以上各数值在水平的基线上用竖标绘出，用曲线将竖标各顶点连起来，这样所得的图形［图 7-2b)］就表示了 $P=1$ 在梁上移动时反力 R_A 的变化规律。这一图形就称为反力 R_A 的影响线。

由此，引出影响线的定义如下：当一个指向不变的单位集中荷载（通常是竖直向下的）沿结构移动时，表示某一指定量值变化规律的图形，称为该量值的影响线。

某量值的影响线一经绘出，就可利用它来确定最不利荷载位置，从而求出该量值的最大值。下面先讨论影响线的绘制方法，然后再讨论影响线的应用。

第二节　用静力法作单跨静定梁的影响线

绘制影响线的基本方法有两种，即静力法和机动法。

用静力法绘制影响线，就是将荷载 $P=1$ 放在任意位置，并选定一坐标系，以横坐标 x 表示荷载作用点的位置，然后根据平衡条件求出所求量值与荷载位置 x 之间的函数关系式，这种关系式称为影响线方程，再根据方程作出影响线图形。

1. 简支梁的影响线

(1)反力影响线。

设要绘制如图 7-3a) 所示简支梁反力 R_A 的影响线。为此，可取 A 为原点，x 轴向右为正，以坐标 x 表示荷载 $P=1$ 的位置。当 $P=1$ 在梁上任意位置即 $0 \leqslant x \leqslant l$ 时，取全梁为隔离体，由平衡条件 $\sum M_B = 0$，并设反力方向以向上为正，则有

$$R_A l - P(l-x) = 0$$

得

$$R_A = P\frac{(l-x)}{l} = \frac{l-x}{l}(0 \leqslant x \leqslant l)$$

这就是 R_A 的影响线方程。由于它是 x 的一次函数，故知 R_A 的影响线是一段直线。只需定出两点：

当 $x=0$ 时，$R_A=1$；

当 $x=l$ 时，$R_A=0$。

便可绘出 R_A 的影响线，如图 7-3b) 所示。在绘制影响线时，通常规定正值的竖坐标绘在基线的上方。

根据影响线的定义，R_A 影响线中的任一竖坐标即代表当荷载 $P=1$ 作用于该处时反力 R_A 的大小，如图 7-3b) 中的 y_K 即代表 $P=1$ 作用在 K 点时反力 R_A 的大小。

为了绘制反力 R_B 的影响线，由 $\sum M_A = 0$ 有

$$R_B l - Px = 0$$

由此得 R_B 的影响线方程为

$$R_B = \frac{x}{l}(0 \leqslant x \leqslant l)$$

它也是 x 的一次函数，故 R_B 的影响线也是一段直线，只需定出两点：

当 $x=0$ 时，$R_B=0$；

当 $x=l$ 时，$R_B=1$。

便可绘出 R_B 的影响线，如图 7-4c) 所示。

在作影响线时，为了研究方便，假定荷载 $P=1$ 是不带任何单位的，即为一无量纲量。由此可知，反力影响线的竖坐标也是无量纲量。到以后利用影响线研究实际荷载的影响时，再乘上实际荷载相应的单位。

(2)弯矩影响线。

设要绘制某指定截面 C〔图 7-4a〕的弯矩影响线。仍取 A 为原点，以 x 表示荷载 $P=1$ 的位置。当 $P=1$ 在截面 C 以左的梁段 AC 上移动时，为计算简便，可取截面 C 以右部分为隔离体，并以使梁下边纤维受拉的弯矩为正，则有

$$M_C = R_B b = \frac{x}{l}b(0 \leqslant x \leqslant a)$$

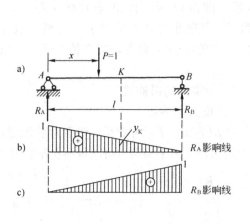

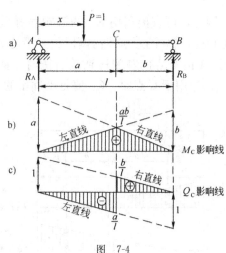

图 7-3 图 7-4

由此可知，M_C 影响线在截面 C 以左部分为一直线。

当 $x=0$ 时，$M_C=0$；

当 $x=a$ 时，$M_C=\frac{ab}{l}$。

于是可绘出当 $P=1$ 在截面 C 以左的梁段 CA 上移动时 M_C 的影响线〔图 7-4b〕。

当 $P=1$ 在截面 C 以右的梁段 CB 上移动时，上面求得的影响线方程则不再适用。此时可取截面 C 以左部分为隔离体求得

$$M_C = R_A a = \frac{l-x}{l}a(a \leqslant x \leqslant l)$$

可见 M_C 的影响线在截面 C 以右的部分也为一直线。

当 $x=a$ 时，$M_C=\frac{l-a}{2}a$；

当 $x=l$ 时，$M_C=0$。

于是可绘出当 $P=1$ 在截面 C 以右的梁段上移动时 M_C 的影响线〔图 7-4b〕。

可见，M_C 的影响线由上述两段直线组成，呈一三角形，两直线的交点即三角形的顶点恰好位于截面 C 处，其竖坐标为 $\frac{ab}{l}$。通常又称截面 C 以左的直线为左直线，截面 C 以右的直线为右直线。

由上述弯矩 M_C 的影响线方程还可看出，其左直线可由反力 R_B 的影响线乘以常数 b 并取其 AC 段而得到，右直线则可由反力 R_A 的影响线乘以常数 a 并取其 CB 段而得到。这种

利用已知量值的影响线来作其他量值的影响线的方法是很方便的，以后还会经常用到。

弯矩影响线的量纲应为长度量纲。

（3）剪力影响线。

设要绘制截面 C 的剪力影响线，当 $P=1$ 在 AC 段移动时（$0 \leqslant x \leqslant a$），取截面 C 以右部分为隔离体，并以绕隔离体顺时针方向转的剪力为正，则有

$$Q_C = -R_B$$

这表明，将 R_B 的影响线反号并取其 AC 段，即得 Q_C 影响线的左直线 [图 7-4c)]。

同理，当 $P=1$ 在 CB 段移动时（$a \leqslant x \leqslant l$），取截面 C 以左部分为隔离体，可得

$$Q_C = R_A$$

因此，可直接利用 R_A 的影响线并取其 CB 段，即得 Q_C 影响线的右直线 [图 7-4c)]。由上可知，Q_C 的影响线由两段相互平行的直线组成，其竖坐标在 C 点处有一突变，也就是当 $P=1$ 由 C 点的左侧移到其右侧时，截面 C 的剪力值将发生突变，突变值等于 1。而当 $P=1$ 恰作用于 C 点时，Q_C 值是不确定的。

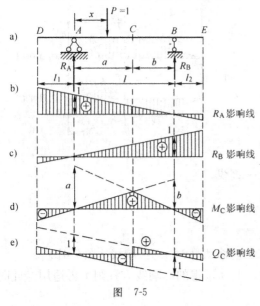

图 7-5

2. 伸臂梁的影响线

（1）反力影响线。

如图 7-5a) 所示伸臂梁，仍取 A 为原点，x 以向右为正。由平衡条件可求得两支座反力为

$$\begin{cases} R_A = \dfrac{l-x}{l} \\ R_B = \dfrac{x}{l} \end{cases} \quad (-l_1 \leqslant x \leqslant l+l_2)$$

注意到当 $P=1$ 位于 A 点以左时，x 为负值，故以上两方程在梁的全长范围内都是适用的。由于上面两式与简支梁的反力影响线方程完全相同，因此只需将简支梁的反力影响线向两个伸臂部分延长，即得伸臂梁的反力影响线，如图 7-5b)、图 7-5c) 所示。

（2）跨内部分截面内力影响线。

为求两支座间的任一指定截面 C 的弯矩和剪力影响线，可将它们表示为反力 R_A 和 R_B 的函数如下：

当 $P=1$ 在 DC 段移动时，取截面 C 以右部分为隔离体，有

$$M_C = R_B b$$

$$Q_C = -R_B$$

当 $P=1$ 在 CE 段移动时，取截面 C 以左部分为隔离体，有

$$M_C = R_A a$$

$$Q_C = R_A$$

据此可绘出 M_C 和 Q_C 的影响线如图 7-5d) 和图 7-5e) 所示。可以看出，只需将简支梁相应截面的弯矩和剪力影响线的左、右直线分别向左、右两伸臂部分延长，即可得伸臂梁的 M_C 和 Q_C 影响线。

（3）伸臂部分截面内力影响线。

在求伸臂部分上任一指定截面 K [图 7-6a)] 的弯矩和剪力影响线时，为计算方便，改取 K 为原点，并规定 x 以向左为正。当 $P=1$ 在 DK 段移动时，取截面 K 以左部分为隔离体有

$$M_K = -x$$
$$Q_K = -1$$

当 $P=1$ 在 KE 段移动时，仍取截面 K 以左部分为隔离体，则

$$M_K = 0$$
$$Q_K = 0$$

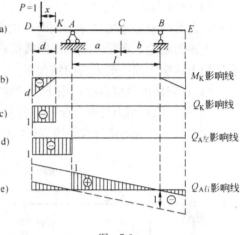

图　7-6

对于支座处截面的剪力影响线，需分别就支座左、右两侧的截面进行讨论，因为这两侧的截面是分别属于伸臂部分和跨内部分的。例如，支座 A 左侧截面的剪力 $Q_{A左}$ 的影响线，可由 Q_K 的影响线使截面 x 趋于截面 A 左而得到，如图7-6d) 所示，而支座 A 右侧截面的剪力 $Q_{A右}$ 影响线，则应由 Q_C 的影响线使截面 C 趋于截面 A 右而得到，如图 7-5e) 所示。

以上以简支梁和伸臂梁为例，说明了用静力法绘制影响线的具体做法。可以看出，求某一反力或内力的影响线，所用的方法与在固定荷载作用下求该反力或内力是完全相同的，即都是取隔离体由平衡条件来求该反力或内力。不同之处仅在于作影响线时，作用的荷载是一个移动的单位荷载，因而所求得的该反力或内力是荷载位置 x 的函数，即影响线方程。尤其是当荷载作用在结构的不同部分上所求量值的影响线方程不相同时，应将它们分段写出，并在作图时注意各方程的适用范围。

最后需指出，对于静定结构，其反力和内力的影响线方程都是 x 的一次函数，故静定结构的反力和内力影响线都是由直线所组成的。而超静定结构的各种量值的影响线则一般为曲线。

第三节　间接荷载作用下的影响线

图 7-7a) 所示为桥梁结构中的纵横梁桥面系统及主梁的简图。计算主梁时通常可假定纵梁简支在横梁上，横梁简支在主梁上。荷载直接作用在纵梁上，再通过横梁传到主梁，主梁只在各横梁处（结点处）受到集中力作用。对主梁来说，这种荷载称为间接荷载或结点荷载。下面以主梁上截面 C 的弯矩为例，来说明间接荷载作用下影响线的绘制方法。

首先，考虑荷载 $P=1$ 移动到各结点处时的情况。显然此时与荷载直接作用在主梁上的情况完全相同。因此，可先作出直接荷载作用下主梁 M_C 的影响线 [图 7-7b)]，而在此影响线中，对于间接荷载来说，在各结点处的竖坐标都是正确的。

其次，考虑荷载 $P=1$ 在任意两相邻结点 D、E 之间的纵梁上移动时的情况。此时，主梁将在 D、E 处分别受到结点荷载 $\dfrac{d-x}{d}$ 及 $\dfrac{x}{d}$ 的作用 [图 7-7c)]。设直接荷载作用下 M_C 影响线在 D、E 处的竖坐标分别为 y_D 和 y_E，则根据影响线的定义和叠加原理可知，在上述两结点荷载作用下 M_C 值应为

$$y = \frac{d-x}{d} y_D + \frac{x}{d} y_E$$

上式为 x 的一次式，说明在 DE 段内 M_C 为直线变化，且由：

当 $x=0$ 时，$y=y_D$；

当 $x=d$ 时，$y=y_E$。

可知，此直线就是连接竖标 y_D 和 y_E 的直线 [图 7-7b]。

上面的结论，实际上适用于间接荷载作用下任何量值的影响线。由此，可将绘制间接荷载作用下影响线的一般方法归纳如下。

(1)首先作出直接荷载作用下所求量值的影响线。

(2)然后取各结点处的竖坐标，并将其顶点在每一纵梁范围内以直线相连。

图 7-8 所示为间接荷载作用下影响线的另一例，读者可自行校核。

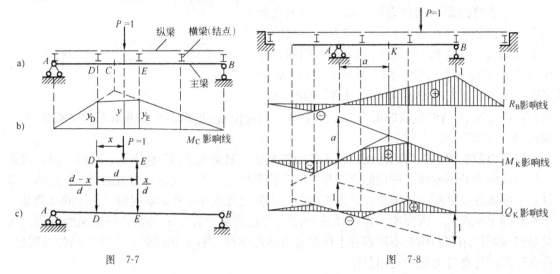

图 7-7　　　　　　　　　　　　　　图 7-8

第四节　多跨静定梁的影响线

对于多跨静定梁，只需分清它的基本部分和附属部分及这些部分之间的传力关系，再利用单跨静定梁的已知影响线，便可将多跨静定梁的影响线顺利绘出。

如图 7-9 所示多跨静定梁，图 7-9b) 为其层叠图。现在来做弯矩 M_K 的影响线。当 $P=1$ 在 CE 段移动时，附属部分 EF 是不受力的，可将其撤去；基本部分 AC 则相当于 CE 梁的支座，故此时 M_K 的影响线与 CE 段单独作为一伸臂梁时相同。当 $P=1$ 在基本部分 AC 段移动时，作为 AC 的附属部分的 CE 是不受力的，故 M_K 影响线在 AC 段的竖坐标均为零。最后考虑 $P=1$ 在附属部分 EF 段移动时的情况，此时 CE 梁相当于在铰 E 处受到力 V_E 的作用 [图 7-9c)]。因 $V_E=\dfrac{l-x}{l}$，即 V_E 为 x 的一次函数，故此时 CE 梁上的各种量值也为 x 的一次函数。由此可知，M_K 影响线在 EF 段必为一直线，只需定出两点即可将其绘出。当 $P=1$ 作用于铰 E 处时 M_K 值已由 CE 段的影响线得出；而 $P=1$ 作用于支座 F 处时有 $M_K=0$。于是可绘出 M_K 的整个影响线如图 7-9d) 所示。

由上可知，多跨静定梁任一反力或内力影响线的一般做法如下。

(1)当 $P=1$ 在量值本身所在的梁段上移动时，量值的影响线与相应单跨静定梁的相同。

(2)当 $P=1$ 在对于量值所在部分来说是基本部分的梁段上移动时，量值影响线的竖坐标为零。

(3)当 $P=1$ 在对于量值所在部分来说是附属部分的梁段上移动时，量值影响线为直线。根据在铰处的竖坐标为已知和在支座处竖坐标为零等条件，即可将其绘出。

按照上述方法，不难绘出 $Q_{B左}$ 和 R_F 的影响线，如图 7-9e)、图 7-9f) 所示，读者可自行校核。

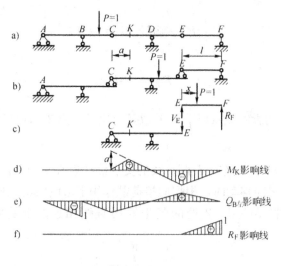

图　7-9

第五节　桁架的影响线

对于单跨静定梁式桁架，其支座反力的计算与相应单跨梁相同，故二者的支座反力影响线也完全一样。因此，本节只就桁架杆件内力的影响线进行讨论。

如前所述，计算桁架内力的方法通常有结点法和截面法，而截面法又可分为力矩法和投影法。用静力法绘桁架内力的影响线时，同样是用这些方法，只不过所作用的荷载是一个移动的单位荷载。因此，只需考虑 $P=1$ 在不同部分移动时，分别写出所求杆件内力的影响线方程，即可根据方程绘出影响线。对于斜杆，为了计算方便，可先绘出其水平或竖向分力的影响线，然后按比例关系求得其内力影响线。

由于在桁架中，荷载一般是通过纵梁和横梁作用于桁架结点上的，故前面所讨论的关于间接荷载作用下影响线的性质，对桁架都是适用的。

下面以图 7-10a) 所示简支桁架为例，来说明桁架内力影响线的绘制方法。设荷载 $P=1$ 沿下弦移动。

1. 力矩法

例如，求下弦杆 1—2 的内力影响线，可取截面 Ⅰ—Ⅰ，并以结点 5 为矩心用力矩法来求。当 $P=1$ 在被截的节间以左，也就是在结点 A、1 之间移动时，取截面 Ⅰ—Ⅰ 以右部分为隔离体，由 $\sum M_5=0$ 有

$$R_B \times 5d - S_{12}h = 0$$

得

$$S_{12} = \frac{5d}{h}R_B$$

由此可知，将反力 R_B 的影响线乘 $\dfrac{5d}{h}$ 并取其对应于结点 A、1 之间的一段，即得到 S_{12} 在这部分的影响线，称为左直线。

当 $P=1$ 在被截节间以右即结点 2、B 之间移动时，取截面 I—I 以左部分为隔离体，由 $\sum M_5=0$ 有

$$R_A \times 3d - S_{12}h = 0$$

得

$$S_{12} = \frac{3d}{h}R_A$$

由此可知，将反力 R_A 的影响线乘以 $\dfrac{3d}{h}$，并取其对应于结点 2、B 之间的一段，即得到 S_{12} 影响线的右直线。

从几何关系不难得知，此左、右两直线的交点恰在矩心 5 的下面。当 $P=1$ 在被截的节间内，即在结点 1、2 之间移动时，根据间接荷载作用下影响线的性质可知，S_{12} 的影响线在此段应为一直线，即将结点 1、2 处的竖坐标用直线相连。于是可绘出 S_{12} 的影响线如图7-10c）所示。

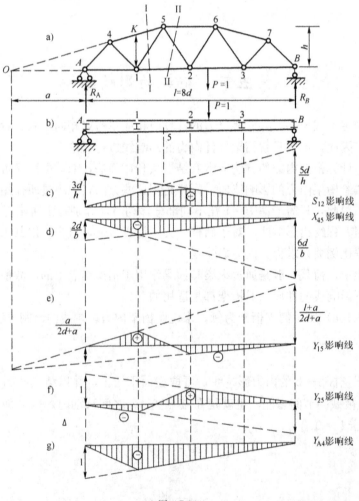

图 7-10

实际上，上述 S_{12} 影响线的左、右直线两方程也可以合并写为一个式子，即

$$S_{12} = \frac{M_5^0}{h}$$

式中，M_5^0 是相应简支梁 [图 7-10b)] 上对应于矩心 5 处的截面的弯矩影响线，将其除以力臂 h 即得到 S_{12} 的影响线。

又如求上弦杆 4—5 的内力影响线，仍取截面 Ⅰ—Ⅰ，以结点 1 为矩心，并为了计算方便，将该杆内力在 K 点处分解为水平分力和竖向分力。当 $P=1$ 在结点 A、1 间移动时，取截面 Ⅰ—Ⅰ 以右部分为隔离体，由 $\sum M_1 = 0$ 有

$$R_B \times 6d - X_{45}b = 0$$

得

$$X_{45} = \frac{6d}{b} R_B$$

当 $P=1$ 在结点 2、B 间移动时，取截面 Ⅰ—Ⅰ 以左为隔离体，由 $\sum M_1 = 0$ 有

$$R_A \times 2d - X_{45}b = 0$$

得

$$X_{45} = \frac{-2d}{b} R_A$$

根据上面两式可分别绘出左、右直线。然后将结点 1、2 处的竖坐标连以直线，在目前情况下这段直线恰好与右直线重合。由此可绘出 4—5 杆的水平分力 X_{45} 影响线，如图 7-10d) 所示，再根据比例关系便可得到其内力 S_{45} 的影响线。

从几何关系可以证明，此时左、右直线的交点仍在矩心 1 下面。实际上，对于单跨梁式桁架，用力矩法绘杆件内力影响线时，左、右直线的交点恒在矩心之下。利用这一特点，一般只需绘出左、右直线中的任一直线，便可绘出其全部影响线。

同样，上述 X_{45} 的影响线方程也可表示为

$$X_{45} = -\frac{M_1^0}{b}$$

即可由相应简支梁上矩心 1 处的弯矩影响线除以力臂 b，并反号得到 X_{45} 的影响线。

再如求斜杆 1—5 的内力（或其分力）影响线，仍取截面 Ⅰ—Ⅰ，取 1—2 和 4—5 两杆延长线的交点 O 为矩心，并将 1—5 杆的内力在结点 1 处分解为水平分力和竖向分力。当 $P=1$ 在 A、1 间时，取截面 Ⅰ—Ⅰ 以右部分为隔离体，由 $\sum M_O = 0$ 有

$$R_B(l+a) - Y_{15}(2d+a) = 0$$

得

$$Y_{15} = \frac{l+a}{2d+a} R_B$$

据此可绘出左直线。当 $P=1$ 在 2、B 间时，取截面 Ⅰ—Ⅰ 以左部分为隔离体，而 $\sum M_O = 0$ 有

$$R_A a + Y_{15}(2d+a) = 0$$

得

$$Y_{15} = -\frac{a}{2d+a}R_A$$

据此可绘出右直线。左、右直线交点同样位于矩心 O 之下。再于结点 1、2 间连以直线，即得竖向分力 Y_{15} 的影响线，如图 7-10e) 所示。

2. 投影法

例如，求斜杆 2—5 的内力（或其分力）影响线，可取截面 Ⅱ—Ⅱ，用投影法来求。当 $P=1$ 在 A、1 间时，取截面 Ⅱ—Ⅱ 以右部分为隔离体，由 $\sum Y = 0$，有

$$Y_{25} = -R_B$$

当 $P=1$ 在 2、B 间时，取截面 Ⅱ—Ⅱ 以左部分为隔离体，由 $\sum Y = 0$，有

$$Y_{25} = R_A$$

根据以上两式可作出左、右直线，并在结点 1、2 间连以直线，即得竖向分力 Y_{25} 的影响线，如图 7-10f) 所示。

以上 Y_{25} 影响线的左、右两直线方程也可合并为一式：

$$Y_{25} = Q_{12}^0$$

这里 Q_{12}^0 是相应简支梁节间 1—2 中的任一截面的剪力影响线。

3. 结点法

例如，端斜杆 A—4 的内力（或其分力）影响线，可取结点 A 为隔离体来求。由于荷载 $P=1$ 沿下弦移动，故结点 A 在承重弦上，因而其平衡方程应分别按 $P=1$ 在该结点和不在该结点两种情况来建立。当 $P=1$ 不在结点 A（即在结点 1、B 间移动）时，由结点 A 的 $\sum Y = 0$，有

$$Y_{A4} = -R_A$$

当 $P=1$ 作用于结点 A 时，由结点 A 的 $\sum Y = 0$，有

$$Y_{A4} = -R_A + 1 = -1 + 1 = 0$$

据此，并按影响线在各节间内应为直线，即可绘出竖向分力 Y_{A4} 的影响线，如图7-10g) 所示。

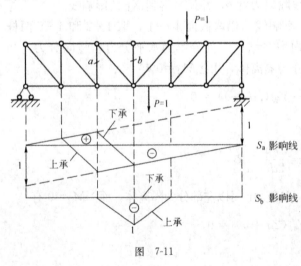

图 7-11

在绘制桁架内力影响线时，应注意荷载 $P=1$ 是沿上弦移动（上承）还是沿下弦移动（下承），因为在这两种情况下所绘出的影响线有时是不相同的。图 7-11 中分别给出了 a 杆和 b 杆在两种情况下的内力影响线，读者可自行验证。

在比较复杂的情况下，绘制桁架某些杆件的内力影响线时，需将结点法和截面法联合应用，且需把其他杆件的内力影响线先行求出，然后根据它们之间的静力学关系，用叠加法来绘出所求杆件的内力影响线。下面通过例题来说明。

[例 7-1] 试求图 7-12a) 所示桁架竖杆 a 的内力影响线，荷载沿下弦移动。

解： 由结点 $3'$ 的平衡条件可知，欲求 a 杆内力，应先求得 b 杆及 c 杆的内力。b 杆内力可由结点 K 的平衡条件及截面 I—I 的投影方程联合求得（参见 [例 6-1]）；同理，c 杆内力也可按此法求得。现在作影响线，仍按这一途径进行。

(1) 作 b 杆内力影响线。

由结点 K 的平衡条件可知 $X_b = -X_d$，因而有 $S_b = -S_d$ 及 $Y_b = -Y_d$，即 b、d 两杆的内力数值相等符号相反。再作截面 I—I，由 $\sum Y = 0$ 求 b 杆内力。当 $P = 1$ 在结点 0、2 之间时，取截面右部为隔离体，得

$$R_B - Y_b + Y_d = 0$$

即

$$R_B - 2Y_b = 0$$

故

$$Y_b = \frac{1}{2}R_B$$

当 $P = 1$ 在结点 3、6 之间时，取截面左部为隔离体，得

$$Y_b = -\frac{1}{2}R_A$$

根据以上两式可绘出左、右直线，并在被截的节间部分以直线相联即得 Y_b 的影响线，如图 7-12b) 所示。

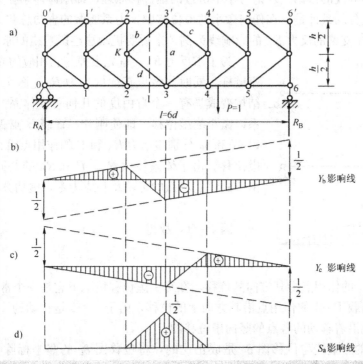

图 7-12

当然，Y_b 影响线也可以按另一方法求得，即 b、d 两杆共同承受节间 2—3 的剪力，

而两杆内力等值反号，故知每杆承受一半。又因 b 杆内力若为正（拉力）时，其竖向分力与正向剪力方向相反，故有

$$Y_b = -\frac{1}{2}Q_{23}^0$$

（2）作 c 杆内力影响线。

按上述后一种方法可写出

$$Y_c = \frac{1}{2}Q_{34}^0$$

据此可作出 Y_c 影响线，如图 7-12c) 所示。显然，Y_c 的影响线也可从已知的 Y_b 影响线根据对称关系直接得到。

（3）作 a 杆内力影响线。

由结点 $3'$ 的平衡，有

$$S_a = -(Y_b + Y_c)$$

由于结点 $3'$ 不在承重弦（下弦）上，故此方程对于 $P=1$ 在结点 0、6 间移动时都是适用的，于是将 Y_b、Y_c 两影响线叠加并反号，即得到 S_a 的影响线，如图 7-12d) 所示。

第六节　机动法绘静定梁的影响线

机动法绘影响线的依据是理论力学中讲过的虚位移原理，即刚体体系在力系作用下处于平衡的必要和充分的条件是：在任何微小的虚位移中，力系所做的虚功总和为零。下面先以图 7-13a) 所示简支梁的反力 R_A 的影响线为例，来说明机动法绘影响线的原理和步骤。

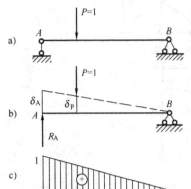

图　7-13

为了求反力 R_A，首先去掉与它相应的联系即 A 处的支座链杆，同时代替以正向的反力 R_A [图 7-13b)]。此时原结构变成具有一个自由度的几何可变体系。然后，给此体系以微小的虚位移，即使刚片 AB 绕 B 点做微小转动，并以 δ_A 和 δ_P 分别表示力 R_A 和 P 的作用点沿作用方向上的虚位移。由于体系在力 R_A、P 和 R_B 的共同作用下处于平衡，故它们所做的虚功总和应为零，虚功方程为

$$R_A\delta_A + P\delta_P = 0$$

因 $P=1$，故得

$$R_A = -\frac{\delta_P}{\delta_A}$$

式中：δ_A——R_A 的作用点沿其方向的位移，在给定虚位移情况下它是一个常数；

δ_P——荷载 $P=1$ 的作用点沿其方向上的位移，由于 $P=1$ 是移动的，因而 δ_P 就是荷载沿着移动的各点的竖向虚位移图。

可见，R_A 的影响线与位移图 δ_P 是成正比的，将位移图 δ_P 的竖坐标除以常数 δ_A 并反号，就得到 R_A 的影响线。为了方便起见，可令 $\delta_A=1$，则上式成为 $R_A = -\delta_P$，也就是此时的虚位移图 δ_P 便代表 R_A 的影响线 [图 7-13c)]，只不过符号相反。但注意到 δ_P 是以与力 P 方向一致为正，即以向下为正，因而可知：当 δ_P 向下时，R_A 为负；当 δ_P 向上时，R_A 为正。这就恰与在影响线中正值的竖坐标绘在基线的上方相一致。

由上可知，欲作某一反力或内力 X 的影响线，只需将与 X 相应的联系去掉，并使所得体系沿 X 的正方向发生单位位移，则由此得到的荷载作用点的竖向位移图即代表 X 的影响线。这种作影响线的方法便称为机动法。

机动法的优点在于不必经过具体计算就能迅速绘出影响线的轮廓，这对设计工作很有帮助，同时也便于对静力法所绘影响线进行校核。

下面再以图 7-14a) 所示简支梁截面 C 的弯矩和剪力影响线为例，来进一步说明机动法的应用。绘弯矩 M_C 的影响线时，首先去掉与 M_C 相应的联系，即将截面 C 处改为铰接，并加一对力偶 M_C 代替原有联系的作用。然后，使 AC、BC 两刚片沿 M_C 的正方向发生虚位移 [图 7-2b)]，并写出虚功方程

$$M_C(\alpha + \beta) + P\delta_P = 0$$

得

$$M_C = -\frac{\delta_P}{\alpha + \beta}$$

式中，$\alpha + \beta$ 为 AC 与 BC 两刚片的相对转角。

若令 $\alpha + \beta = 1$，则所得竖向虚位移图即为 M_C 的影响线 [图 7-14c)]。

这里要说明的是，所谓令 $(\alpha + \beta) = 1$，并不是说在给体系以虚位移时要使相对转角 $\alpha + \beta$ 等于 1 弧度。虚位移 $(\alpha + \beta)$ 应是微小值，从而在图 7-14b) 中可认为 $AA_1 = a(\alpha + \beta)$，然后需将此虚位移图的竖坐标除以 $(\alpha + \beta)$ 以求得 M_C 的影响线，这样便有 $\frac{AA_1}{\alpha + \beta} = \frac{a(\alpha + \beta)}{\alpha + \beta} = a \times 1 = a$。可见在图 7-14c) 中所谓 $\alpha + \beta = 1$，实际上只是相当于把图 7-14b) 中的微小虚位移图的竖坐标除以 $(\alpha + \beta)$，或者说乘以比例系数 $\frac{1}{\alpha + \beta}$ [在图 7-13c) 中令 $\delta_A = 1$ 也是同样的道理]。

若作剪力 Q_C 的影响线，则应去掉与 Q_C 相应的联系，即将截面 C 处改为用两根水平链杆相连（这样，此处便不能抵抗剪力但仍能承受弯矩和轴力），同时加上一对正向剪力 Q_C 代替原有联系的作用 [图 7-14d)]。然后，使此体系沿 Q_C 正向发生虚位移，由虚位移原理有

$$Q_C(CC_1 + CC_2) + P\delta_P = 0$$

得

$$Q_C = -\frac{\delta_P}{CC_1 + CC_2}$$

这里 $(CC_1 + CC_2)$ 是截面 C 左右两侧的相对竖向位移。若令 $CC_1 + CC_2 = 1$，则所得虚位移图即为 Q_C 的影响线 [图 7-14e)]。注意到 AC 与 CB 两刚片间是用两根平行链杆相连，它们之间只能做相对的平行移动，故在其虚位移图中 AC_1 和 C_2B 应为两平行直线，也即 Q_C 影响线的左右两直线是互相平行的。

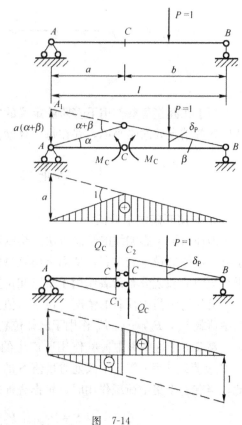

图 7-14

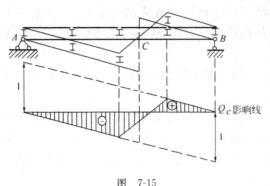

图　7-15

最后，注意到虚位移图 δ_P，是指荷载 $P=1$ 作用点的位移图，因此用机动法绘间接荷载作用下的影响线时，δ_P 应是纵梁的位移图，而不是主梁的位移图，因为荷载是在纵梁上移动的。例如，图 7-15 所示为间接荷载下主梁 Q_C 的影响线。

此外，用机动法来绘制多跨静定梁的影响线也是很方便的。首先去掉与所求反力或内力 x 相应的联系，然后使所得体系沿 x 的正向发生单位位移，此时根据每一刚片的位移图应为一段直线以及在每一竖向支座处竖向位移应为零，便可迅速绘出各部分的位移图。例如，图 7-16 所示各量值的影响线，读者可自行校核。

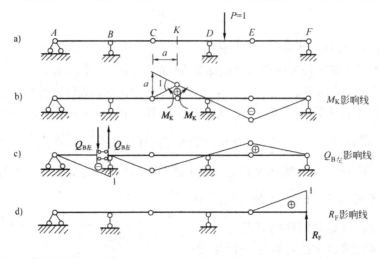

图　7-16

至于在间接荷载作用下多跨静定梁的影响线，同样可先绘出直接荷载作用下的影响线，然后取各结点处的竖坐标，并在每一纵梁范围内以直线相连而求得，兹不赘述。

第七节　影响线的应用

1. 利用影响线求量值

前面讨论了影响线的绘制方法。绘制影响线的目的是为了利用它来确定实际移动荷载对于某一量值的最不利位置，从而求出该量值的最大值。在研究这一问题之前，先来讨论当若干个集中荷载或分布荷载作用于某已知位置时，如何利用影响线来求量值。

首先讨论集中荷载的情况。设某量值 S 的影响线已绘出，如图 7-17 所示。现有若干竖向集中荷载 P_1，P_2，…，P_n 作用于已知位置，其对应于影响线上的竖坐标分别为 y_1，y_2，…，y_n，要求由于这些集中荷载作用所产生的量值 S 的大小。一般情况下，影响线上的竖坐标 y_1 代表荷载 $P=1$ 作用于该处时量值 S 的大小，若荷载不是 1 而是 P_1，则 S 应为 $P_1 y_1$。因此，当有若干集中荷载作用时，根据叠加原理可知，所产生的 S 值为

$$S = P_1 y_1 + P_2 y_2 + \cdots + P_n y_n = \sum P_i y_i \tag{7-1}$$

值得指出，当若干个荷载作用在影响线某一段直线的范围内时（图 7-18），为了简化计算，可用它们的合力来代替，而不会改变所求量值的数值。为证明此结论，可将影响线上此段直线延长使之与基线交于 O 点，则有

$$S = P_1 y_1 + P_2 y_2 + \cdots + P_n y_n$$

$$= (P_1 x_1 + P_2 x_2 + \cdots + P_n x_n) \tan\alpha = \tan\alpha \sum P_i x_i$$

因 $\sum P_i x_i$ 为各力对 O 点力矩之和，根据合力矩定理，它应等于合力 R 对 O 点之矩，即

$$\sum P_i x_i = R\overline{x}$$

故有

$$S = R\overline{x} \cdot \tan\alpha = R\overline{y} \tag{7-2}$$

这里 $\overline{y}$ 为合力 R 所对应的影响线竖坐标。结论证毕。

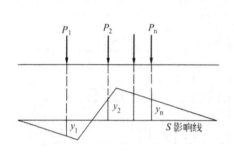

图　7-17　　　　　　　　　　　　　　　　图　7-18

其次讨论分布荷载的情况。若将分布荷载沿其长度分成许多无穷小的微段，则每一微段 $\mathrm{d}x$ 上的荷载 $q_x \mathrm{d}x$ 都可作为一集中荷载（图 7-19），故在 ab 区段内的分布荷载所产生的量值 S 为

$$S = \int_a^b q_x y \mathrm{d}x \tag{7-3}$$

若 q_x 为均布荷载 q（图 7-20），则上式成为

$$S = q\int_a^b y \mathrm{d}x = q\omega \tag{7-4}$$

式中，ω 表示影响线在均布荷载范围 ab 内的面积。若在该范围内影响线有正有负，则 ω 应为正负面积的代数和。

2. 最不利荷载位置

前已指出，在移动荷载作用下结构上的各种量值均将随荷载的位置而变化，而设计时必须求出各种量值的最大值（包括最大正值和最大负值，最大负值也称最小值），以作为设计的依据。为此，必须先确定使某一量值发生最大（或最小）值的荷载位置，即最不利荷载位置。只要所求量值的最不利荷载位置一经确定，则其最大（最小）值便可按式（7-1）所述方法算出。下面将讨论如何利用影响线来确定最不利荷载位置。

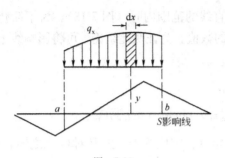
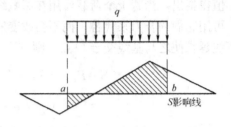

图 7-19　　　　　　　　　　　　　　　　图 7-20

当荷载的情况比较简单时，最不利荷载位置凭直观即可确定。例如，只有一个集中荷载 P 时，显然将 P 置于 S 影响线的最大竖坐标处即产生 S_{max}；而将 P 置于最小竖坐标处即产生 S_{min} 值（图 7-21）。

对于可以任意断续布置的均布荷载（也称可动均布荷载，如人群、货物等），由式（7-4）即 $S = q\omega$，将荷载布满对应于影响线所有正面积的部分，则产生 S_{max}；反之，将荷载布满对应于影响线所有负面积的部分，则产生 S_{min} 值（图 7-22）。

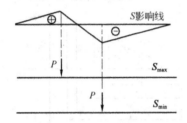

图 7-21　　　　　　　　　　　　　　　　图 7-22

对于行列荷载，即一系列间距不变的移动集中荷载（也包括均布荷载），如汽车荷载、中一活载等，最不利荷载位置就难于凭直观确定。但是根据最不利荷载位置的定义可知，当荷载移动到该位置时，所求量值 S 为最大，因而荷载由该位置不论向左或向右移动到邻近位置时 S 值均将减小。因此，可以从讨论荷载移动时 S 的增量入手来解决这个问题。

设某量值 S 的影响线如图 7-23 所示为一折线形，各段直线的倾角为 α_1，α_2，$\cdots$，α_n。取坐标轴 x 向右为正，y 向上为正，倾角 α 以逆时针方向为正。现有一组集中荷载处在图 7-23 所示位置，所产生的量值以 S_1 表示。若每一段直线范围内各荷载的合力分别为 R_1，R_2，$\cdots$，R_n，则有

$$S_1 = R_1 y_1 + R_2 y_2 + \cdots + R_n y_n$$

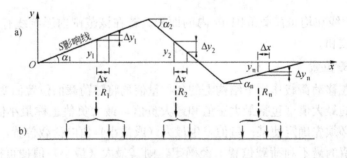

图 7-23

当整个荷载组向右移动一微小距离 Δx 时，相应的量值 S_2 为

$$S_2 = R_1(y_1 + \Delta y_1) + R_2(y_2 + \Delta y_2) + \cdots + R_n(y_n + \Delta y_n)$$

故 S 的增量为

$$\Delta S = S_2 - S_1 = R_1 \Delta y_1 + R_2 \Delta y_2 + \cdots + R_n \Delta y_n$$
$$= R_1 \Delta x \tan \alpha_1 + R_2 \Delta x \tan \alpha_2 + \cdots + R_n \Delta x \tan \alpha_n$$
$$= \Delta x \sum R_i \tan \alpha_i$$

或写为变化率的形式

$$\frac{\Delta S}{\Delta x} = \sum_{i=1}^{n} R_i \tan \alpha_i$$

使 S 成为极大值的条件是：荷载自该位置无论向左或向右移动微小距离，S 均将减小，即 $\Delta S < 0$。由于荷载左移时 $\Delta x < 0$，而右移时 $\Delta x > 0$，故 S 为极大值时应有

$$\begin{cases} 荷载左移，\sum R_i \tan \alpha_i > 0 \\ 荷载右移，\sum R_i \tan \alpha_i < 0 \end{cases} \tag{7-5}$$

也就是当荷载向左、右移动时，$\sum R_i \tan \alpha_i$ 必须由正变负，S 才可能为极大值。

同理，若 $\sum R_i \tan \alpha_i$ 由负变正，则 S 在该位置为极小值，即 S 为极小值时应有

$$\begin{cases} 荷载左移，\sum R_i \tan \alpha_i < 0 \\ 荷载右移，\sum R_i \tan \alpha_i > 0 \end{cases} \tag{7-5$'$}$$

总之，荷载向左、右移动微小距离时，$\sum R_i \tan \alpha_i$ 必须变号，S 才有可能是极值。

那么，在什么情况下 $\sum R_i \tan \alpha_i$ 才可能变号呢？式中 $\tan \alpha_i$ 是影响线各段直线的斜率，它们是常数，并不随荷载的位置而改变。因此欲使荷载向左、右移动微小距离时 $\sum R_i \tan \alpha_i$ 变号，就必须是各段上的合力 R_i 的数值发生改变，显然这只有当某一个集中荷载恰好作用在影响线的某一个顶点（转折点）处时，才有可能。当然，不一定每个集中荷载位于顶点时都能使 $\sum R_i \tan \alpha_i$ 变号。一般把能使 $\sum R_i \tan \alpha_i$ 变号的集中荷载称为**临界荷载**，此时的荷载位置称为**临界位置**，而把式（7-5）或式（7-5$'$）称为**临界位置判别式**。

确定临界位置一般通过试算，即先将行列荷载中的某一集中荷载置于影响线的某一顶点，然后令荷载分别向左、右移动，计算相应的 $\sum R_i \tan \alpha_i$ 值，看其是否变号。计算中，当荷载左移时，此集中荷载应作为该顶点左边直线段上的荷载，右移时则应作为右边直线段上的荷载。如果此时 $\sum R_i \tan \alpha_i$ 不变号，则说明此荷载位置不是临界位置，应换一个荷载置于顶点再进行试算。直至使 $\sum R_i \tan \alpha_i$ 变号（包括由正、负变为零或由零变为正、负），就找出了一个临界位置。在一般情况下，临界位置可能不止一个，这就需将与各临界位置相应的 S 极值均求出，再从中选取最大（最小）值，而其相应的荷载位置即为最不利荷载位置。

为了减少试算次数，宜事先大致估计最不利荷载位置。为此，应将行列荷载中数值较大且较为密集的部分置于影响线的最大竖坐标附近，同时注意位于同符号影响线范围内的荷载应尽可能的多，因为这样才可能产生较大的 S 值。

第八节　公路和铁路的标准荷载及换算荷载

铁路上行驶的机车、车辆，公路上行驶的汽车、拖拉机等类型繁多，载运情况复杂，设计结构时不可能对每种情况都进行计算，而是以一种统一的标准荷载来进行设计。这种标准荷载是经过统计分析制定出来的，它既概括了当前各类车辆的情况，又适当考虑了将来

的发展。

1. 铁路标准荷载

我国铁路桥涵设计使用的标准荷载，称为中华人民共和国铁路标准活载，简称"中一活载"。它包括普通活载和特种活载两种，如图 7-24 所示。在普通活载中，前面 5 个集中荷载代表一台蒸汽机车的 5 个轴重，中部一段均布荷载代表煤水车和与之连挂的另一台机车及煤水车的平均重力，后面任意长的均布荷载代表车辆的平均重力。特种活载代表某些机车、车辆的较大轴重。设计时，应看普通活载与特种活载哪一个产生较大的内力，就采用哪一个作为设计标准。不过，特种活载虽轴重较大但轴数较少，故其仅对短跨度梁（约 7m 以下）控制设计。

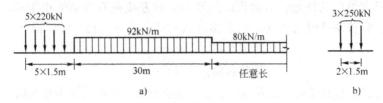

图　7-24
a)普通活载；b)特种活载

使用中一活载时，可由图式中任意截取，但不得变更轴距。列车可由左端或右端进入桥梁，视何种方式产生更大的内力为准。需要指出，图 7-24 所示为一个车道（一线）上的荷载，如果桥梁是单线的且有两片主梁，则每片主梁承受图示荷载的一半。

2. 公路标准荷载

《公路工程技术标准》（JTG B01—2003）规定，我国公路桥涵设计使用的标准荷载为汽车荷载，分为公路—I 级和公路—II 级两个等级。

汽车荷载由车道荷载和车辆荷载组成，车道荷载由均布荷载和集中荷载组成。车道荷载的计算图式如图 7-25 所示。

公路—I 级车道荷载的均布荷载标准值为 $q_k = 10.5 kN/m$，集中荷载标准值 P_k 按以下规定选取：当桥涵计算跨径小于或等于 5m 时，$P_k = 180 kN$；当桥涵计算跨径等于或大于 50m 时，$P_K = 360 kN$；当桥涵计算跨径大于 5m 小于 50m 时，P_k 值采用直线内插求得。

公路—II 级车道荷载的均布荷载标准值 q_k 和集中荷载标准值 P_k 为公路—I 级车道荷载的 0.75 倍。

车道荷载的均布荷载标准值应满布于使结构产生最不利效应的同号影响线上；集中荷载标准值只作用于相应影响线中一个影响线峰值处。

车辆荷载布置图如图 7-26 所示。

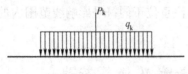

图　7-25

注：计算跨径为：设支座的为相邻两支座中心间的水平距离；不设支座的为上、下部结构相交面中心间的水平距离。

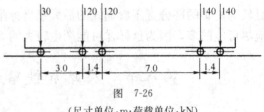

图　7-26
（尺寸单位：m；荷载单位：kN）

公路—I 级和公路—II 级汽车荷载采用相同的车辆荷载标准值。

[例7-2] 试求图 7-27a) 所示简支梁在中—活载作用下截面 K 的最大弯矩。

解: 先绘出 M_K 的影响线，如图 7-27b) 所示，各段直线的坡度为：

$$\tan\alpha_1=\frac{5}{8},\quad \tan\alpha_2=\frac{1}{8},\quad \tan\alpha_3=-\frac{3}{8}$$

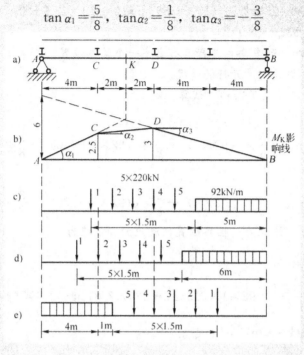

图 7-27

然后根据判别式 (7-5)，通过试算来确定临界位置。

(1)首先考虑列车由右向左开行时的情况。

将轮 4 置于 D 点试算 [图 7-27c)]。注意均布荷载可用其合力代替，则

右移

$$\sum R_i\tan\alpha_i=\frac{5}{8}\times 220+\frac{1}{8}\times 440-\frac{3}{8}\times (440+92\times 5)<0$$

左移

$$\sum R_i\tan\alpha_i=\frac{5}{8}\times 220+\frac{1}{8}\times 660-\frac{3}{8}\times (220+92\times 5)<0$$

$\sum R_i\tan\alpha_i$ 未变号，说明轮 4 在 D 点处不是临界位置。同时，由左移时 $\frac{\Delta S}{\Delta x}=\sum R_i\tan\alpha_i<0$ 可知，$\Delta x<0$，$\Delta S>0$，表明量值 S（即 M_K 值）在增大，故应将荷载继续左移。

现将轮 2 置于 C 点 [图 7-27d)] 则有

右移

$$\sum R_i\tan\alpha_i=\frac{5}{8}\times 220+\frac{1}{8}\times 660-\frac{3}{8}\times (220+92\times 6)<0$$

左移

$$\sum R_i\tan\alpha_i=\frac{5}{8}\times 440+\frac{1}{8}\times 440-\frac{3}{8}\times (220+92\times 6)>0$$

$\sum R_i\tan\alpha_i$ 变号，故轮 2 在 C 点为一临界位置。在算出各荷载对应的影响线竖坐标后

（注意同一段直线上的荷载可用其合力代替）可求得此位置相应的 M_K 值为

$$\begin{aligned}M_K&=\sum P_i y_i\\&=220\times1.5625+660\times2.6875+220\times2.8125+92\times6\times1.125\\&=3357\ (\text{kN}\cdot\text{m})\end{aligned}$$

经继续试算得知，列车向左开行只有上述一个临界位置。

(2)再考虑列车调头向右开行的情况。

将轮 4 置于 D 点［图 7-27e)］试算，有

左移

$$\sum R_i\tan\alpha_i=\frac{5}{8}\times(92\times4)+\frac{1}{8}\times(92\times1+440)-\frac{3}{8}\times660>0$$

右移

$$\sum R_i\tan\alpha_i=\frac{5}{8}\times(92\times4)+\frac{1}{8}\times(92\times1+220)-\frac{3}{8}\times880<0$$

$\sum R_i\tan\alpha_i$ 变号，故此为一临界位置，相应的 M_K 值为

$$\begin{aligned}M_K&=q\omega+\sum P_i y_i\\&=92\times\frac{4\times2.5}{2}+92\times1\times2.5625+220\times2.8125+220\times3+660\times1.8756\\&=3212\ (\text{kN}\cdot\text{m})\end{aligned}$$

继续试算表明，向右开行也只有一个临界位置。

(3)比较可知，图 7-27d) 为最不利荷载位置，截面 K 的最大弯矩值为

$$M_{K(max)}=3357\ (\text{kN}\cdot\text{m})$$

对常用的三角形影响线（图 7-28），临界位置判别式可进一步简化。设临界荷载 P_{cr}，处于三角形影响线的顶点，并以 R_a、R_b 分别表示 P_{cr} 以左和以右荷载的合力，则根据荷载向左、向右移动时 $\sum R_i\tan\alpha_i$ 应由正变负，可写出如下两个不等式：

左移

$$(R_a+P_{cr})\tan\alpha-R_b\tan\beta>0$$

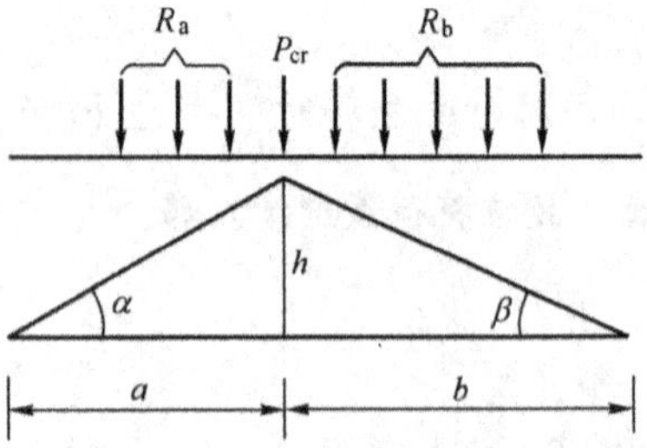

图 7-28

右移

$$R_a\tan\alpha-(P_{cr}+R_b)\tan\beta<0$$

将 $\tan\alpha=\frac{h}{a}$ 和 $\tan\beta=\frac{h}{b}$ 代入，得

$$\begin{cases}\dfrac{R_a+P_{cr}}{a}>\dfrac{R_b}{b}\\[2ex]\dfrac{R_a}{a}<\dfrac{P_{cr}+R_b}{b}\end{cases}\qquad(7\text{-}6)$$

这就是对三角形影响线判别临界位置的公式。对这两个不等式可以这样形象地理解：把临界荷载 P_{cr} 归到顶点的哪一边，哪一边的“平均荷载”就大些。

对于均布荷载跨过三角形影响线顶点的情况（图 7-29），可由 $\frac{ds}{dx}=\sum R_i\tan\alpha_i=0$ 的条件来确定临界位置。此时有

$$\sum R_i \tan \alpha_i = R_a \frac{h}{a} - R_b \frac{h}{b} = 0$$

得

$$\frac{R_a}{a} = \frac{R_b}{b} \tag{7-7}$$

即左、右两边的平均荷载应相等。

最后必须指出，对于直角三角形影响线以及凡是竖坐标有突变的影响线，判别式(7-5)、式(7-5')、式(7-6)、式(7-7)均不再适用。此时的最不利荷载位置，当荷载较简单时，一般可由直观判定。例如，对于中—活载，显然当第一轮位于影响线顶点时（图7-30）所产生的各值最大，故为最不利荷载位置。当荷载较复杂时，可按前述估计最不利荷载位置的原则，布置几种荷载位置，直接算出相应的 S 值，而选取其中最大者。

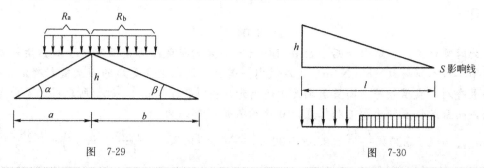

图　7-29　　　　　　　　　　　　图　7-30

[**例7-3**] 试求图7-31所示简支梁截面C在中—活载作用下的最大弯矩。

解: 绘出 M_C 影响线如图7-31b) 所示，为三角形。

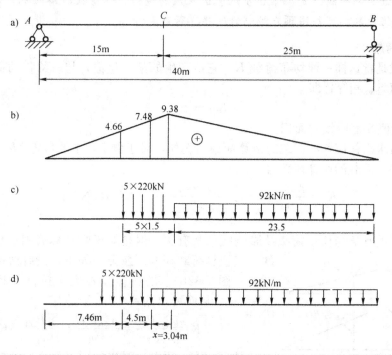

图　7-31

此影响线顶点偏左，而中—活载又是前面重后面轻，故最不利位置必然发生在列车向左开行的情况，因为这样才可使梁上的所受荷载较多，且较重的荷载位于顶点附近。

将第 5 轮置于顶点 [图 7-31b] 试算：

$$\frac{4 \times 220}{15} < \frac{220 + 92 \times 23.5}{25}$$

$$\frac{5 \times 220}{15} < \frac{92 \times 23.5}{25}$$

可见这不是临界位置，且将第 5 轮算入左边时，左边的平均荷载尚比右边的小，故荷载应继续左移。

设均布荷载左端跨过顶点 x 时为临界位置，根据式 (7-7) 有

$$\frac{5 \times 220 + 92x}{15} = 92$$

得

$$x = 3.04 \text{ (m)}$$

此时需注意，在解出 x 后，应查对按此 x 布置的荷载是否前面有轮子超出梁外或后面有第二段均布荷载 (80kN/m) 进入梁内。若有，则应按变更后的荷载重新确定 x 值，再布置查对，直至相符。因目前尚无上述情形发生 [图 7-31c]，故知所求得的 x 值是正确的，而且此位置即为最不利位置，相应的截面 C 弯矩为

$$M_{C(max)} = 5 \times 220 \times \frac{7.46}{15} \times 9.38 + 92 \times \left[\frac{3.04}{2} \times \left(9.38 + \frac{11.96}{15} \times 9.38 \right) + \frac{9.38 \times 25}{2} \right]$$

$$= 18\ 280 (\text{kN} \cdot \text{m})$$

由上可知，在移动荷载作用下，求结构上某一量值的最大（最小）值，一般需先通过试算确定最不利荷载位置，然后才能求出相应的量值，这是比较麻烦的。在实际工作中，为了简化计算，可利用预先编制好的换算荷载表计算。

3. 换算荷载

换算荷载是指这样一种均布荷载 K，它所产生的某一量值，与所给移动荷载产生的该量值的最大值 S_{max} 相等，即

$$K\omega = S_{max}$$

式中，ω 为量值 S 影响线的面积。

由上式可求出任何移动荷载的换算荷载。例如，对于例 7-3 中的弯矩 M_C，由已算得的数据可求得中—活载的换算荷载为

$$K = \frac{M_{C(max)}}{\omega} = \frac{18\ 280}{\frac{1}{2} \times 40 \times 9.38} = 97.4 (\text{kN/m})$$

换算荷载的数值与移动荷载及影响线形状有关。但是对于竖坐标成固定比例的各影响线，其换算荷载相等。兹证明如下，设有两影响线 [图 7-32a]、图 7-32b]) 的各竖坐标完全按同一比例变化，即 $y_2 = ny_1$，从而可知 $\omega_1 = n\omega_2$，于是有

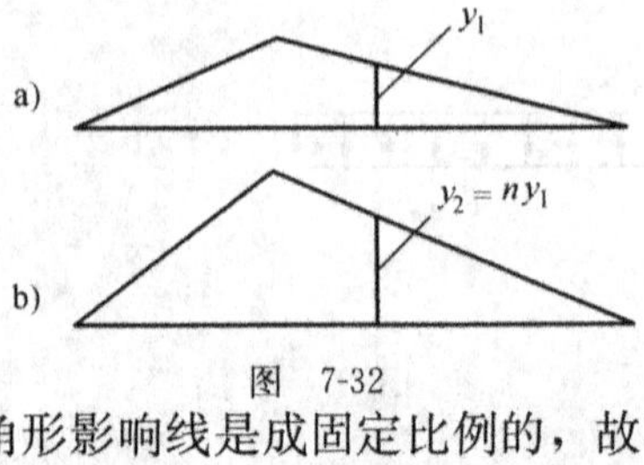

图 7-32

$$K_2 = \frac{\sum Py_2}{\omega_2} = \frac{n\sum Py_1}{n\omega_1} = \frac{\sum Py_1}{\omega_1} = K_1$$

长度相同、顶点位置也相同但最大竖坐标不同的各三角形影响线是成固定比例的，故可用同一的换算荷载。

表 7-1 列出了我国现行铁路标准荷载即"中—活载"的换算荷载，它是根据三角形影响

线制成的。使用时应注意以下几点。

中一活载的换算荷载（kN/m、每线）

表 7-1

加载长度 l (m)	影响线最大纵坐标位置				
	端部	1/8 处	1/4 处	3/8 处	1/2 处
	K_0	$K_{0.125}$	$K_{0.25}$	$K_{0.375}$	$K_{0.5}$
1	500.0	500.0	500.0	500.0	500.0
2	312.5	285.7	250.0	250.0	250.0
3	250.0	238.1	222.2	200.0	187.5
4	234.4	214.3	187.5	175.0	187.5
5	210.0	197.1	180.0	172.0	180.0
6	187.5	178.6	166.7	161.1	166.7
7	179.6	161.8	153.1	150.9	153.1
8	172.2	157.1	151.3	148.5	151.3
9	162.5	151.5	147.5	144.5	146.7
10	159.8	146.2	143.6	140.0	141.3
12	150.4	137.5	136.0	133.9	131.2
14	143.3	130.8	129.4	127.6	125.0
16	137.7	125.5	123.8	121.9	119.4
18	133.2	122.8	120.3	117.3	114.2
20	129.4	120.3	117.4	114.2	110.2
24	123.7	115.7	112.2	108.3	104.0
25	122.5	114.7	111.0	107.0	102.5
30	117.8	110.3	106.6	102.4	99.2
32	116.2	108.9	105.3	100.8	98.4
35	114.3	106.9	103.3	99.1	97.3
40	111.6	104.8	100.8	97.4	96.1
45	109.2	102.9	98.8	96.2	95.1
48	107.9	101.8	97.6	95.5	94.5
50	107.1	101.1	96.8	95.0	94.1
60	103.6	97.8	94.2	92.8	91.9
64	102.4	96.8	93.4	92.0	91.1
70	100.8	95.4	92.2	90.9	89.9
80	98.6	93.3	90.6	89.3	88.2
90	96.9	91.6	89.2	88.0	86.8
100	95.4	90.2	88.1	86.9	85.5
110	94.1	89.0	87.2	85.9	84.6
120	93.1	88.1	86.4	85.1	83.8
140	91.4	86.7	85.1	83.8	82.8
160	90.0	85.7	84.2	82.9	82.2
180	89.0	84.9	83.4	82.3	81.7
200	88.1	84.2	82.8	81.8	81.4

（1）加载长度（荷载长度）l 系指同符号影响线长度（图 7-33）。

（2）αl 是顶点至较近零点的水平距离，故 α 的数值为 0～0.5（图 7-33）。

（3）当 l 或 α 值在表列数值之间时，K 值可按直线内插法求得。

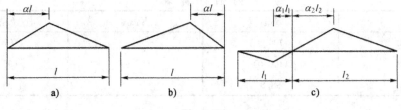

图 7-33

[例7-4] 试利用换算荷载表计算中—活载作用下图 7-34a) 所示简支梁截面 C 的最大（小）剪力和弯矩。

解： 绘出 Q_C 及 M_C 的影响线如图 7-34b)、图 7-34c) 所示。

(1) 计算 $Q_{C(min)}$。此时 $l=14m$，$\alpha=0$，查表 7-1 得 $K=143.3kN/m$，故

$$Q_{C(min)} = K\omega = 143.3 \times \left(-\frac{14}{2} \times \frac{1}{3}\right) = -334(kN)$$

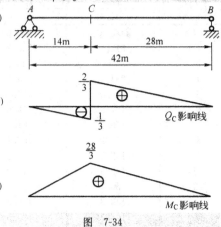

图 7-34

(2) 计算 $Q_{C(max)}$。此时 $l=28m$，$\alpha=0$，表 7-1 中无此 l 值，故需按直线内插法求 K 值。

当 $\alpha=0$，$l=25m$ 时，$K=122.5$ (kN/m)；

当 $\alpha=0$，$l=30m$ 时，$K=117.8$ (kN/m)。

故当 $\alpha=0$，$l=28m$ 时，K 值应为（图 7-35）：

$$K = 117.8 + \frac{30-28}{30-25} \times (122.5-117.8)$$

$$= 119.7(kN/m)$$

从而可求得

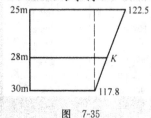

图 7-35

$$Q_{C(max)} = K\omega = 119.7 \times \left(\frac{28}{2} \times \frac{2}{3}\right) = 1\,117(kN)$$

(3) 计算 $M_{C(max)}$。此时 $l=42m$，$\alpha=\frac{14}{42}=0.333$，均为表中未列数值，故需进行三次内插以求得 K 值。

为了清楚起见，将有关数据写入表 7-2 中，具体计算如下：

当 $l=42m$，$\alpha=0.25$ 时

$$K = 100.8 - \frac{42-40}{45-40} \times (100.8-98.8) = 100.0(kN/m)$$

当 $l=42m$，$\alpha=0.375$ 时

$$K = 97.4 - \frac{42-40}{45-40} \times (97.4-96.2) = 96.9(kN/m)$$

再由以上两值内插求得当 $l=42m$，$\alpha=0.333$ 时

$$K = 100.0 - \frac{0.333-0.25}{0.375-0.25} \times (100.0-96.9) = 97.9(kN/m)$$

于是可求出

$$M_{C(max)} = K\omega = 97.9 \times \left(\frac{42}{2} \times \frac{28}{3}\right) = 19\,190(kN \cdot m)$$

内 插 计 算 表

表 7-2

l	$K_{0.25}$	$K_{0.333}$	$K_{0.375}$
40	100.8		97.4
42	(100.0)	(97.9)	(96.9)
45	98.8		96.2

第九节　简支梁的包络图

在结构计算中，通常需要求出在恒载和活载共同作用下，各截面的最大、最小内力，以作为设计或验算的依据。连接各截面的最大、最小内力的图形，称为**内力包络图**。本节将以一实例来说明简支梁的弯矩和剪力包络图的绘制方法。

在实际工作中，对于活载还须考虑其冲击力的影响（即动力影响），这通常是将静活载所产生的内力值乘以冲击系数（$1+\mu$）来考虑的。冲击系数的确定详见有关规范。

设梁所承受的恒载为均布荷载 q，某一内力 S 的影响线的正、负面积及总面积分别为 ω_+、ω_- 及 $\sum\omega$，活载的换算均布荷载为 K，则在恒载和活载共同作用下该内力的最大、最小值的计算式可写为

$$\begin{cases} S_{max}=S_q+S_{K(max)}=q\sum\omega+（1+\mu）K\omega_+ \\ S_{min}=S_q+S_{K(min)}=q\sum\omega+（1+\mu）K\omega_- \end{cases} \tag{7-8}$$

[例7-5] 一跨度为16m的单线铁路钢筋混凝土简支梁桥，有两片梁，恒载为 $q=2\times54.1$ kN/m，承受中—活载，根据铁路桥涵设计规范，其冲击系数为 $1+\mu=1.261$，试绘制一片梁的弯矩和剪力包络图。

解： 将梁分成8等份，计算各等分点截面的最大、最小弯矩和剪力值。为此，先绘出各截面的弯矩、剪力影响线分别如图7-36a)、图7-36c)所示。由于对称，可只计算半跨的截面。为清楚起见，可根据式（7-8）将全部计算列表进行，详见表7-3和表7-4。

剪 力 计 算 表　　　　　　　　表7-3

截面	影　响　线				恒载剪力 Q_q	换算荷载 K	冲击系数 $1+\mu$	活载剪力 Q_K	最大、最小剪力 Q_{max}、Q_{min}
	l	a	ω	$\sum\omega$	$\frac{q}{2}\omega=54.1\sum\omega$			$(1+\mu)\frac{K}{2}\omega$	Q_q+Q_K
（单位）	(m)	(m)	(m)	(m)	(kN)	(kN/m)		(kN)	(kN)
0	16	0	+8	+8	+433	137.7	1.261	+695 0	+1 128 +433
1	14 2	0 0	+6.125 −0.125	+6	+325	143.3 312.5	1.261	+553 −25	+878 +300
2	12 4	0 0	+4.5 −0.5	+4	+216	120.4 234.4	1.261	+427 −74	+643 +142
3	10 6	0 0	+3.125 −1.125	+2	+108	159.8 187.5	1.261	+315 −133	+423 −25
4	8 8	0 0	+2 −2	0	0	172.2 172.2	1.261	+217 −217	+217 −217

根据表7-4计算结果，将各截面的最大、最小弯矩值分别用曲线相连，即得到弯矩包络图 [图7-36b)]。

根据计算结果，将各截面的最大、最小剪力值分别用曲线相连，即得到剪力包络图 [图7-36d)]。可以看出：它很接近于直线。故实用上只需求出两端和跨中的最大、最小剪力值而连以直线即可作为近似的剪力包络图（图7-37）。

截面	影 响 线			恒载弯矩 M_q	换算荷载 K	冲击系数 $1+\mu$	活载弯矩 M_k	最大、最小弯矩 M_{max}、M_{min}
	l	a	ω	$\frac{q}{2}\omega=54.1\omega$			$(1+\mu)\frac{K}{2}\omega$	$M_{max}=M_q+M_k$ $M_{min}=M_q$
(单位)	(m)		(m²)	(kN·m)	(kN/m)		(kN·m)	(kN·m)
1	16	0.125	14	757	125.5	1.261	1 108	1 865 757
2	16	0.25	24	1 298	123.8	1.261	1 873	3 171 1 298
3	16	0.375	30	1 623	121.9	1.261	2 306	3 929 1 623
4	16	0.5	32	1 731	119.4	1.261	2 409	4 140 1 731

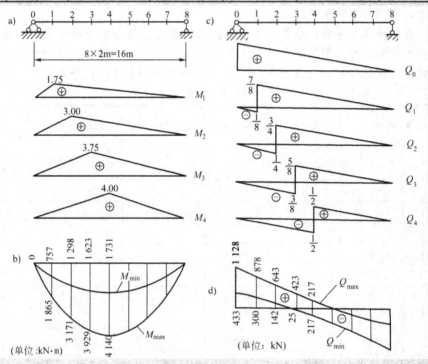

图 7-36

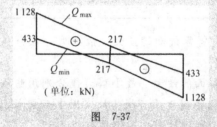

图 7-37

第十节　简支梁的绝对最大弯矩

在移动荷载作用下，利用前述方法，不难求出简支梁上任一指定截面的最大弯矩。但是，在梁的所有各截面的最大弯矩中，又有最大的，称为绝对最大弯矩。

要确定简支梁的绝对最大弯矩，须解决以下两个问题。

（1）绝对最大弯矩发生在哪一个截面？

（2）此截面发生最大弯矩值时的荷载位置。也就是说，此时截面位置与荷载位置都是未知的。

为了解决上述问题，可以把各个截面的最大弯矩都求出来，然后加以比较。但是实际上梁上的截面有无穷多个，不可能一一计算，因而只能选取有限多个截面来进行比较，以求得问题的近似解答。当然这也是比较麻烦的。

当梁上作用的移动荷载都是集中荷载时，问题可以简化。一般情况下，在集中荷载组作用下（图 7-38），梁的弯矩图的顶点总是在集中荷载作用点处。因此可以断定，绝对最大弯矩必定是发生在某一集中荷载作用点处的截面上。剩下的问题只是确定它究竟发生在哪一个荷载的作用点处及该点位置。为此，可采取如下办法来解决，即先任选一集中荷载作为对象，研究它在什么位置时会使荷载作用点处截面的弯矩达到最大值。然后按同样方法，分别求出其他各荷载作用点处截面的最大弯矩，再加以比较，即可确定绝对最大弯矩。

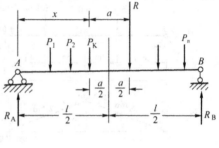

图　7-38

如图 7-38 所示，试取某一集中荷载 P_K，它至左支座 A 的距离为 x，而梁上荷载的合力 R 至 P_K 的距离为 a，则左支座反力为

$$R_A = \frac{R}{l}(l-x-a)$$

P_K 作用点截面的弯矩 M_x 为

$$M_x = R_A x - M_K = \frac{R}{l}(l-x-a)x - M_K$$

式中，M_K 表示 P_K 以左梁上荷载对 P_K 作用点的力矩总和，它是一个与 x 无关的常数。

当 M_x 为极大时，根据极值条件

$$\frac{\mathrm{d}M_x}{\mathrm{d}x} = \frac{R}{l}(l-2x-a) = 0$$

得

$$x = \frac{l}{2} - \frac{a}{2} \tag{7-9}$$

这表明，当 P_K 与合力 R 对称于梁的中点时，P_K 之下截面的弯矩达到最大值，其值为

$$M_{max} = \frac{R}{l}\left(\frac{l}{2} - \frac{a}{2}\right)^2 - M_K \tag{7-10}$$

利用上述结论，可将各个荷载作用点截面的最大弯矩找出，将它们加以比较而得出绝对最大弯矩。不过，当荷载数目较多时，这仍是较麻烦的。实际计算时，宜事先估计发生绝对

最大弯矩的临界荷载。因为简支梁的绝对最大弯矩总是发生在梁的中点附近，故可设想，使梁中点截面产生最大弯矩的临界荷载，也就是发生绝对最大弯矩的临界荷载。经验表明，这种设想在通常情况下都是正确的。据此，计算绝对最大弯矩可按下述步骤进行。

首先确定使梁中点截面 C 发生最大弯矩的临界荷载 P_K（此时可顺便求出梁中点截面 C 的最大弯矩 $M_{C(max)}$）。

其次应假设梁上荷载的个数并求其合力 R（大小及位置）；然后移动荷载组使 P_K 与 R 对称于梁的中点，此时应注意查对梁上荷载是否与求合力时相符，如果不符（即有荷载离开梁上或有新的荷载作用到梁上），则应重新计算合力，再行安排直至相符；然后计算 P_K 作用点截面的弯矩，即为绝对最大弯矩 $M_{C(max)}$。

最后需要注意，当假设不同的梁上荷载个数均能实现上述荷载布置时，则应将不同情况 P_K 下截面的弯矩分别求出，然后选大者为绝对最大弯矩。

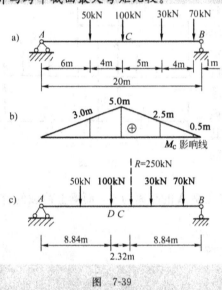

[例7-6] 试求图 7-39a) 所示简支梁在图示一组移动荷载作用下的绝对最大弯矩，并与跨中截面最大弯矩比较。

图 7-39

解：（1）求跨中截面 C 的最大弯矩。

绘出 M_C 影响线 [图 7-39b)]，显然 100kN 荷载位于 C 点时为最不利荷载位置 [图 7-39a)]，即临界荷载为 100kN 时，M_C 最大值为

$$M_{C(max)} = 50 \times 3.0 + 100 \times 5.0 + 30 \times 2.5 + 70 \times 0.5$$
$$= 760 \text{ (kN·m)}$$

（2）求绝对最大弯矩。

设发生绝对最大弯矩时有 4 个荷载在梁上，其合力为

$$R = 50 + 100 + 30 + 70 = 250 \text{ (kN)}$$

R 至临界荷载（100kN）的距离 a 由合力矩定理（以 100kN 作用点为矩心）求得

$$a = \frac{30 \times 5 + 70 \times 9 - 50 \times 4}{250} = 2.32 \text{ (m)}$$

使 100kN 与 R 对称于梁的中点，荷载安排如图 7-39c) 所示，此时梁上荷载与求合力时相符。由式（7-10）算得绝对最大弯矩（即截面 D 的弯矩）为

$$M_{max} = \frac{250}{20} \times \left(\frac{20}{2} - \frac{2.32}{2} \right)^2 - 50 \times 4 = 777 \text{ (kN·m)}$$

比跨中最大弯矩大 2.2%。在实际工作中，有时也用跨中最大弯矩来近似代替绝对最大弯矩。

思　考　题

1. 什么是影响线？影响线上任一点的横坐标与纵坐标各代表什么意义？

2. 用静力法绘某内力影响线与在固定荷载下求该内力有何异同？

3. 在什么情况下影响线方程必须分段列出？

4. 机动法绘影响线的原理是什么？其中 δ_p 代表什么意义？

5. 某截面的剪力影响线在该截面处是否一定有突变？突变处左右两竖坐标各代表什么

意义？突变处两侧的线段为何必定平行？

6. 桁架影响线为何要区分上弦承载还是下弦承载？在什么情况下两种承载方式的影响线是相同的？

7. 恒载作用下的内力为何可以利用影响线来求？

8. 何谓最不利荷载位置？何谓临界荷载和临界位置？

9. 为什么当影响线竖坐标有突变时，不能用判别式（7-5）、式（7-6）、式（7-7）、式（7-8）来判断临界位置？

10. 简支梁的绝对最大弯矩与跨中截面最大弯矩是否相等？什么情况下二者会相等？

11. 何谓内力包络图？它与内力图、影响线有何区别？三者各有何用途？

习　题

1. 图7-40a）为一简支梁的弯矩图，图7-40b）为此简支梁某一截面的弯矩影响线，二者形状及竖坐标均完全相同，试指出图中 y_1 和 y_2 各代表的具体意义。

2. 试绘图7-41所示悬臂梁的反力 V_A、H_A、M_A 及内力 Q_C、M_C 的影响线。

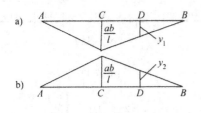

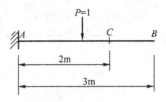

图 7-40　　　　　　　　　　　　　　　图 7-41

3. 试绘图7-42所示伸臂梁中 R_B、M_C、Q_C、M_B、$Q_{B左}$ 和 $Q_{B右}$ 的影响线。

4. 试绘图7-43所示结构中下列量值的影响线：S_{BC}、M_D、Q_D、N_D（$P=1$ 在 AE 部分移动）。

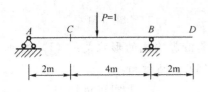

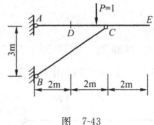

图 7-42　　　　　　　　　　　　　　　图 7-43

5. 试绘图7-44所示斜梁 V_A、R_B、M_C、Q_C、N_C 的影响线。

6. 试绘图7-45所示梁 Q_C、M_C 的影响线。

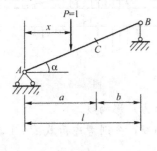

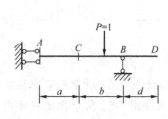

图 7-44　　　　　　　　　　　　　　　图 7-45

7. 试绘图 7-46 所示 Q_C、M_C 的影响线（$P=1$ 在 DE 部分移动）。

8. 试绘图 7-47 所示 M_K、Q_K、N_K 的影响线（$P=1$ 在 AB 部分移动）。

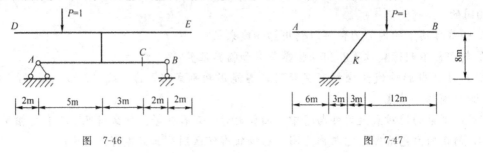

图 7-46　　　　　　　　　　　图 7-47

9. 试绘图 7-48 所示主梁 R_B、M_D、Q_D、$Q_{C左}$、$Q_{C右}$ 影响线。

10～12. 试绘图 7-49、图 7-50、图 7-51 所示结构中指定量值的影响线。

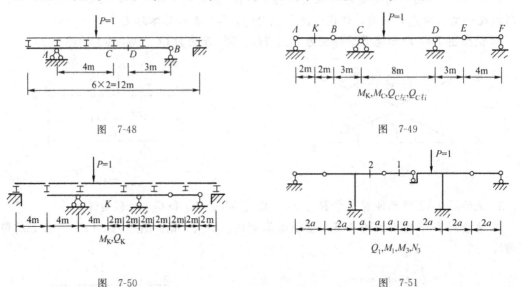

图 7-48　　　　　　　　　　　图 7-49

图 7-50　　　　　　　　　　　图 7-51

13～14. 选择题　图 7-52、图 7-53 中绘出的两量值影响线的形状是：（1）图 a) 对，图 b)错；（2）图 a) 错，图 b) 对；（3）二者皆对；（4）二者皆错。

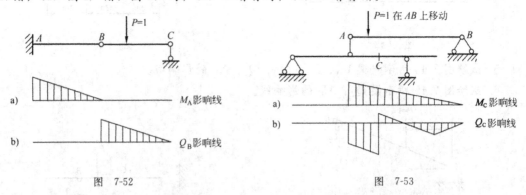

图 7-52　　　　　　　　　　　图 7-53

15. 试绘图 7-54 所示桁架中指定各杆的内力（或其分力）影响线。

16. 试绘图 7-55 所示指定杆件内力（或其分力）影响线，分别考虑荷载 $P=1$ 在上弦和在下弦移动。

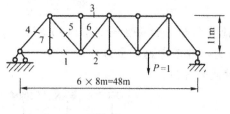

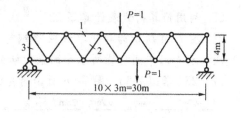

图 7-54   图 7-55

17~20. 试绘图 7-56、图 7-57、图 7-58、图 7-59 所示桁架指定杆件内力（或其分力）的影响线。

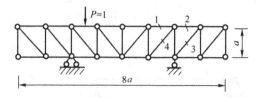

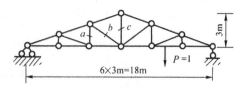

图 7-56   图 7-57

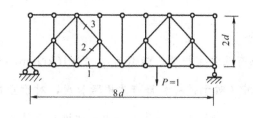

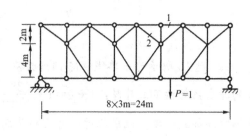

图 7-58   图 7-59

21. 试求图 7-60 所示伸臂梁在公路—I 级荷载作用下，截面 K 的最大、最小剪力值。

22. 试求图 7-61 所示简支梁在所给移动荷载作用下截面 C 的最大弯矩。

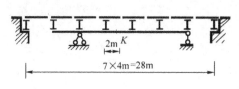

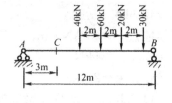

图 7-60   图 7-61

23. 试求图 7-62 所示简支梁在中—活载作用下 M_C 的最大值及 Q_D 的最大、最小值。要求按判别式确定最不利荷载位置。

24. 试判断最不利荷载位置并求出图 7-63 所示简支梁 R_A 最大值及 Q_C 的最大、最小值：（1）在中—活载作用下；（2）在公路—I 级荷载作用下。

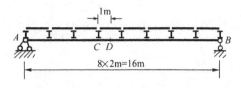

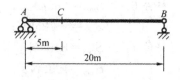

图 7-62   图 7-63

25. 利用换算荷载表计算题23。

26. 图7-64所示为两孔单线铁路钢筋混凝土简支梁桥，试分别计算：（1）一孔有车；（2）两孔有车时中间桥墩所承受的最大活载竖向压力（暂不考虑冲击力）。

27～28. 求图7-65、图7-66所示简支梁的绝对最大弯矩。

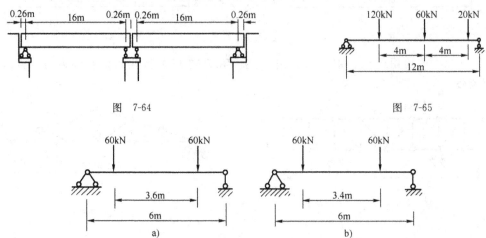

图 7-64   图 7-65

图 7-66

29. 题15所示为一单线铁路钢桁梁桥，该桥有两片主桁架，恒载为 $q = 2 \times 16$kN/m，活载的冲击系数按下式计算：$1 + \mu = 1 + \dfrac{28}{40 + l}$，式中 l 对于弦杆和斜杆为桥跨长度，对于竖杆为影响线加载长度。试求此桥一片主桁架的2、6、7杆的最大、最小内力。建议列表计算。

部分习题答案

13. （2）。

14. （1）。

22. 242.5kN·m。

23. $M_{C(max)} = 3\,657$kN·m，

   $Q_{D(max)} = 345$kN，

   $Q_{D(min)} = -211$kN。

26. （1）1 133kN；（2）1 623kN。

27. 426.7kN·m。

28. a）90kN·m；

   b）92.45kN·m。

29. 杆件2：$S_{max} = 2\,049$kN，

   $S_{min} = 419$kN；

   杆件6：$S_{max} = 235$kN，

   $S_{min} = -725$kN；

   杆件7：$S_{max} = 845$kN，

   $S_{min} = 128$kN。

第八章 静定结构的位移计算

本章要点

- 变形体系的虚功原理；
- 位移计算的一般公式——单位荷载法；
- 图乘法；
- 荷载作用、温度变化、支座移动下的位移计算；
- 互等定理。

第一节 概 述

1. 结构的位移

任何结构都是由变形固体材料组成的，在荷载作用下都会产生应力和变形，以致使结构原有的形状发生变化，结构上各截面的位置发生移动和转动。一般将这些移动和转动称为**位移**。位移具体又分为线位移和角位移。线位移是指截面形心位置的移动；角位移是指截面转动的角度。例如，图8-1a) 所示刚架在荷载作用下发生如图虚线所示的变形，使截面 A 的形心点 A 移到了点 A'，线段 AA' 称为点 A 的线位移，记为 Δ_A。它也可以用水平线位移 Δ_{AX} 和竖向线位移 Δ_{AY} 两个分量来表示，如图8-1b) 所示。同时，截面 A 还转动了一个角度，称为截面 A 的角位移，用 φ_A 表示。

在计算中，还将用到一种相对位移。例如，图8-2 所示刚架，在荷载作用下发生如图虚线所示的变形，截面 C 的水平线位移 Δ_C（方向向右），截面 D 的水平线位移 Δ_D（方向向左），这两个方向相反的水平线位移的和称为 C、D 两点沿水平方向的相对线位移。用符号 Δ_{CD} 表示，即 $\Delta_{CD}=\Delta_C+\Delta_D$。同理，在图8-2 中，$A$、$B$ 两截面的角位移分别为 φ_A（顺时针转），φ_B（逆时针转），这两个转向相反的角位移的和称为 A、B 两截面的相对角位

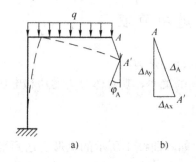

图 8-1

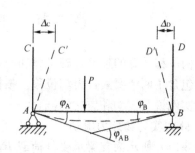

图 8-2

移。用符号 φ_{AB} 表示，即 $\varphi_{AB}=\varphi_A+\varphi_B$。线位移、角位移、相对线位移及相对角位移等，统称为**广义位移**。

除荷载以外，结构在其他一些因素（如温度变化、支座移动、材料收缩和制造误差等）的影响下，都会使结构改变原来的位置而产生位移。

2. 计算结构位移的目的

在工程设计和施工过程中，结构位移计算是很重要的，概括地讲，有以下三个方面的用途。

(1)验算结构的刚度。所谓结构的刚度验算，是检验结构的变形是否符合使用的要求。例如，汽车通过桥梁时，若桥梁的挠度过大，则在汽车行驶的过程中，将引起较大的冲击、振动，影响汽车的正常行驶。因此，结构的变形不得超过规范规定的容许值（如在竖向荷载作用下桥梁的最大挠度，钢板梁不得超过跨度的 1/700，钢桁梁不得超过跨度的 1/900）。

(2)在结构制作、架设和养护过程中，常需预先知道结构变形后的位置，以便做出一定的施工措施，保证施工能顺利地进行和结构竣工后满足设计定位要求。特别是在大跨度桥梁施工控制中，结构的位移计算是至关重要的。

(3)为超静定结构的内力计算打下基础。因为超静定结构的内力仅凭静力平衡条件不能全部确定，还必须考虑变形协调条件，而建立变形协调条件时，就必须计算结构的位移。

此外，在结构的动力计算和稳定计算中，也需要计算结构的位移。可见，结构的位移计算在工程上是具有重要意义的。

3. 线性变形体系和非线性变形体系

所谓线性变形体系，是指位移与荷载呈线性关系的体系，而且当荷载全部撤除后，位移将完全消失。线性变形体系需具有以下条件。

(1)材料处于弹性阶段，应力与应变成正比。

(2)结构变形微小，在计算过程中不考虑对结构形状及尺寸的影响。

(3)所有的约束都是理想约束。

线性变形体系也称为线性弹性变形体系。它的应用条件也是叠加原理的应用条件，所以，对线性弹性变形体系的计算，可以应用叠加原理。

对于位移与荷载不呈线性关系的体系称为非线性变形体系。线性变形体系和非线性变形体系统称为变形体系。在本章中，只讨论线性变形体系的位移计算。

结构力学中计算位移的一般方法是以虚功原理为基础的。本章先介绍变形体系的虚功原理，然后讨论静定结构的位移计算。至于超静定结构的位移计算，在学习了超静定结构的内力计算后，仍可用这一章的方法进行计算。

第二节　变形体系的虚功原理

结构位移计算的理论基础是虚功原理，虚功原理的核心是虚功。

功包含了两个要素：力和位移。根据力和位移之间的关系，功具体分为实功和虚功。下面通过实例说明实功和虚功的概念。

1. 外力实功和外力虚功

图 8-3a) 所示简支梁承受外荷载 P_1 的作用，发生如图曲线 1 所示的变形后达到平衡状态。取静力加载方式，即荷载从零逐渐增加到 P_1 值。对于线性弹性变形体系，位移与荷载

成正比，故力 P_1 作用点的位移也将从零逐渐增加到最大值 Δ_1，如图 8-3b）所示。外力 P_1 在梁发生变形过程中所做的功为

$$W_{外实} = \frac{1}{2} P_1 \Delta_1$$

即图 8-3b）中三角形 △OAB 的面积。外力 P_1 由于自身所引起的位移 Δ_1 而做的功称为外力实功，其值恒为正值。

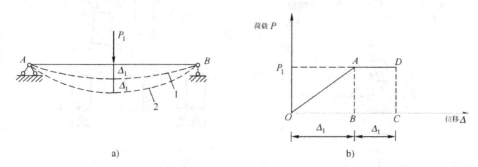

图 8-3

梁在 P_1 作用下处于平衡后，如果由于某种外因（如温度变化、支座移动等）使梁继续发生微小的变形而到达图 8-3a）所示虚线 2 位置，这时外力 P_1 方向的位移为 Δ_t。外力 P_1 在 Δ_t 上做的功为

$$W_{外虚} = P_1 \Delta_t$$

即图 8-3b）中矩形 $ABCD$ 的面积。由于外力 P_1 与 Δ_t 毫无关系，因此，把外力在其他因素引起的位移上所做的功，称为外力虚功，其值可正可负。

2. 内力虚功

结构的内力在由于其他原因引起的结构微段变形上所做的功称为内力虚功。在虚功中，力与位移是彼此独立无关的两个因素。因此，可将两者看成是分别属于同一体系的两种彼此无关的状态，其中力所属状态称为力状态［图 8-4a）］，位移所属状态称为位移状态［图 8-4b）］。

如图 8-4a）所示简支梁，在荷载作用下处于平衡，梁的内力为弯矩 M、剪力 Q 和轴力 N。

相同的简支梁，由于其他原因，如温度变化、支座移动或其他荷载作用等，使梁发生了如图 8-4b）所示的变形。

为了建立梁的内力虚功的表达式，可先取微段研究，若能得到此微段的内力虚功，只需对整个梁进行积分即得到梁的内力虚功。

从梁中取出微段 ds 进行讨论。微段 ds 的受力如图 8-4a）所示。图 8-4b）中相应微段 ds 由 $ABCD$ 变形到 $A'B'C'D'$ 位置。该变形过程可分为两步：一是刚体移动到 $A'B'C''D''$；二是弹性变形再到 $A'B'C'D'$。由于内力不在刚体位移上做功，因此内力在微段 ds 的变形上所做的虚功（略去高阶微量后）为

$$dW_{内虚} = Ndu + Q\gamma ds + Md\varphi$$

整个梁的内力虚功为

$$W_{内虚} = \int Ndu + \int Q\gamma ds + \int Md\varphi \tag{8-1}$$

对于由许多杆件组成的平面杆系结构，内力虚功表达式为

$$W_{内虚} = \sum \int N du + \sum \int Q \gamma ds + \sum \int M d\varphi \qquad (8-2)$$

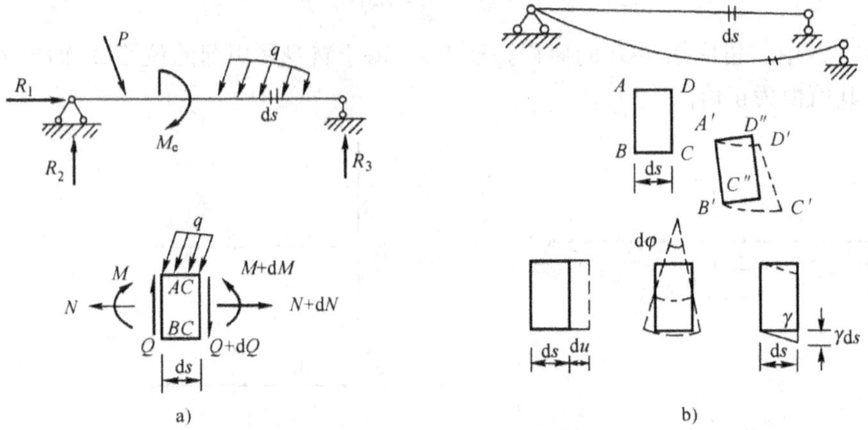

图 8-4
a) 力状态；b) 位移状态

3. 变形体系的虚功原理

对于杆件结构，变形体系的虚功原理可叙述为：变形体系在外力作用下处于平衡的必要和充分条件是，对于任意微小的虚位移，外力所做的虚功总和等于内力在其变形上所做的虚功总和。即

$$W_{外虚} = W_{内虚}$$

上式又称为虚功方程。

图 8-4a）所示外力（含支座反力）在图 8-4b）所示位移上做的外力虚功为

$$W_{外虚} = \sum P_i \Delta_i + \sum R_i C_i$$

将外力虚功和内力虚功代入虚功方程中整理得

$$\sum P_i \Delta_i = \sum \int N du + \sum \int Q \gamma ds + \sum \int M d\varphi - \sum R_i C_i \qquad (8-3)$$

注意：在上面的讨论过程中，并没有涉及材料的物理性质。因此，无论对于弹性、非弹性、线性和非线性的变形体系，虚功原理都适用。

4. 虚功原理的两种应用形式

虚功原理中涉及了两个状态：力状态和位移状态。由于两个状态彼此独立，毫无关系，所以可以任意虚设一个状态，因为虚设状态的不同有了以下两种应用形式。

（1）虚位移原理。给定力状态，虚设的是位移状态，通过虚设的位移，利用虚功方程求解给定的力状态中的未知力。这时的虚功原理称为虚位移原理。在理论力学中曾详细讨论过这种应用形式，在上一章用机动法绘制影响线时也曾用了这一方法，此处不再详述。

（2）虚力原理。给定位移状态，虚设的是力状态，通过虚设的力，利用虚功方程求解给定的位移状态中的未知位移。这时的虚功原理称为虚力原理。本章着重讨论用虚力原理建立求解结构位移的方法。

第三节 结构位移计算的一般公式——单位荷载法

图 8-5a) 所示平面杆系结构由于荷载、温度变化和支座移动等因素引起了如图虚线所示的变形，现在要求任一指定点 K 沿任一指定方向 k—k 上的位移 Δ_K。

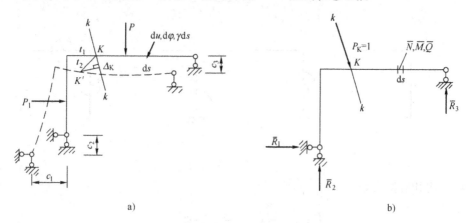

图 8-5

a) 位移状态（实际状态）；b) 力状态（虚拟状态）

现在来讨论如何利用虚功原理求解这一问题。要应用虚功原理，就需要有两个状态：力状态和位移状态。现在，要求的位移是由给定的荷载、温度变化及支座移动等因素引起的，故以此作为结构的位移状态。此外，在拟求位移 Δ_K 的方向虚设一个相应的单位荷载 $P=1$，以此单位荷载及其相应的支座反力、内力作为虚设的力状态〔图 8-5b)〕。

将 $P=1$ 及其相应的支座反力 $\overline{R}_i$ 和内力 $(\overline{N}, \overline{Q}, \overline{M})$ 等代入式 (8-3)，得到单位荷载法计算结构位移的一般公式：

$$\Delta_K = \sum \int \overline{M} \, d\varphi + \sum \int \overline{N} \, du + \sum \int \overline{Q} \gamma \, ds - \sum \overline{R}_i C_i \tag{8-4}$$

注意：这里的位移和变形 Δ_K、du、γds、$d\varphi$ 以及 C_i 是实际给定的。而 $P=1$ 及 $P=1$ 作用下的支座反力 $\overline{R}_i$ 及结构内力 $\overline{N}$、$\overline{Q}$、$\overline{M}$ 等都是虚设的。

由式 (8-4) 求得的 Δ_K 如果是正值，说明位移 Δ_K 的方向与所虚设单位荷载的方向一致；反之，则相反。

在实际问题中，除了计算线位移外，还需要计算角位移、相对位移等。下面讨论如何按照所求位移类型的不同，设置相应的虚拟力状态。

当要求某点沿某方向的线位移时，应在该点沿所求位移方向上加一个单位集中力，如图 8-6a) 所示即为求点 A 水平线位移时的虚力状态。

当要求某截面的角位移时，则应在该截面处加一个单位力偶，如图 8-6b) 所示，这样荷载所做的虚功为 $1 \times \varphi_A = \varphi_A$，恰好等于所求角位移。

有时，要求两点间距离的变化，也就是求两点沿其连线方向上的相对线位移，此时应在两点沿其连线方向加上一对指向相反的单位力，如图 8-6c) 所示。

同理，若求两截面的相对角位移，就应在两截面加上一对方向相反的单位力偶，如图 8-6d) 所示。

在求桁架某杆的角位移时，由于桁架只承受轴力，故应将单位力偶转换为等效的结点集中荷载，即在该杆两端加一对方向与其杆件垂直，大小等于杆长倒数而指向相反的集中力，如图 8-7a）所示。这是因为在位移微小的情况下，桁架杆件的角位移等于其两端在垂直杆轴方向上的相对线位移除以杆长 [图 8-7b)]，即

$$\varphi_{AB} = \frac{\Delta_A + \Delta_B}{d}$$

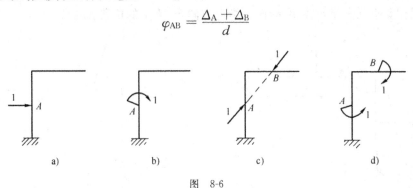

图 8-6

这样，荷载所做虚功

$$\frac{1}{d}\Delta_A + \frac{1}{d}\Delta_B = \frac{\Delta_A + \Delta_B}{d} = \varphi_{AB}$$

即等于所求杆件角位移。

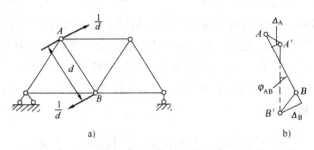

图 8-7

集中力、力偶、一对集中力、一对力偶以及某一力系等，统称为广义力。在求任何广义位移时，虚拟状态所加的荷载应是与所求广义位移相应的单位广义力。

第四节　静定结构在荷载作用下的位移计算

1. 荷载作用下的位移计算公式

本节讨论静定结构在荷载作用下的位移计算。这里仅限于研究线性弹性结构，即结构的位移与荷载是成正比的。因而，在计算的过程中可以利用叠加原理。

设图 8-8a）所示结构只受到荷载作用，现要计算 K 点沿指定方向（如竖向）的位移 Δ_{KP}。这里位移 Δ 用了两个下标，第一个下标 "K" 表示该位移的地点和方向，第二个下标 "P" 表示引起该位移的原因。此时没有支座移动，故式（8-4）中 $\sum \overline{R}_i C_i$ 一项为零，同时在式（8-4）中也不计入温度改变时引起的微段变形。因而，仅荷载引起位移的计算公式可简化为

$$\Delta_{KP} = \sum \int \overline{M} \mathrm{d}\varphi_P + \sum \int \overline{Q} \gamma_P \mathrm{d}s + \sum \int \overline{N} \mathrm{d}u_P \tag{8-5}$$

式中：$\overline{N}$，$\overline{Q}$，$\overline{M}$——虚拟单位荷载引起的微段上的内力［图 8-8b)］；

　　du_P、$\gamma_P ds$、$d\varphi_P$——荷载作用下实际位移状态微段 ds 上的变形。

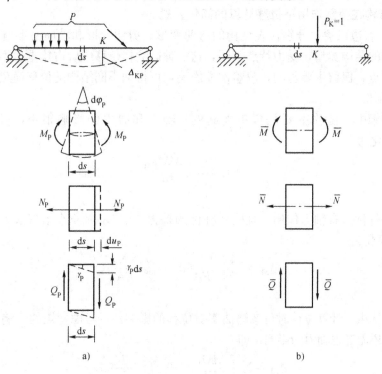

图　8-8

a）实际状态；b）虚拟状态

由材料力学可知，由 M_P、Q_P 和 N_P 分别引起的微段上弯曲变形、剪切变形和轴向变形为

$$d\varphi_P = \frac{M_P}{EI}ds$$

$$\gamma_P ds = \frac{kQ_P}{GA}ds \tag{8-6}$$

$$du_P = \frac{N_P}{EA}ds$$

式中：M_P，Q_P，N_P——实际位移状态中微段上的内力［图 8-8a)］；

　　E、G——材料的弹性模量和剪切弹性模量；

　　A、I——杆件截面的面积和惯性矩；

　　k——剪应力沿截面分布不均匀而引起的修正系数，其值与截面形状有关。

对于矩形截面 $k=1.2$；圆形截面 $k=\dfrac{10}{9}$；薄壁圆环截面 $k=2$；工字形截面 $k\approx\dfrac{A}{A_f}$，A_f 为腹板面积。

将式（8-6）代入式（8-5）得

$$\Delta_{KP} = \sum\int\frac{\overline{M}M_P}{EI}ds + \sum\int\frac{k\overline{Q}Q_P}{GA}ds + \sum\int\frac{\overline{N}N_P}{EA}ds \tag{8-7}$$

这就是平面杆系结构在荷载作用下的位移计算公式。应该指出，式（8-7）对于直杆才是正确的，对于曲杆则还需要考虑曲率对变形的影响。不过在常用的曲杆结构中，其截面高度与曲率半径相比一般都很小，可以略去不计。

2. 各类结构在荷载作用下位移计算的简化公式

式（8-7）右边三项，分别代表结构的弯曲变形、剪切变形和轴向变形对所求位移的影响。各种不同的结构类型，受力特点不同，这三种影响在位移中所占比重也不同，根据不同结构的受力特点，保留主要影响，忽略次要影响，可得到不同结构的位移简化公式。

（1）梁和刚架。

在梁和刚架中，位移主要是弯矩引起的，轴力和剪力的影响很小，可以忽略不计，式（8-7）可简化为

$$\Delta_{KP} = \sum \int \frac{\overline{M}M_P}{EI} ds \tag{8-8}$$

（2）桁架。

因桁架各杆件只有轴力作用，且同一杆件的轴力 $\overline{N}$、N_P 及 EA 沿杆长 l 均为常数，故式（8-7）可简化为

$$\Delta_{KP} = \sum \int \frac{\overline{N}N_P}{EA} ds = \sum \frac{\overline{N}N_P}{EA} l \tag{8-9}$$

（3）拱。

一般的实体拱，计算位移时可忽略曲率对位移的影响，只考虑弯矩的影响，即式（8-8）；但在扁平拱中还需考虑轴力的影响，即

$$\Delta_{KP} = \sum \int \frac{\overline{M}M_P}{EI} ds + \sum \int \frac{\overline{N}N_P}{EA} ds \tag{8-10}$$

（4）组合结构。

在组合结构中，梁式杆主要承受弯矩，链杆只承受轴力，因此式（8-7）可简化为

$$\Delta_{KP} = \sum \int \frac{\overline{M}M_P}{EI} ds + \sum \frac{\overline{N}N_P}{EA} l \tag{8-11}$$

[例 8-1] 试求图 8-9a）所示刚架点 A 的竖向位移。各杆材料相同，截面 I、A 均为常数。

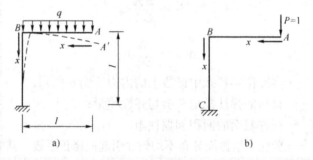

图 8-9
a）实际状态；b）虚拟状态

解：（1）在点 A 加相应于竖向位移的单位集中力 $P=1$，如图 8-9b）所示。并分别设各杆的 x 坐标如图 8-9b）所示，则各杆的内力方程为

AB 段 $\overline{M}=-x$，$\overline{N}=0$，$\overline{Q}=1$

BC 段 $\overline{M}=-l$，$\overline{N}=-1$，$\overline{Q}=0$

(2)在实际位移状态中，如图 8-9a) 所示，各杆的内力方程为

AB 段 $\qquad M_P=-\dfrac{1}{2}qx^2$， $N_P=0$， $Q_P=qx$

BC 段 $\qquad M_P=-\dfrac{1}{2}ql^2$， $N_P=-ql$， $Q_P=0$

(3)弯曲变形引起的位移为

$$\Delta_{AY}^{(M)}=\sum\int\frac{\overline{M}M_P}{EI}\mathrm{d}s$$

$$=\int_0^l\frac{(-x)\left(-\frac{1}{2}qx^2\right)}{EI}\mathrm{d}x+\int_0^l\frac{(-l)\left(-\frac{1}{2}qx^2\right)}{EI}\mathrm{d}x=\frac{5ql^4}{8EI}(\downarrow)$$

剪切变形引起的位移（若杆件截面为矩形）为

$$\Delta_{AY}^{(Q)}=\sum\int K\frac{\overline{Q}Q_P}{EA}\mathrm{d}s=\int_0^l\frac{1.2\times1\times qx}{GA}\mathrm{d}x=\frac{3ql^3}{5GA}(\downarrow)$$

轴向变形引起的位移为

$$\Delta_{AY}^{(N)}=\sum\int\frac{\overline{N}N_P}{EA}\mathrm{d}s=\int_0^l\frac{(-1)(-ql)}{EA}\mathrm{d}x=\frac{ql^2}{EA}(\downarrow)$$

所以，总位移为

$$\Delta_{AY}=\sum\int\frac{\overline{N}N_P}{EA}\mathrm{d}s+\sum\int\frac{k\overline{Q}Q_P}{GA}\mathrm{d}s+\sum\int\frac{\overline{M}M_P}{EI}\mathrm{d}s$$

$$=\Delta_{AY}^{(N)}+\Delta_{AY}^{(Q)}+\Delta_{AY}^{(M)}=\frac{5ql^4}{8EI}\left(1+\frac{24EI}{25GAl^2}+\frac{8I}{5Al^2}\right)(\downarrow)$$

(4)讨论：对矩形截面，其宽度为 b，高度为 h，则 $A=bh$，$I=\dfrac{1}{12}bh^3$，设横向变形系数 $\mu=\dfrac{1}{3}$，$\dfrac{E}{G}=2(1+\mu)=\dfrac{8}{3}$ 代入上式得

$$\Delta_{AY}=\frac{5ql^4}{8EI}\left[1+\frac{16}{75}\left(\frac{h}{l}\right)^2+\frac{2}{15}\left(\frac{h}{l}\right)^2\right]$$

可以看出，杆件截面高度与杆长之比 $\dfrac{h}{l}$ 越大，则轴力和剪力影响所占的比重越大。例如，$\dfrac{h}{l}=\dfrac{1}{10}$，可算得

$$\Delta_{AY}=\frac{5ql^4}{8EI}\left(1+\frac{16}{7\ 500}+\frac{1}{750}\right)$$

可见，轴力和剪力的影响是不大的，通常可以略去。即得

$$\Delta_{KP}=\sum\int\frac{\overline{M}M_P}{EI}\mathrm{d}s=\frac{5ql^4}{8EI}(\downarrow)$$

[例 8-2] 图 8-10a) 所示桁架，计算下弦中点 C 的竖向位移。设各杆的弹性模量 $E=2.1\times10^4\,\mathrm{kN/cm^2}$，截面面积 $A=12\,\mathrm{cm^2}$。

解：(1)在点 C 沿竖向加 $P=1$，如图 8-10c) 所示。

(2)求 N_P。计算在荷载作用下各杆的轴力 N_P，如图 8-10b) 所示。

(3)求 $\overline{N}$。计算在 $P=1$ 作用下各杆的轴力 $\overline{N}$，如图 8-10c)所示。

(4)根据式（8-9）求 Δ_{CP}。具体计算过程列表进行，如表 8-1 所示。由于桁架及荷载对称，计算总和时，在表中只计算了半个桁架。最后计算时将表中的总和值乘 2。

则

$$\Delta_{CP}=\sum\frac{\overline{N}N_P}{EA}l=2\times0.188=0.376\text{cm}（\downarrow）$$

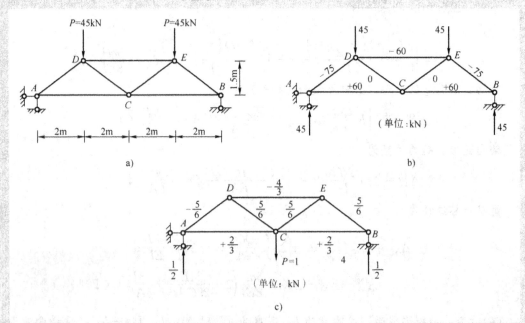

图 8-10

桁架位移计算（半个桁架）   表 8-1

杆 件	$\overline{N}$	N_P (kN)	l (cm)	A (cm²)	E (kN/cm²)	$\dfrac{\overline{N}N_P}{EA}l$ (cm)
AC	2/3	60	400	12	2.1×10^4	0.063
AD	−5/6	−75	250	12	2.1×10^4	0.062
DE	−4/3	−60	$\frac{1}{2}\times400$	12	2.1×10^4	0.063
DC	5/6	0	250	12	2.1×10^4	0
						$\sum=0.188\text{cm}$

[**例 8-3**] 图 8-11a)所示为一等截面圆弧曲梁 AB，截面为矩形，圆弧 AB 的圆心角为 90°。设梁的截面厚度远小于圆半径 R。求点 B 的水平位移 Δ_{Bx}。

解： 此曲梁系小曲率杆，故可以近似用直杆公式计算位移。并可忽略轴力和剪力对位移的影响而只考虑弯矩一项。在实际位移状态中 [图 8-11a)]，任一截面弯矩为

$$M_P=-PR\sin\theta$$

在虚拟力状态中 [图 8-11b)]，任一截面弯矩为

$$\overline{M} = R(1 - \cos \theta)$$

代入式（8-8）有

$$\Delta_{\text{Bx}} = \sum \int \frac{\overline{M}M_P}{EI} ds = \frac{1}{EI} \int_0^\alpha R(1 - \cos \theta)(-PR\sin \theta) R d\theta$$

$$= -\frac{PR^3}{EI} \left[\int_0^\alpha \sin \theta d\theta - \int_0^\alpha \sin \theta \cos \theta d\theta \right]$$

$$= -\frac{(1 - \cos \alpha)^2 PR^3}{2EI} \quad (\rightarrow)$$

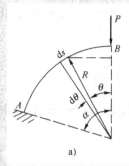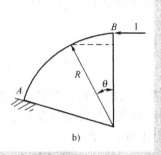

图 8-11

第五节 图 乘 法

通过上一节知道，计算弯曲变形引起的位移时，需要求下列积分，即

$$\Delta_{\text{KP}} = \sum \int \frac{\overline{M}M_P}{EI} ds$$

积分运算是比较麻烦的。当结构的各杆符合下列条件时：杆轴是直线；$EI =$ 常数；M_P 和 $\overline{M}$ 两个弯矩图中至少有一个是直线图，则可用图乘法来代替积分运算，从而简化计算。

图 8-12 是等截面直杆 AB 的两个弯矩图，其中 $\overline{M}$ 图为直线，M_P 图为任意形状。

现以杆轴为 x 轴，以 $\overline{M}$ 图的直线延长线与 x 轴的交点为原点，则积分式

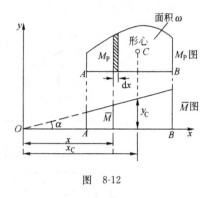

图 8-12

$$\Delta = \sum \int \frac{\overline{M}M_P}{EI} ds$$

由 $\overline{M}$ 图可知

$$\overline{M} = y = x \tan \alpha$$

因此

$$\Delta = \frac{1}{EI} \int \overline{M}M_P ds = \frac{\tan \alpha}{EI} \int x M_P dx = \frac{\tan \alpha}{EI} \int x d\omega_P$$

式中：$d\omega_P$——M_P图中有阴影线的微分面积，故$xd\omega_P$为微分面积对y轴的静矩；

$\int xd\omega_P$——整个M_P图的面积对于y轴的静矩。类似于合力矩定理，它应该等于M_P图面积ω乘以其形心C到y轴的距离x_C，即

$$\int xd\omega_P = \omega x_C$$

故有

$$\Delta = \frac{\tan\alpha}{EI}\omega x_C = \frac{\omega y_C}{EI}$$

这里的y_C是M_P图的形心C处所对应的$\overline{M}$图的竖标。如果结构由多根杆组成，且各杆均可图乘，则

$$\Delta = \sum\int\frac{\overline{M}M_P}{EI}ds = \sum\frac{\omega y_C}{EI} \tag{8-12}$$

这就是图乘法所使用的公式。它将上述类型的积分运算问题转化为求图形的面积、形心和竖标的问题。应用图乘法时要注意以下几点。

(1)必须符合上述前提条件。

(2)公式中的ω、y_C分别取自两个图形，y_C只能取自直线图形。

(3)正负号规定：面积ω与竖标y_C在基线的同一侧时为正，否则为负。

为方便计算，现将几种常用的简单图形的面积及形心列入图8-13中。在应用时注意，图中的抛物线是指标准抛物线，即过抛物线顶点（中点或端点）处的切线与基线平行。

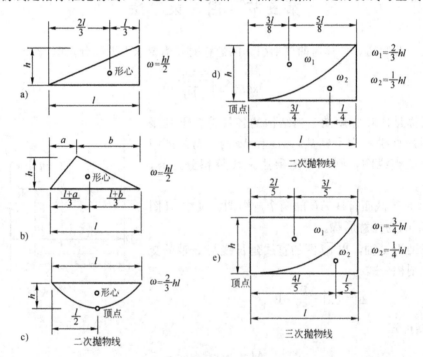

图 8-13

在实际计算中，经常会遇到图形比较复杂或形心位置不易确定的情况。此时，采取以下处理方法。

(1)分段。

①一个图形是直线，另一个图形是由几段直线组成的折线，则应分段计算。对于图 8-14a) 所示情形，有

$$\Delta = \sum \frac{\omega y_C}{EI} = \frac{1}{EI}(\omega_1 y_1 + \omega_2 y_2 + \omega_3 y_3)$$

②杆件各段有不同的 EI，则应在 EI 变化处分段，分段后图乘。对于图 8-14b) 所示情形，有

$$\Delta = \sum \frac{\omega y_C}{EI} = \frac{\omega_1 y_1}{EI_1} + \frac{\omega_2 y_2}{EI_2} + \frac{\omega_3 y_3}{EI_3}$$

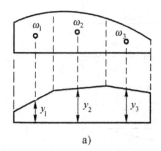
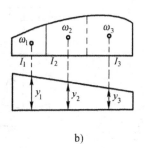

图　8-14

(2)叠加。

当图形的面积计算或形心位置的确定比较复杂时，可将复杂的图形分解为几个简单图形，叠加计算。

①如果两个直线图形都是梯形（图 8-15）可以不求梯形面积及其形心，而把一个梯形分为两个三角形（也可分为一个矩形和一个三角形），分别应用图乘法，然后叠加。即

$$\Delta = \sum \frac{\omega y_C}{EI} = \frac{1}{EI}(\omega_1 y_a + \omega_2 y_b)$$

式中：
$$\begin{cases} \omega_1 = \dfrac{1}{2}al \\ \omega_2 = \dfrac{1}{2}bl \end{cases};$$

$$\begin{cases} y_a = \dfrac{2}{3}c + \dfrac{1}{3}d \\ y_b = \dfrac{1}{3}c + \dfrac{2}{3}d \end{cases}$$

当 M_P 或 $\overline{M}$ 图的竖标 a、b 或 c、d 不在极限的同一侧时（图 8-16），可分为位于基线两侧的两个三角形，按上述方法分别图乘，然后叠加。

②对于在均布荷载作用下的任何一段直杆（图 8-17），由绘制直杆弯矩图的叠加法知道，其弯矩图可看成是一个梯形与一个标准二次抛物线图形的叠加。因此，可将图 8-17 中的 M_P 图分解成一个梯形和一个标准二次抛物线图形，然后分别进行图乘，再将结果叠加。

这里需注意：弯矩图的叠加是指弯矩图的纵坐标的叠加，而不是图形简单的拼合。因此，叠加后的抛物线的所有竖标仍应为竖向的，而不是垂直于 M_A、M_B 的连线。

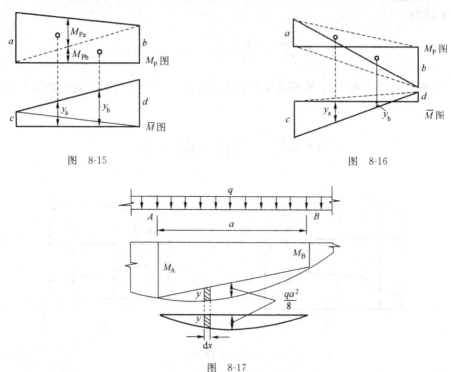

图　8-15　　　　　　　　　　　图　8-16

图　8-17

[例8-4] 计算图 8-18a) 所示悬臂刚架点 D 的竖向位移 Δ_{DY}（EI 为常量）。

解： M_P 图和 $\overline{M}$ 图分别如图 8-18b)、图 8-18c) 所示。应用图乘法时，在 CB 段上应以 $\overline{M}$ 图作为面积 ω_1，AB 段也以 $\overline{M}$ 图作为面积 ω_2，则

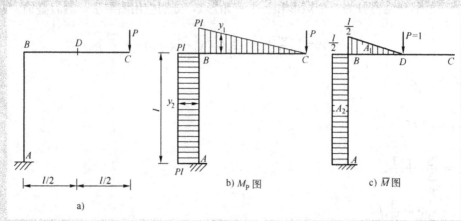

b) M_P 图　　　c) $\overline{M}$ 图

a)

图　8-18

$$\omega_1 = \frac{1}{2} \times \frac{l}{2} \times \frac{l}{2} = \frac{l^2}{8}, \quad y_1 = \frac{5}{6} Pl \quad (\omega_1 \text{ 与 } y_1 \text{ 同侧})$$

$$\omega_2 = \frac{1}{2} \times l = \frac{l^2}{2}, \quad y_2 = Pl \quad (\omega_2 \text{ 与 } y_2 \text{ 同侧})$$

$$\Delta_{DY} = \sum\frac{\omega y_C}{EI} = \frac{1}{EI}\left(\frac{l^2}{8}\times\frac{5}{6}Pl + \frac{l^2}{2}\times Pl\right) = \frac{29Pl^3}{48EI}\quad(\downarrow)$$

[例 8-5] 求图 8-19a) 所示刚架 C、D 两点的相对水平线位移。设 EI 为常数。

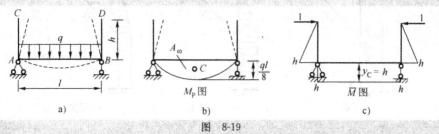

图 8-19

解： M_P 图和 $\overline{M}$ 图如图 8-19b)、图 8-19c) 所示。

将图 8-19b) 与图 8-19c) 图乘得

$$\Delta_{CD} = \frac{1}{EI}\left(\frac{2}{3}\times\frac{ql^2}{8}\times l\times h\right) = \frac{qhl^3}{12EI}\quad(\rightarrow\leftarrow)$$

相对位移的方向与所设一对单位力指向相同，即 C、D 两点应是相互靠拢的。

[例 8-6] 试求图 8-20a) 所示伸臂梁点 C 的竖向位移 Δ_{cy}。梁的 EI＝常数。

解： M_P 图和 $\overline{M}$ 图如图 8-20b)，图 8-20c) 所示。注意 M_P 图中 AB 段图形较复杂，一般可将其分解为一个三角形与一个标准二次抛物线图形。由图乘法得：

$$\Delta cy = \frac{1}{EI}\left[\left(\frac{1}{3}\frac{ql^2}{8}\cdot\frac{l}{2}\right)\frac{3l}{8}+\left(\frac{1}{2}\frac{ql^2}{8}\cdot l\right)\frac{l}{3}-\left(\frac{2}{3}\frac{ql^2}{8}\cdot l\right)\frac{l}{4}\right]$$

$$= \frac{ql^4}{128EI}\quad(\downarrow)$$

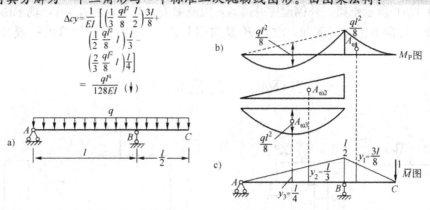

图 8-20

[例 8-7] 图 8-21a) 为一组合结构，链杆 CD、BD，抗拉（压）刚度为 EA，受弯杆 AC 的抗弯刚度为 EI，计算点 D 的竖向位移 Δ_{DY}。

解： 计算组合结构在荷载作用下的位移时，对链杆只有轴力的影响，对受弯杆只计弯矩影响。现分别求 N_P、$\overline{N}$、M_P、$\overline{M}$，如图 8-21b)、图 8-21c) 所示。根据式 (8-11) 有

$$\Delta_{DY} = \sum\frac{\overline{N}N_P}{EA}l + \sum\frac{\omega y_C}{EI}$$

$$= \frac{1\times P\times a + (-\sqrt{2})(-\sqrt{2}P)\sqrt{2}a}{EA} + \frac{1}{EI}\left(\frac{Pa^2}{2}\cdot\frac{2a}{3}+Pa^2\cdot a\right)$$

$$= \frac{(1+2\sqrt{2})\,Pa}{EA} + \frac{4Pa^3}{3EI}\quad(\downarrow)$$

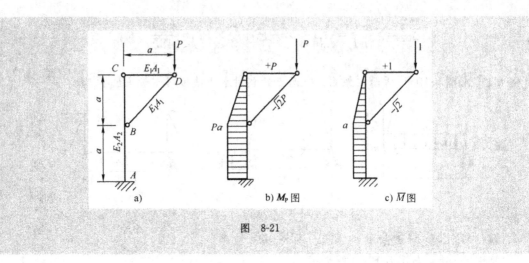

图 8-21

第六节 温度变化时的位移计算

所谓温度变化，是指结构使用时的温度相对于施工时温度所发生的变化。

对于静定结构，温度改变时不引起内力；但材料会发生膨胀和收缩，使结构产生变形和位移。

如图 8-22a）所示刚架，外侧温度升高 t_1，内侧温度升高 t_2，若 $t_2 > t_1$，现求由此引起的任一点沿任一方向的位移。例如，求点 K 竖向位移 Δ_{Kt}。此时位移计算的一般公式（8-5）成为

$$\Delta_{Kt} = \sum \int \overline{N} du_t + \sum \int \overline{Q} \gamma_t ds + \sum \int \overline{M} d\varphi_t \tag{8-13}$$

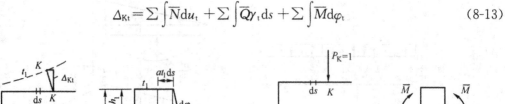

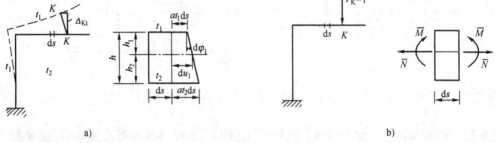

图 8-22
a）实际状态；b）虚拟状态

现在来研究实际位移状态中任一微段 ds 由于温度变化所产生的变形。微段上、下边纤维的伸长量为 $\alpha t_1 ds$ 和 $\alpha t_2 ds$，这里的 α 是材料的线膨胀系数。为了简便计算，可假设温度沿杆件截面厚度呈直线变化，即在发生温度变形后，截面仍保持为平面。截面的变形可分解为沿杆轴线方向的拉伸变形 du_t 和截面的转角 $d\varphi_t$，但温度的变化不引起剪切变形，即 $\gamma_t ds = 0$。

du_t 和 $d\varphi_t$ 的计算如下：

当杆件截面对称于形心轴时（$h_1 = h_2$），则其形心轴处的温度为

$$t = \frac{t_1 + t_2}{2}$$

当杆件截面不对称于形心轴时（$h_1 \neq h_2$），则有

$$t = \frac{t_1 h_2 + t_2 h_1}{h}$$

而内外两侧的温度改变差为

$$\Delta t = t_2 - t_1$$

式中：h——杆件截面厚度；

h_1、h_2——杆轴至上、下边缘的距离；

t_1、t_2——内、外侧温度的改变值。

ds 微段的变形图如图 8-22a）所示，由几何关系知

$$du_t = \alpha t \, ds \tag{8-14}$$

$$d\varphi_t = \frac{\alpha t_2 ds - \alpha t_1 ds}{h} = \frac{\alpha(t_2 - t_1)ds}{h} = \frac{\alpha \Delta t \, ds}{h} \tag{8-15}$$

将式（8-14），式（8-15）及 $d\eta_t = 0$ 代入式（8-13）可得

$$\Delta_{Kt} = \sum \int \overline{N} \alpha t \, ds + \sum \int \overline{M} \frac{\alpha \Delta t}{h} ds$$

$$= \sum \alpha t \int \overline{N} ds + \sum \alpha \Delta t \int \frac{\overline{M}}{h} ds \tag{8-16a}$$

若杆为等截面时，则有

$$\Delta_{Kt} = \sum \alpha t \int \overline{N} \, ds + \sum \frac{\alpha \Delta t}{h} \int \overline{M} ds$$

$$= \sum \alpha t \omega_{\overline{N}} + \sum \frac{\alpha \Delta t}{h} \omega_{\overline{M}} \tag{8-16b}$$

式中：$\omega_{\overline{N}} = \int \overline{N} ds$——$\overline{N}$ 图的面积；

$\omega_{\overline{M}} = \int \overline{M} ds$——$\overline{M}$ 图的面积。

在应用上述公式时，应注意右边各项符号的确定。轴力 $\overline{N}$ 以拉伸为正，t 以升温为正，弯矩 $\overline{M}$ 则使 t_2 侧受拉者为正，反之取负值。

必须指出，在计算由于温度变化所引起的位移时，不能略去轴向变形的影响。对于桁架，在温度变化时，其位移计算公式为

$$\Delta_{Kt} = \sum \alpha t \overline{N} l \tag{8-17}$$

当桁架的杆件长度因制造误差而与设计长度不符时，由此所引起的位移计算与温度变化时相类似，设各杆长度的误差为 Δl，则位移计算公式为

$$\Delta_K = \sum \overline{N} \Delta l \tag{8-18}$$

[例8-8] 图 8-23a) 所示刚架施工时温度为 20℃，试求：冬季当外侧温度为−10℃，内侧温度为 0℃时点 A 的竖向位移 Δ_{Ay}。已知 $l=4m$，$\alpha=10^{-5}$，各杆均为矩形截面，厚度 $h=40cm$。

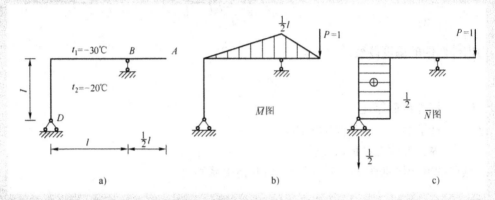

图 8-23
a) 位移状态；b)、c) 力状态

解： 外侧温度变化为 $t_1=-10-20=-30$（℃），

内侧温度变化为 $t_2=0-20=-20$（℃），故有

$$t=\frac{t_1+t_2}{2}=\frac{-30-20}{2}=-25(℃)$$

$$\Delta t=t_2-t_1=-20-(-30)=10(℃)$$

绘出 $\overline{M}$，$\overline{N}$ 图 [图 8-23b)、图 8-23c)]，代入式（8-16b），并注意正负号的确定，可得

$$\Delta_{Ay}=\sum\alpha t\omega_{\overline{N}}+\sum\frac{\alpha\Delta t}{h}\omega_{\overline{M}}$$

$$=\alpha\times(-25)\times\left(\frac{l}{2}\right)+\frac{\alpha\times10}{h}\times\left[-\frac{1}{2}\times\frac{1}{2}l\times l-\frac{1}{2}\times\left(\frac{l}{2}\right)^2\right]$$

$$=-\frac{25}{2}\alpha l-\frac{15\alpha}{4h}l^2=-\frac{25}{2}\times10^{-5}\times400-\frac{10^{-5}\times15}{4\times40}\times400^2$$

$$=-0.20\ (cm)\ (\uparrow)$$

第七节　支座移动时的位移计算

在静定结构中，当支座发生移动时并不引起内力，因而材料不发生变形，故此时结构的位移纯属刚体位移。则位移计算式（8-4）简化为

$$\Delta_K=-\sum\overline{R}_iC_i \tag{8-19}$$

式中：$\overline{R}_i$——虚拟力状态下的支座反力；

C_i——实际位移状态的支座位移。

因为式（8-19）的右端项实际是虚功计算，故当 $\overline{R}_i$ 与实际支座移动 C_i 方向一致时其乘积取正号，相反则取负号。注意：公式右边的负号不可漏掉。

[例8-9] 图8-24a) 所示简支刚架，支座 A 下沉 a，求点 B 的水平位移和 B 端的转角。

解： 根据所求位移建立相应虚拟力状态，如图8-24b)、图8-24c) 所示，考虑刚架的整体平衡，由图8-24b) 求得 $\overline{V}_A = \dfrac{h}{l}$ （↓），由图8-24c) 求得 $\overline{V}_A = \dfrac{1}{l}$ （↓）。

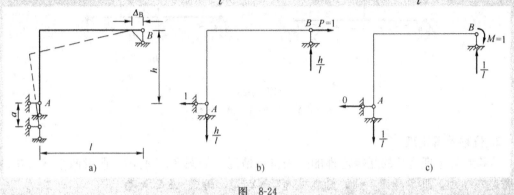

图 8-24

由式（8-19）有

$$\Delta_{Bx} = -\sum \overline{R}_i C_i = -\left(\frac{h}{l} \times a\right) = -\frac{ha}{l} \quad (\leftarrow)$$

$$\varphi_B = -\sum \overline{R}_i C_i = -\left(\frac{1}{l} \times a\right) = -\frac{a}{l} \quad (逆时针)$$

第八节　线性弹性变形体的互等定理

本节介绍线性弹性变形体的 4 个互等定理，即功的互等定理、位移互等定理、反力互等定理和反力位移互等定理。这些定理对超静定结构的计算是很有用的。

1. 功的互等定理

设有两组外力 P_1 和 P_2 分别作用于同一线弹性体系上，如图8-25a) 和8-25b) 所示，分别称为状态一和状态二。如果计算第一状态的外力和内力在第二状态相应的位移和变形上所做的虚功 $W_外$ 和 $W_内$，并根据虚功原理 $W_外 = W_内$，则有

$$P_1 \Delta_{12} = \int \frac{M_1 M_2}{EI} \mathrm{d}s + \int \frac{K Q_1 Q_2}{GA} \mathrm{d}s + \int \frac{N_1 N_2}{EA} \mathrm{d}s \tag{8-20}$$

这里，位移 Δ_{12} 的两个脚标的含义：第一个脚标"1"表示位移的地点和方向；第二个脚标"2"表示产生位移的原因。Δ_{12} 表示由 P_2 引起的沿 P_1 作用点方向上的位移。

反过来，如果计算第二状态的外力和内力在第一状态相应的位移和变形上所做的虚功 $W_外$ 和 $W_内$，并根据虚功原理 $W_外 = W_内$，则有

$$P_2 \Delta_{21} = \int \frac{M_2 M_1}{EI} \mathrm{d}s + \int \frac{K Q_2 Q_1}{GA} \mathrm{d}s + \int \frac{N_2 N_1}{EA} \mathrm{d}s \tag{8-21}$$

显然式（8-20）、式（8-21）两式的右边是相等的，因此左边也应相等，故有

$$P_1 \Delta_{12} = P_2 \Delta_{21} \tag{8-22}$$

这就是功的互等定理，它表明：第一状态的外力在第二状态的位移上所做的虚功，等于第二状态的外力在第一状态的位移上所做的虚功。

图 8-25

a）第一状态；b）第二状态

2. 位移互等定理

位移互等定理是功的互等定理的一种特殊情况。如图 8-26 所示，假设两个状态中的荷载都是单位力，即 $P_1 = P_2 = 1$，则由功的互等定理，即式（8-22）有

$$1 \times \Delta_{12} = 1 \times \Delta_{21}$$

即

$$\Delta_{12} = \Delta_{21}$$

此处的 Δ_{12} 和 Δ_{21} 均是由于单位力引起的位移，为了区别起见，改用小写字母 δ_{12} 和 δ_{21} 表示，于是上式可写成

$$\delta_{12} = \delta_{21} \tag{8-23}$$

这就是位移互等定理，它表明：第二个单位力所引起的第一个单位力作用点沿其方向上的位移，等于第一个单位力所引起的第二个单位力作用点沿其方向上的位移。这里的单位荷载 P_1 和 P_2 可以是广义力，则位移 δ_{12} 和 δ_{21} 是相应的广义位移。例如，在图 8-27 的两个状态中，根据位移互等定理，应有 $\varphi_A = f_C$。实际上，由材料力学可知

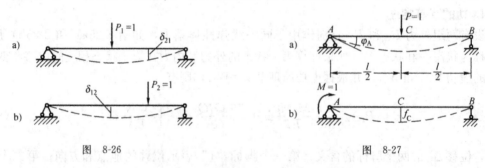

图 8-26   图 8-27

$$\varphi_A = \frac{Pl^2}{16EI}, f_C = \frac{Ml^2}{16EI}$$

现在 $P=1$，$M=1$ 都是无量纲量，故有 $\varphi_A = f_C = \dfrac{l^2}{16EI}$。$\varphi_A$ 与 f_C 虽然含义不同，但此时二者在数值上是相等的，量纲也相同。

3. 反力互等定理

反力互等定理也是功的互等定理的一个特殊情况。它用来说明在超静定结构中两个支座分别发生单位位移时，两状态中反力是互等的关系。

图 8-28a）表示支座 1 发生单位位移 $\Delta_1 = 1$ 的状态，此时使支座 2 产生的反力为 γ_{21}；

图 8-28b)表示支座 2 发生单位位移 $\Delta_2=1$ 的状态，此时使支座 1 产生的反力为 γ_{12}。根据功的互等定理有

$$\gamma_{12}\Delta_1 = \gamma_{21}\Delta_2$$

由于 $\Delta_1=\Delta_2=1$ 故有

$$\gamma_{12} = \gamma_{21} \tag{8-24}$$

这就是反力互等定理，它表明：第一个支座发生单位位移所引起的第二个支座的反力，等于第二个支座发生单位位移所引起的第一个支座的反力。

这一定理对结构上任何两个支座都适用。如在图 8-29a)、图 8-29b) 两个状态中，应有 $\gamma_{12}=\gamma_{21}$，它们虽然一个是单位位移引起的反力偶，一个是单位转角引起的反力，含义不同，但此时二者在数值上相等，量纲也相同。

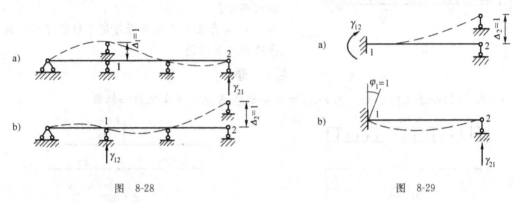

图 8-28   图 8-29

4. 反力位移互等定理

反力位移互等定理仍然是功的互等定理的一个特例。它说明的是一个状态中的反力与另一个状态中的位移之间的互等关系。

图 8-30a) 所示超静定梁的 2 点上作用单位荷载 $P_2=1$ 时，在支座 1 处引起的反力为 γ_{12}，称此为状态一；图 8-30b) 表示该梁的支座 1 沿 γ_{12} 的方向发生一单位角位移 $\varphi_1=1$ 时，在点 2 沿 $P_2=1$ 的方向引起的位移为 δ_{21}，称此为状态二。根据功的互等定理，则有

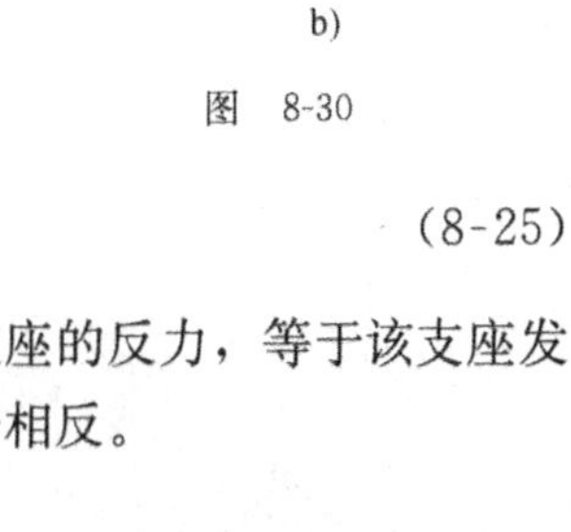

$$\gamma_{12}\varphi_1 + P_2\delta_{21} = 0$$

现有 $\varphi_1=1$，$P_2=1$，故有

图 8-30

$$\gamma_{12} = -\delta_{21} \tag{8-25}$$

这就是反力位移互等定理，它表明：单位荷载引起结构的某支座的反力，等于该支座发生单位位移时所引起的单位荷载作用点沿其方向上的位移，但符号相反。

思 考 题

1. 什么是位移？什么是变形？两者有什么区别？

2. 为什么要计算结构的位移？

3. 什么是刚性体系的虚功原理？什么是变形体系的虚功原理？它们有什么区别？

4. 何谓虚拟状态？为什么要虚设与所求位移相应的单位力？写出用单位荷载法计算位

移的一般公式。

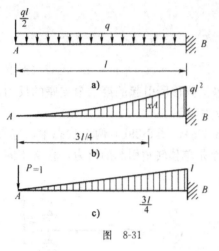

图 8-31

5. 图乘法的应用条件是什么？求曲梁和拱的位移时是否能用图乘法？

6. 图 8-31 所示图形相乘结果是

$$\Delta_{AY} = \frac{1}{EI}\left[\left(\frac{1}{3} \times ql^2 \times l\right) \times \frac{3l}{4}\right] = \frac{ql^4}{4EI} (\downarrow)$$

M_P图是否正确？若不正确，错在何处？

7. 求解等截面梁、刚架的位移时，在 Q_P 和 $\overline{Q}$ 以及 N_P 和 $\overline{N}$ 之间能否用图乘法？

8. 计算温度变化引起的位移时，公式的符号如何确定？

9. 反力互等定理是否可用于静定结构？这样会得出什么结论？

习 题

1～2. 用积分法求图 8-32、图 8-33 所示悬臂梁 A 端的竖向位移和转角。

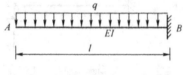

图 8-32

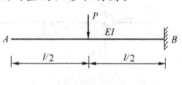

图 8-33

3～4. 用积分法求图 8-34、图 8-35 所示简支梁的跨中挠度，忽略剪切变形的影响。

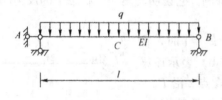

图 8-34

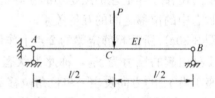

图 8-35

5. 求图 8-36 所示桁架结点 C 的水平位移。各杆 EA 相同。

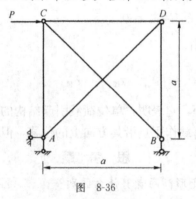

图 8-36

6. 用图乘法，求图 8-37 所示 D 点的挠度，EI＝常数。

7. 用图乘法，求图 8-38 所示 C 点的竖向位移 Δ_{Cy}。P＝9kN，q＝15kN/m 梁为 18 号工字钢，I＝1 660cm^4，h＝18cm，E＝2.1×10^{8}kPa。

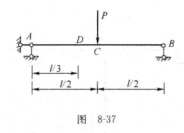

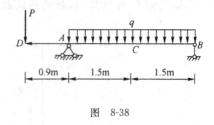

图 8-37

图 8-38

8. 用图乘法，求图 8-39 所示指定位移 φ_B。

9. 图 8-40 所示组合结构，求 C、D 两点距离改变量 Δ_{CD}。

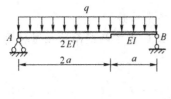

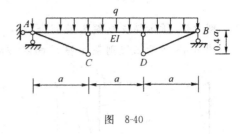

图 8-39

图 8-40

10. 用图乘法，求图 8-41 所示 Δ_{Ay} 和 Δ_{Dy}。

11. 求图 8-42 所示刚架 C 点的水平位移 Δ_{Cx}。

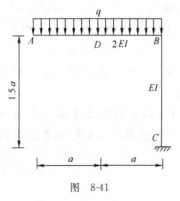

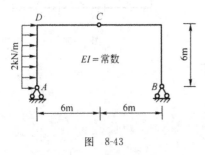

图 8-41

图 8-42

12. 用图乘法，求图 8-43 Δ_{Cx}、Δ_{Cy}、φ_D，并绘变形曲线。

13. 图 8-44 所示组合结构横梁 AD 为 20b 工字钢，拉杆 BC 为直径 20mm 的圆钢，材料的 $E = 2.1 \times 10^8$ kPa，$q = 5$kN/m，$a = 2$m，试求 D 点竖向位移。

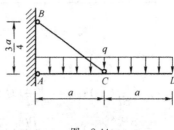

图 8-43

图 8-44

14. 设三铰刚架温度变化如图 8-45 所示，各杆截面为矩形，截面高度相同，$h = 60$cm，$\alpha = 0.00001$。求 C 点的竖向位移。

15. 求图 8-46 所示刚架因温度改变引起的 C 点的竖向位移。各杆截面相同且对称于形心轴，其厚度为 $h=l/10$，材料的线膨胀系数为 α。

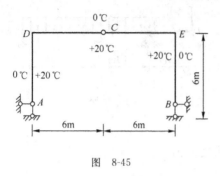

图 8-45

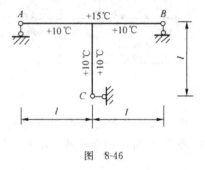

图 8-46

16. 图 8-47 所示简支刚架支座 B 下沉 b，试求 C 点的水平位移。

17. 图 8-48 所示三铰刚架支座 B 向右移动 1cm，计算铰 C 左右两截面的相对转角。

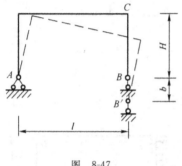

图 8-47

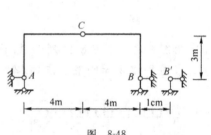

图 8-48

18. 图 8-49 所示两跨简支梁 $l=16$m，支座 A、B、C 的沉降分别为 $a=40$mm，$b=100$mm，$c=80$mm。试求 B 铰左右两侧截面的相对角位移 φ。

19. 图 8-50 所示梁 $EI=$ 常数，B 处有一弹性支座，弹簧的刚度系数（产生单位位移所需要的力）为 k（柔度系数 $f=1/k$ 为单位力作用下的位移）。试求 C 点竖向位移。已知 $k=\dfrac{EI}{a^3}$。

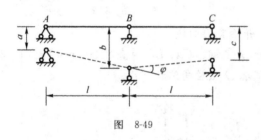

图 8-49

图 8-50

部分习题答案

1. $\Delta_{Ay}=\dfrac{ql^4}{8EI}(\downarrow)$；$\varphi_A=\dfrac{ql^3}{6EI}$（逆时针）。

2. $\Delta_{Ay}=\dfrac{5Pl^3}{48EI}(\downarrow)$；$\varphi_A=\dfrac{Pl^3}{8EI}$（逆时针）。

3. $\Delta_{Cy}=\dfrac{5ql^4}{384EI}(\downarrow)$。

4. $\Delta_{Cy} = \dfrac{5Pl^4}{48EI}(\downarrow)$。

5. $\Delta_{Cx} = 4.828\dfrac{Pa}{EA}(\rightarrow)$。

6. $\Delta_{Dy} = \dfrac{23Pl^3}{1\,296EI}(\downarrow)$。

7. $\Delta_{Cy} = 0.32\mathrm{cm}(\downarrow)$。

8. $\varphi_B = \dfrac{19qa^3}{24EI}$（逆时针）。

9. $\Delta_{CD} = \dfrac{11qa^2}{15EI}(\leftarrow\!\rightarrow)$。

10. $\Delta_{Ay} = \dfrac{7qa^4}{EI}(\downarrow)$；$\Delta_{Dy} = \dfrac{161qa^4}{48EI}(\downarrow)$。

11. $\Delta_{Cx} = \dfrac{5qa^4}{24EI}(\rightarrow)$。

12. $\Delta_{Cx} = \dfrac{486}{EI}(\rightarrow)$；$\Delta_{Cy} = \dfrac{54}{EI}$；$\varphi_D = \dfrac{27}{EI}$（顺时针）。

13. $\Delta_{Dy} = 8.02\mathrm{mm}(\downarrow)$。

14. $\Delta_C = 1.32\mathrm{cm}(\uparrow)$。

15. $\Delta_C = 15\alpha l(\uparrow)$。

16. $\Delta_{Cx} = \dfrac{Hb}{l}(\rightarrow)$。

17. $\varphi_C = 0.003\,3$ 弧度。

18. 上边角度减小 0.005 弧度。

19. $\Delta_{Cy} = \dfrac{Fa^3}{2EI}(\downarrow)$。

第九章 力 法

本章要点

- 超静定次数的确定；
- 力法的基本概念和原理；
- 力法的基本未知量，基本体系；
- 力法的典型方程；
- 荷载、温度变化、支座移动下的内力计算；
- 对称结构的简化计算；
- 超静定结构的位移计算。

第一节 超静定结构和超静定次数

在前面几章中，讨论了静定结构的计算问题。静定结构的特点是其全部反力和内力都只需根据静力平衡条件即可唯一确定，故称之为静定。工程实际中还存在另一类结构，其反力和内力不能完全从静力平衡条件求出，而必须同时考虑变形协调条件和物理条件，这类结构称为超静定结构。例如，图 9-1 所示梁，其竖向反力仅靠平衡条件就无法确定，因而也就无法确定其内力。又如图 9-2 所示桁架，虽然由平衡条件可以确定其全部反力和部分杆件内力，但不能确定全部杆件的内力。因此，这两个结构都是超静定结构。

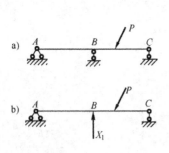

图 9-1

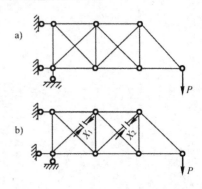

图 9-2

在第二章已指出，超静定结构在几何构造上的特征是几何不变且具有多余联系。所谓"多余"，是指这些联系仅就保持结构的几何不变性来说，是不必要的。多余联系中产生的力称为多余未知力。例如，图 9-1a) 所示梁，可把任一根竖向支座链杆作为多余联系，如把中间支座链杆作为多余联系，则相应的多余未知力就是该支座的反力 X_1 [图 9-1b)]。又如图 9-2a)所示桁架，可分别把左边和中间两节间的各一根斜杆作为多余联系，相应的多余未知力即为该二杆的轴力 X_1 和 X_2 [图 9-2b)]。

工程中常见的超静定结构的类型有超静定梁 [图 9-1a)]、超静定桁架 [图 9-2a)]、超静定拱 [图 9-3a)]、超静定刚架 [图 9-3b)] 及超静定组合结构 [图 9-3c)]。

求解任何超静定问题，都必须综合考虑以下三个方面的条件。

(1)平衡条件。即结构的整体及任何一部分的受力状态都应满足平衡方程。

(2)几何条件。也称为变形条件或位移条件，即结构的变形和位移必须符合支承约束条件和各部分之间的变形连续条件。

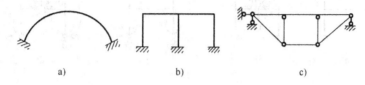

图 9-3

(3)物理条件。即变形或位移与力之间的物理关系。

在具体求解时，根据计算途径的不同，可以有两种不同的基本方法，即力法（又称柔度法）和位移法（又称刚度法）。二者的主要区别在于基本未知量的选择不同。所谓基本未知量，是指这样一些未知量，当首先求出它们之后，即可用它们求出其他的未知量。在力法中，是以多余未知力作为基本未知量；在位移法中，则是以某些位移作为基本未知量。除力法和位移法两种基本方法外，还有其他各种方法，但他们都是从上述两种方法演变而来的。

从静力分析的观点出发，把利用平衡条件求解结构未知的反力和内力所缺少的方程个数称为结构的超静定次数。由于静定结构是没有多余约束的几何不变体系，所以求解未知力的方程个数与平衡条件的个数相等。因此，超静定结构的超静定次数就等于其多余约束的个数。由此可知，可以用去掉多余约束使超静定结构成为静定的方法，来确定该结构的超静定次数。

从超静定结构中去掉多余约束，通常有以下几种基本方式。

(1)去掉或切断一根链杆，相当于去掉一个联系 [图 9-4a)]。

(2)拆开一个单铰，相当于去掉两个联系 [图 9-4b)]。

(3)在刚结处作一切口，或去掉一个固定端，相当于去掉三个联系 [图 9-4c)]。

(4)将刚结改为单铰联结，相当于去掉一个联系 [图 9-4d)]。

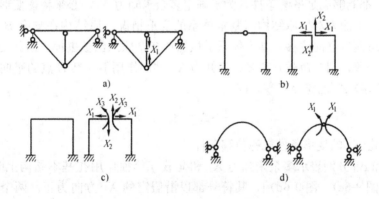

图 9-4

应用上述方法，不难确定任何超静定结构的超静定次数。例如，图 9-5a) 所示结构，在拆开单铰、切断链杆并在刚结处作一切口后，将可得到图 9-5b) 所示的静定结构，故知原结构为 6 次超静定。

对于同一个超静定结构，可以采取不同的方式去掉多余联系，而得到不同的静定结构，但是所去多余联系的数目总是相同的。例如，对于上述结构，还可以按图 9-5c)、图 9-5d)等方式去掉多余联系，但都表明原结构是 6 次超静定的。

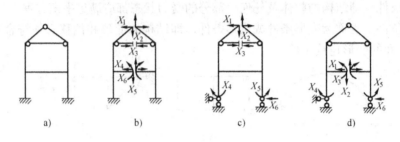

图　9-5

第二节　力法的基本概念

本节先用一个简单的例子来说明力法的基本概念，即讨论如何在计算静定结构的基础上，进一步寻求计算超静定结构的方法。

图 9-6a) 所示梁是一次超静定结构。如果把支座 B 作为多余联系去掉，则得到如图 9-6b)中的静定结构。将原超静定结构中去掉多余联系后得到的静定结构称为力法的基本结构。所去掉的多余联系，则以相应的多余未知力 X_1 来代替其作用。这样，基本结构就同时承受着已知荷载 q 和多余未知力 X_1 的作用，基本结构在原有荷载和多余未知力共同作用下的体系称为力法的基本体系，如图 9-6b) 所示。它既是静定结构，又可用它来代表原来的超静定结构求解，是利用已知的静定结构的分析方法来解决超静定结构问题的一种有效手段。显然，只要能设法求出多余未知力 X_1，其余一切计算就与静定结构完全相同。

怎样求出 X_1 呢? 仅靠平衡条件是无法求出的。因为在基本体系中截取的任何隔离体上，除了 X_1 之外还有三个未知内力或反力，故平衡方程的总数恒少于未知力的总数，其解答是不定的。实际上此时的 X_1 相当于作用在基本结构上的荷载，因此无论 X_1 为多大（只要梁不破坏），都能够满足平衡条件。为了确定多余未知力 X_1，必须考虑变形条件以建立补充方程。为此，下面来对比原结构与基本体系的变形情况。原结构在支座 B 处由于多余联系的约束而不可能有竖向位移；基本体系上虽然该多余联系已被去掉，但其受力和变形情况与原结构完全一致，则在荷载 q 和多余未知力 X_1 共同作用下，其 B 点的竖向位移（即沿力 X_1 方向上的位移）Δ_1 也应等于零，即

$$\Delta_1 = 0 \tag{9-1}$$

这就是用以确定 X_1 的变形条件或称位移条件。

设以 Δ_{11} 和 Δ_{1P} 分别表示多余未知力 X_1 和荷载 q 单独作用在基本结构上时，B 点沿 X_1 方向的位移 ［图 9-6c)、图 9-6d)］，其符号都以沿假定的 X_1 方向为正。两个下标的含义与第八章所述相同，即第一个表示位移的地点和方向，第二个表示产生位移的原因。根据叠加原理，式（9-1）可写成

$$\Delta_{11} + \Delta_{1P} = 0 \tag{9-2}$$

若以 δ_{11} 表示 X_1 为单位力即 $X_1 = 1$ 时 B 点沿 X_1 方向的位移，则有 $\Delta_{11} = \delta_{11} X_1$。于是上述位移条件（9-2）可写为

$$\delta_{11} X_1 + \Delta_{1P} = 0 \qquad\qquad (9\text{-}3)$$

由于 δ_{11} 和 Δ_{1P} 都是静定结构在已知力作用下的位移，完全可用第八章所述方法求得，因而多余未知力 X_1 即可由此方程解出。此方程便称为一次超静定结构的力法基本方程。

为了计算 δ_{11} 和 Δ_{1P}，可分别绘出基本结构在 $X_1 = 1$ 和 q 作用下的弯矩图 $\overline{M}_1$ 图和 M_P 图 [图 9-7a）、图 9-7b）]，然后用图乘法计算这些位移。求 δ_{11} 时应为 $\overline{M}_1$ 图乘 $\overline{M}_1$ 图，称为 $\overline{M}_1$ 图"自乘"。

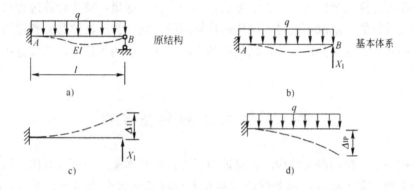

图　9-6

$$\delta_{11} = \sum \int \frac{\overline{M}_1^2 \, ds}{EI} = \frac{1}{EI} \times \frac{l^2}{2} \times \frac{2l}{3} = \frac{l^3}{3EI}$$

求 Δ_{1P} 时应为 $\overline{M}_1$ 图与 M_P 图相乘

$$\Delta_{1P} = \sum \int \frac{\overline{M}_1 M_P \, ds}{EI} = -\frac{1}{EI}\left(\frac{1}{3} \times \frac{ql^2}{2} \times l\right)\frac{3l}{4} = -\frac{ql^4}{8EI}$$

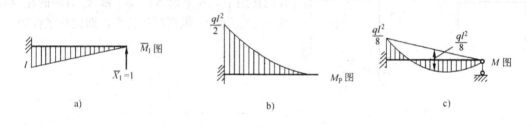

图　9-7

将 δ_{11} 和 Δ_{1P} 代入式（9-3）可求得

$$X_1 = -\frac{\Delta_{1P}}{\delta_{11}} = -\left(-\frac{ql^4}{8EI}\right)\Big/\frac{l^3}{3EI} = \frac{3ql}{8}(\uparrow)$$

正号表明 X_1 的实际方向与假定方法相同，即向上。

多余未知力 X_1 求出后，其余所有反力、内力的计算都是静定问题，无须赘述。在绘制最后弯矩图 M 时，可以利用已经绘出的 $\overline{M}_1$ 图和 M_P 图按叠加法绘制，即

$$M = \overline{M}_1 X_1 + M_P$$

就是将 $\overline{M}_1$ 图的竖标乘以 X_1 倍，再与 M_P 图的对应竖标相加。例如，截面 A 的弯矩为

$$M_A = l \times \frac{3ql}{8} + \left(-\frac{ql^2}{2}\right) = -\frac{ql^2}{8}\,(上侧受拉)$$

于是可绘出 M 图如图 9-7c）所示。此弯矩图既是基本体系的弯矩图，同时也是原结构的弯矩图，因为此时基本体系与原结构的受力、变形和位移情况已完全相同，二者是等价的。

像上述这样解除超静定结构的多余联系而得到静定的基本结构，以多余未知力作为基本未知量，根据基本体系应与原结构变形相同而建立的位移条件，首先求出多余未知力，然后由平衡条件即可计算其余反力、内力的方法，称为力法。这里，整个计算过程自始至终都是在基本结构上进行的，这就把超静定结构的计算问题，转化为已经熟悉的静定结构的内力和位移的计算问题。力法是分析超静定结构最基本的方法，应用很广泛，可以分析任何类型的超静定结构。

第三节　力法的典型方程

上一节用一个一次超静定结构的计算说明了力法的基本概念。可以看出，用力法计算超静定结构的关键，在于根据位移条件建立补充方程以求解多余未知力。对于多次超静定结构，其计算原理也完全相同。下面以一个三次超静定结构为例，来说明如何根据位移条件建立求解多余未知力的方程。

图 9-8a）所示为一个三次超静定结构，用力法分析时，需去掉三个多余联系。设去掉固定支座 A 则得如图 9-8b）中的基本结构，并以相应的多余未知力 X_1、X_2 和 X_3 代替所去联系的作用。由于原结构在固定支座 A 处不可能有任何位移，即水平位移、竖向位移和角位移都等于零，因此基本结构在荷载和多余未知力共同作用下，A 点沿 X_1、X_2 和 X_3 方向的相应位移 Δ_1、Δ_2 和 Δ_3 也都应该为零，即位移条件为

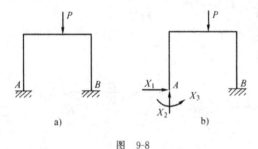

图　9-8

a）原结构；b）基本体系

$$\begin{cases} \Delta_1 = 0 \\ \Delta_2 = 0 \\ \Delta_3 = 0 \end{cases}$$

设各单位多余未知力 $\overline{X}_1 = 1$、$\overline{X}_2 = 1$、$\overline{X}_3 = 1$ 和荷载 P 分别作用于基本结构上时，A 点沿 X_1 方向的位移分别为 δ_{11}、δ_{12}、δ_{13} 和 Δ_{1P}，沿 X_2 方向的位移分别为 δ_{21}、δ_{22}、δ_{23} 和 Δ_{2P}，沿 X_3 方向的位移分别为 δ_{31}、δ_{32}、δ_{33} 和 Δ_{3P}，则根据叠加原理，上述位移条件可写为

$$\begin{cases} \Delta_1 = \delta_{11}X_1 + \delta_{12}X_2 + \delta_{13}X_3 + \Delta_{1P} = 0 \\ \Delta_2 = \delta_{21}X_1 + \delta_{22}X_2 + \delta_{23}X_3 + \Delta_{2P} = 0 \\ \Delta_3 = \delta_{31}X_1 + \delta_{32}X_2 + \delta_{33}X_3 + \Delta_{3P} = 0 \end{cases} \tag{9-4}$$

求解这一方程组便可求得多余未知力 X_1、X_2 和 X_3。

对于 n 次超静定结构，则有 n 个多余未知力，而每一个多余未知力都对应着一个多余联系，相应也就有一个已知位移条件，故可据此建立 n 个方程，从而可解出 n 个多余未知力。当原结构上各多余未知力作用处的位移为零时，这 n 个方程可写为

$$
\begin{cases}
\delta_{11} X_1 + \delta_{12} X_2 + \cdots + \delta_{1i} X_i + \cdots + \delta_{1n} X_n + \Delta_{1P} = 0 \\
\quad\vdots \\
\delta_{i1} X_1 + \delta_{i2} X_2 + \cdots + \delta_{ii} X_i + \cdots + \delta_{in} X_n + \Delta_{iP} = 0 \\
\quad\vdots \\
\delta_{n1} X_1 + \delta_{n2} X_2 + \cdots + \delta_{ni} X_i + \cdots + \delta_{nn} X_n + \Delta_{nP} = 0
\end{cases}
\tag{9-5}
$$

这便是 n 次超静定结构的力法基本方程。这一组方程的物理意义为：基本结构在全部多余未知力和荷载共同作用下，在去掉各多余联系处沿各多余未知力方向的位移，应与原结构相应的位移相等。

在上述方程组中，主斜线（自左上方的 δ_{11} 至右下方的 δ_{nn}）上的系数 δ_{ii} 称为主系数或主位移，它是单位多余未知力 $\overline{X}_i = 1$ 单独作用时所引起的沿其本身方向上的位移，其值恒为正，δ_{ii} 且不会等于零。其他的系数 δ_{ij} 称为副系数或副位移，它是单位多余未知力 $\overline{X}_j = 1$ 单独作用时所引起的沿 X_i 方向的位移。各式中最后一项 Δ_{iP} 称为自由项，它是荷载 P 单独作用时所引起的沿 X_i 方向的位移。副系数和自由项的值可能为正、负或零。根据位移互等定理可知，在主斜线两边处于对称位置的两个副系数 δ_{ij} 和 δ_{ji} 是相等的，即

$$
\delta_{ij} = \delta_{ji}
$$

上述力法基本方程在组成上具有一定规律，并有副系数互等的性质，故又常称它为力法的典型方程。

典型方程中的各系数和自由项，都是基本结构在已知力作用下的位移，完全可以用第八章所述方法求得。对于平面结构，这些位移的计算式可写为

$$
\delta_{ij} = \delta_{ji} = \sum \int \frac{\overline{M}_i \overline{M}_j \mathrm{d}s}{EI} + \sum \int \frac{\overline{N}_i \overline{N}_j \mathrm{d}s}{EA} + \sum \int \frac{k \overline{Q}_i \overline{Q}_j \mathrm{d}s}{GA}
$$

$$
\Delta_{iP} = \sum \int \frac{\overline{M}_i M_P \mathrm{d}s}{EI} + \sum \int \frac{\overline{N}_i N_P \mathrm{d}s}{EA} + \sum \int \frac{k \overline{Q}_i \overline{Q}_P \mathrm{d}s}{GA}
$$

自然，对于各种具体结构，常只需计算其中的一项或两项。系数和自由项求得后，将它们代入典型方程即可解出各多余未知力，然后由平衡条件即可求出其余反力和内力。

如上所述，力法典型方程中的每个系数都是基本结构在某单位多余未知力作用下的位移。显然，结构的刚度越小，这些位移的数值越大，因此这些系数又称为柔度系数。力法典型方程是表示位移条件，故又称结构的柔度方程。力法又称为柔度法。

第四节　力法的计算步骤和示例

现以图 9-9a) 所示刚架为例，来说明力法的具体计算。此刚架为两次超静定，若去掉铰支座 B，代以多余未知力 X_1 和 X_2，则得基本体系如图 9-9b) 所示。根据原结构 B 点的水

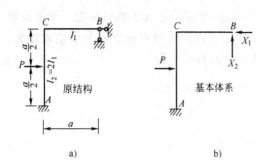

平和竖向位移均为零的条件，可建立力法的典型方程为

图 9-9

$$\begin{cases} \delta_{11}X_1 + \delta_{12}X_2 + \Delta_{1P} = 0 \\ \delta_{21}X_1 + \delta_{22}X_2 + \Delta_{2P} = 0 \end{cases} \tag{9-6}$$

计算系数和自由项时，对于刚架通常可略去轴力和剪力的影响而只考虑弯矩一项。为此，可分别绘出基本结构在单位多余未知力 $\overline{X}_1 = 1$、$\overline{X}_2 = 1$ 和荷载 P 分别作用下的弯矩图，如图 9-10a)、图 9-10b)、图 9-10c) 所示，然后利用图乘法求得各系数和自由项为

$$\delta_{11} = \sum \int \frac{\overline{M}_1^2 \mathrm{d}s}{EI} = \frac{1}{2EI_1} \times \frac{a^2}{2} \times \frac{2a}{3} = \frac{a^3}{6EI_1}$$

$$\delta_{22} = \sum \int \frac{\overline{M}_2^2 \mathrm{d}s}{EI} = \frac{1}{2EI_1}a^2 a + \frac{1}{EI_1} \times \frac{a^2}{2} \times \frac{2a}{3} = \frac{5a^3}{6EI_1}$$

$$\delta_{12} = \delta_{21} = \sum \int \frac{\overline{M}_1 \overline{M}_2 \mathrm{d}s}{EI} = \frac{1}{2EI_1} \times \frac{a^2}{2}a = \frac{a^3}{4EI_1}$$

$$\Delta_{1P} = \sum \int \frac{\overline{M}_1 M_P \mathrm{d}s}{EI} = -\frac{1}{2EI_1}\left(\frac{1}{2} \times \frac{Pa}{2} \times \frac{a}{2}\right)\frac{5a}{6} = -\frac{5Pa^3}{96EI_1}$$

$$\Delta_{2P} = \sum \int \frac{\overline{M}_2 M_P \mathrm{d}s}{EI} = -\frac{1}{2EI_1}\left(\frac{1}{2} \times \frac{Pa}{2} \times \frac{a}{2}\right)a = -\frac{Pa^3}{16EI_1}$$

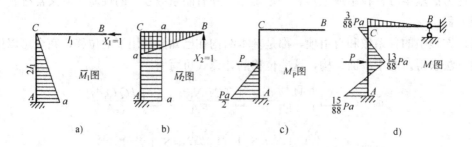

图 9-10

将以上各系数和自由项代入典型方程（9-6），并消去 $\dfrac{a^3}{EI_1}$ 最后得

$$\begin{cases} \dfrac{1}{6}X_1 + \dfrac{1}{4}X_2 - \dfrac{5}{96}P = 0 \\ \dfrac{1}{4}X_1 + \dfrac{5}{6}X_2 - \dfrac{1}{16}P = 0 \end{cases} \tag{9-7}$$

解联立方程得

$$X_1 = \frac{4}{11}P, \quad X_2 = -\frac{3}{88}P$$

由以上计算可看出，由于典型方程中每个系数和自由项均含有 EI_1，因而可以消去。由此可知，在荷载作用下，超静定结构的内力只与各杆的刚度相对值有关，而与其刚度绝对值无关。对于同一材料组成的结构，内力也与材料性质 E 无关。

多余未知力求得后，其余反力、内力的计算便是静定问题。在绘制最后弯矩图时，也可以利用已经绘出的基本结构的各单位弯矩图和荷载弯矩图，按叠加法由下式求得

$$M = \overline{M}_1 X_1 + \overline{M}_2 X_2 + M_P$$

例如，AC 杆 A 端的弯矩为

$$M_{AC} = a \cdot \frac{4}{11}P + a\left(-\frac{3}{88}P\right) - \frac{Pa}{2} = -\frac{15}{88}Pa \text{（外侧受拉）}$$

最后弯矩图如图 9-10d）所示。剪力图与轴力图也不难绘出，此处从略，读者可自行完成。

值得指出，对于同一超静定结构，可以按不同的方式去掉多余联系而得到不同的基本结构。例如，对于上述超静定刚架，还可以取图 9-11a）、图 9-11b）中的基本结构。但须注意，基本结构必须是几何不变的，而不能是几何可变或瞬变的，否则将无法求解。例如，图 9-11c)中所示的结构就不能作为基本结构。对于不同的基本体系，典型方程在形式上仍与前面的式（9-6）相同，但所代表的具体含义则不相同。例如，对于图 9-11b）所示基本体系，其典型方程的第一式代表截面 A 的转角为零，第二式则代表铰 C 两侧截面的相对转角为零。然而，不论采用哪一种基本体系求解，所得的最后内力图都是一样的，因为任何一种基本体系都应与同一原结构的受力和变形情况完全一致。

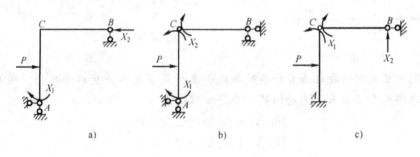

图 9-11

通过以上算例，可将力法的计算步骤归纳如下。

(1)确定原结构的超静定次数，去掉多余联系，得出一个静定的基本结构，并以多余未知力代替相应多余联系的作用。

(2)根据基本结构在多余未知力和荷载共同作用下，在所去各多余联系处的位移应与原结构各相应位移相等的条件，建立力法的典型方程。

(3)作出基本结构的各单位内力图和荷载内力图（或内力表达式），按求位移的方法计算典型方程中的系数和自由项。

(4)解算典型方程，求出各多余未知力。

(5)按分析静定结构的方法，由平衡条件或叠加法求得最后内力。

下面再举数例，说明力法的应用。

[例 9-1] 试分析图 9-12a) 所示两端固定梁。EI = 常数。

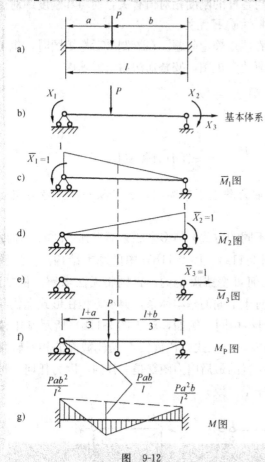

图 9-12

解: 取简支梁为基本结构,其基本体系如图 9-12b) 所示,多余未知力为梁端弯矩 X_1、X_2 和水平反力 X_3,典型方程为

$$\begin{cases} \delta_{11}X_1 + \delta_{12}X_2 + \delta_{13}X_3 + \Delta_{1P} = 0 \\ \delta_{21}X_1 + \delta_{22}X_2 + \delta_{23}X_3 + \Delta_{2P} = 0 \\ \delta_{31}X_1 + \delta_{32}X_2 + \delta_{33}X_3 + \Delta_{3P} = 0 \end{cases}$$

基本结构的各 $\overline{M}$ 图和 M_P 图如图 9-12c)、图 9-12d)、图 9-12e)、图 9-12f) 所示。由于 $\overline{M}_3 = 0$,$\overline{Q}_3 = 0$ 以及 $\overline{N}_1 = \overline{N}_2 = N_P = 0$,故由位移计算公式或图乘法可知 $\delta_{13} = \delta_{31} = 0$,$\delta_{23} = \delta_{32} = 0$,$\Delta_{3P} = 0$。因此典型方程的第三式成为

$$\delta_{33}X_3 = 0$$

在计算 δ_{33} 时,若同时考虑弯矩和轴力的影响,则有

$$\delta_{33} = \sum\int\frac{\overline{M}_3^2 \mathrm{d}s}{EI} + \sum\int\frac{\overline{N}_3^2 \mathrm{d}s}{EA} = 0 + \frac{1^2 l}{EA} = \frac{l}{EA} \neq 0$$

于是有

$$X_3 = 0$$

这表明两端固定的梁在垂直于梁轴线的荷载作用下并不产生水平反力。因此,可简化为只需求解两个多余未知力的问题,典型方程成为

$$\begin{cases} \delta_{11}X_1 + \delta_{12}X_2 + \Delta_{1P} = 0 \\ \delta_{21}X_1 + \delta_{22}X_2 + \Delta_{2P} = 0 \end{cases}$$

由图乘法可求得各系数和自由项为(只考虑弯矩影响)

$$\delta_{11} = \frac{l}{3EI}$$

$$\delta_{22} = \frac{l}{3EI}$$

$$\delta_{12} = \delta_{21} = \frac{l}{6EI}$$

$$\Delta_{1P} = -\frac{1}{EI}\left(\frac{1}{2}\times\frac{Pab}{l}l\right)\left(\frac{l+b}{3l}\right) = -\frac{Pab(l+b)}{6EIl}$$

$$\Delta_{2P} = -\frac{Pab(l+a)}{6EIl}$$

代入典型方程，并以 $\dfrac{6EI}{l}$ 乘各项，有

$$\begin{cases} 2X_1 + X_2 - \dfrac{Pab(l+b)}{l^2} = 0 \\[3mm] X_1 + 2X_2 - \dfrac{Pab(l+a)}{l^2} = 0 \end{cases}$$

解得

$$X_1 = \frac{Pab^2}{l^2}, X_2 = \frac{Pa^2b}{l^2}$$

最后弯矩图如图 9-12g) 所示。

[**例 9-2**] 试用力法计算图 9-13a) 所示超静定桁架的内力，设各杆 EA 相同。

解：这是一次超静定结构。切断上弦杆并代以相应的多余未知力 X_1，得到图 9-13b) 的基本体系。根据切口两侧截面沿 X_1 方向的位移即相对轴向线位移应为零的条件，建立典型方程

$$\delta_{11} X_1 + \Delta_{1P} = 0$$

系数和自由项按第八章静定桁架位移计算公式有

$$\delta_{11} = \sum \frac{\overline{N}_1^2 l}{EA}, \quad \Delta_{1P} = \sum \frac{\overline{N}_1 N_P l}{EA}$$

为此，应分别求出基本结构在单位多余未知力 $\overline{X}_1 = 1$ 和荷载作用下各杆的内力 $\overline{N}_1$ 和 N_P，如图 9-13c)、图 9-13d) 所示，然后列表 9-1 计算。

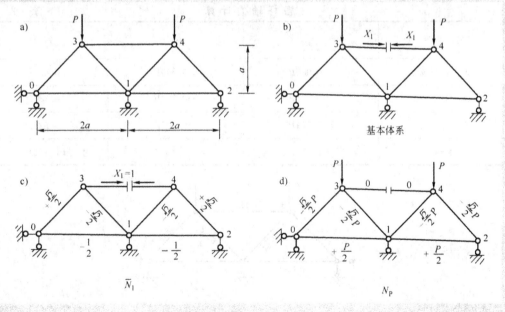

图　9-13

杆件	L	$\overline{N}_1$	N_P	$\overline{N}_1^2 l$	$\overline{N}_1 N_P l$
0—1	$2a$	$-\dfrac{1}{2}$	$+\dfrac{P}{2}$	$+\dfrac{a}{2}$	$-\dfrac{Pa}{2}$
1—2	$2a$	$-\dfrac{1}{2}$	$+\dfrac{P}{2}$	$+\dfrac{a}{2}$	$-\dfrac{Pa}{2}$
0—3	$\sqrt{2}a$	$+\dfrac{\sqrt{2}}{2}$	$-\dfrac{\sqrt{2}}{2}P$	$+\dfrac{\sqrt{2}}{2}a$	$-\dfrac{\sqrt{2}}{2}Pa$
2—4	$\sqrt{2}a$	$+\dfrac{\sqrt{2}}{2}$	$-\dfrac{\sqrt{2}}{2}P$	$+\dfrac{\sqrt{2}}{2}a$	$-\dfrac{\sqrt{2}}{2}Pa$
1—3	$\sqrt{2}a$	$-\dfrac{\sqrt{2}}{2}$	$-\dfrac{\sqrt{2}}{2}P$	$+\dfrac{\sqrt{2}}{2}a$	$+\dfrac{\sqrt{2}}{2}Pa$
1—4	$\sqrt{2}a$	$-\dfrac{\sqrt{2}}{2}$	$-\dfrac{\sqrt{2}}{2}P$	$+\dfrac{\sqrt{2}}{2}a$	$+\dfrac{\sqrt{2}}{2}Pa$
3—4	$2a$	$+1$	0	$2a$	0
Σ				$(3+2\sqrt{2})a$	$-Pa$

由表 9-1 中数据得

$$EA\delta_{11} = (3+2\sqrt{2})a$$

$$EA\Delta_{1P} = -Pa$$

代入典型方程，解得

$$X_1 = -\frac{\Delta_{1P}}{\delta_{11}} = \frac{P}{3+2\sqrt{2}}(\text{拉力})$$

各杆最后内力可按叠加法求得

$$N = \overline{N}_1 X_1 + N_P$$

其计算列于表 9-2 中，并将结果标明在图 9-14 中相应各杆上。

各杆轴力计算 表 9-2

杆件	$\dfrac{\cdot P}{3+2\sqrt{2}}\overline{N}_1$	N_P	N
0—1，1—2	$-0.086P$	$+0.500P$	$+0.414P$
0—3，2—4	$+0.121P$	$-0.707P$	$-0.586P$
1—3，1—4	$-0.121P$	$-0.707P$	$-0.828P$
3—4	$+0.172P$	0	$+0.172P$

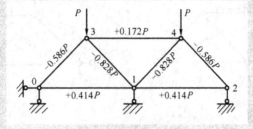

图 9-14

[例9-3] 图 9-15a) 为一加劲梁，横梁 $I=1\times10^{-4}\,\mathrm{m}^4$，链杆 $A=1\times10^{-3}\,\mathrm{m}^2$，$E=$ 常数。试绘梁的弯矩图和求各杆内力，并讨论改变链杆截面 A 时内力的变化情况。

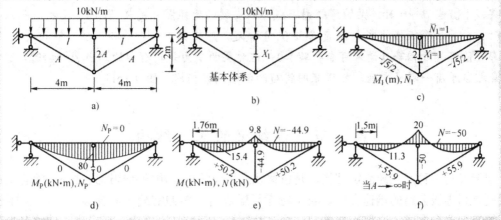

图　9-15

解：这是一次超静定组合结构，切断竖向链杆并代以多余未知力 X_1，可得到图 9-15b) 所示基本体系。根据切口处相对轴向位移为零的条件，建立典型方程：

$$\delta_{11}X_1+\Delta_{1P}=0$$

计算系数和自由项时，对于梁可只计弯矩影响，对于链杆则只计轴力影响。绘出基本结构中梁的 $\overline{M}_1$ 和 M_P 图，并求出各链杆的轴力 $\overline{N}_1$ 及 N_P [图 9-15 中 c)、图 9-15d)]，由位移计算公式可求得

$$\delta_{11}=\sum\int\frac{\overline{M}_1^2\mathrm{d}s}{EI}+\sum\int\frac{\overline{N}_1^2\mathrm{d}s}{EA}$$

$$=\frac{1}{E\times1\times10^{-4}}\left(2\times\frac{4\times2}{2}\times\frac{2\times2}{3}\right)+\frac{1}{E\times1\times10^{-3}}\left[\frac{1^2\times2}{2}+2\times\left(-\frac{\sqrt5}{2}\right)^2\times2\sqrt5\right]$$

$$=\frac{1.067\times10^5}{E}+\frac{0.122\times10^5}{E}=\frac{1.189\times10^5}{E}$$

$$\Delta_{1P}=\sum\int\frac{\overline{M}_1M_P\mathrm{d}s}{EI}+\sum\frac{\overline{N}_1N_P l}{EA}$$

$$=\frac{1}{E\times1\times10^{-4}}\left(2\times\frac{2\times4\times80}{3}\times\frac{5\times2}{8}\right)+0=\frac{5.333\times10^6}{E}$$

故得

$$X_1=-\frac{\Delta_{1P}}{\delta_{11}}=-\frac{5.333\times10^6}{1.189\times10^5}=-44.9(\mathrm{kN})\text{（压力）}$$

最后内力为

$$\begin{cases}M=\overline{M}_1X_1+M_P\\N=\overline{N}_1X_1+N_P\end{cases}$$

据此可绘出梁的弯矩图，并求出各杆轴力如图 9-15e) 所示。可以看出，由于下部链杆的支承作用，梁的最大弯矩值比没有这些链杆时减小了 80.7%。

如果改变链杆截面 A 的大小，结构的内力分布将随之改变。由上面的算式不难看出，当 A 减小时，δ_{11} 将增大，X_1 的绝对值将减小，于是梁的正弯矩值将增大而负弯矩值将减小。当 $A \to 0$ 时，梁的弯矩图将成为简支梁的弯矩图 [图 9-15d)]。反之，当 A 增大时，梁的正弯矩值将减小而负弯矩值将增大。若使 $A = 1.7 \times 10^{-3}\ \mathrm{m}^2$，梁的最大正、负弯矩值将接近相等（读者可自行验算），这对梁的受力是较有利的。当 $A \to \infty$ 时，梁的中点相当于有一刚性支座，其弯矩图将与两跨连续梁相同 [图 9-15f)]。

第五节　连续梁的基本结构

连续梁是一种梁式超静定结构，是桥梁及房屋建筑中常用的结构形式之一。随着交通运输特别是高等级公路的迅速发展，要求行车平顺舒适，多伸缩缝的简支梁桥和 T 型刚构桥就不能满足这个要求，这使得超静定结构连续梁桥以其结构刚度大、变形小、伸缩缝少和行车平稳舒适等突出优点而得到了迅速的发展。如图 9-16 所示为南京长江二桥北汊桥。

图　9-16

用力法计算连续梁，原理与方法均与上一节所述相同，在此仅就其基本结构的选择作一简短讨论。

图 9-17a) 所示为一多跨连续梁，其超静定次数等于各中间支座的数目。如果取图 9-17b) 中的长跨简支梁为基本结构，即以各中间支座反力为多余未知力，则显见每一单位弯矩图的范围都将扩及梁的全长，由图乘法可知副系数全不为零，因而计算很麻烦。此外，荷载弯矩图也扩及梁的全长，自由项的计算也较复杂。

为了简化计算，现取图 9-17c) 中的多跨简支梁为基本结构，以各中间支座弯矩 M_1，…，M_{i-1}，M_i，M_{i+1}，…，M_n 为多余未知力。根据基本体系各中间支座处左右两侧截面的相对转角应等于零的位移条件，可建立与多余未知力数目相等的典型方程。下面以支座 i 处的位移条件为例写出其典型方程。在此基本结构中，每个单位弯矩图的范围只限于该未知力左右两跨 [见图 9-17d)、图 9-17e)、图 9-17f)]，因而每个单位弯矩图就只与左右两个相邻的单位弯矩图相互重叠，与更远的（隔跨以上）就互不重叠了。由此可知，在支座 i 的典型方程中，除 $\delta_{i,i-1}$，δ_{ii}，$\delta_{i,i+1}$ 外，其余各副系数均为零。这样，此典型方程就简化为

$$\delta_{i,i-1}M_{i-1} + \delta_{ii}M_i + \delta_{i,i+1}M_{i+1} + \Delta_{iP} = 0 \tag{9-8}$$

这表明，不论多余未知力数目有多少个，每个典型方程中最多只包含三个多余未知力。此外，在这种基本结构中，M_P 图也比较简单，各跨上的荷载只在该跨产生弯矩图而互不影响 [图 9-17g)]，因此自由项的计算也较容易。在求出系数和自由项后代入上式，即可得出第 i 个支座弯矩所对应的基本方程。对于连续梁的每一个中间支座（若有固定端支座时还包括固

定端支座），都可以写出一个这样的方程（其中第一个和最后一个方程中只包含两个未知力），因而可求解出全部支座弯矩。

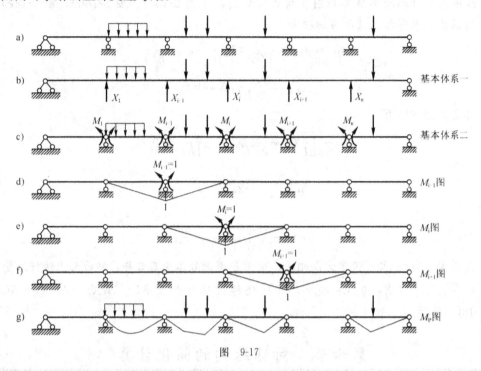

图 9-17

[**例9-4**] 试计算图 9-18a) 所示连续梁，并绘制弯矩图。

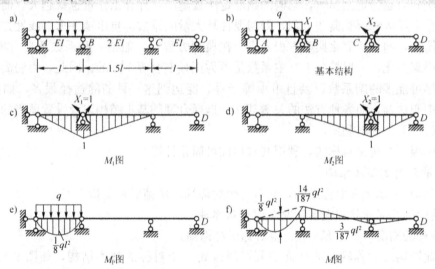

图 9-18

解： 该连续梁是两次超静定的，若在支座 B、C 处改为铰，则可得到由分段简支梁构成的基本结构，如图 9-18b) 所示。此时，力法基本未知量就是 B、C 处的支座弯矩 X_1 和 X_2，对应的位移分别是 B、C 铰两侧截面的相对转角。原结构杆件在 B、C 处是连续的，上述相对转角应等于零；于是，可建立力法典型方程

$$\delta_{11}X_1 + \delta_{22}X_2 + \Delta_{1P} = 0$$

$$\delta_{21}X_1 + \delta_{22}X_2 + \Delta_{2P} = 0$$

绘出基本结构的单位弯矩图和荷载弯矩图，如图 9-18c)、图 9-18d)、图 9-18e) 所示。用图乘法求得各系数和自由项如下：

$$\delta_{11} = \delta_{22} = \frac{7l}{12EI}, \delta_{12} = \delta_{21} = \frac{l}{8EI}$$

$$\Delta_{1P} = \frac{ql^3}{24EI}, \Delta_{2P} = 0$$

代入力法典型方程有

$$\frac{7l}{12EI}X_1 + \frac{l}{8EI}X_2 + \frac{ql^3}{24EI} = 0$$

$$\frac{l}{8EI}X_1 + \frac{7l}{12EI}X_2 = 0$$

解得

$$X_1 = -\frac{14ql^2}{187}, X_2 = \frac{3ql^2}{187}$$

负号表示 X_1 的方向与原设定方向相反，梁在 B 截面处承受负弯矩，即截面上边纤维受拉。

将 $\overline{M}_1 X_1$、$\overline{M}_2 X_2$ 与 M_P 叠加，即得连续梁的弯矩图 $M = \overline{M}_1 X_1 + \overline{M}_2 X_2 + M_P$ 如图 9-18f) 所示。

第六节　对称结构的简化计算

用力法分析超静定结构时，结构的超静定次数越高，计算工作量也就越大，而其中主要工作量又在于组成和解算典型方程，即需要计算大量的系数、自由项并求解线性方程组。若要使计算简化，则须从简化典型方程入手。在典型方程中，能使一些系数及自由项等于零，则计算可得到简化。一般情况下，主系数是恒为正且不会等于零的。因此，力法简化总的原则是：使尽可能多的副系数以及自由项等于零。能达到这一目的的途径很多，如利用对称性、弹性中心法等，而各种方法的关键都在于选择合理的基本结构以及设置适当的基本未知量。本节讨论对称性的利用。

工程中很多结构是对称的，利用其对称性可简化计算。

1. 选取对称的基本结构

图 9-19a) 所示为一对称结构，它有一个对称轴。所谓对称是指：

(1)结构的几何形状和支承情况对称于对称轴；

(2)各杆的刚度（EI、EA 等）也对称于对称轴。

若将此结构沿对称轴上的截面切开，便得到一个对称的基本结构，如图 9-19b) 中所示。此时多余未知力包括三对力：一对弯矩 X_1、一对轴力 X_2 和一对剪力 X_3。如果对称轴两边的力大小相等，绕对称轴对折后作用点和作用线均重合且指向相同，则称为正对称（或简称对称）的力；若对称轴两边的力大小相等，绕对称轴对折后作用点和作用线均重合但指向相反，则称为反对称的力。由此可知，在上述多余未知力中 X_1 和 X_2 是正对称的，X_3 是反对称的。

绘出基本结构的各单位弯矩图（图 9-20），可以看出，$\overline{M}_1$ 图和 $\overline{M}_2$ 图是正对称的，而 $\overline{M}_3$ 图是反对称的。由于正、反对称的两图相乘时恰好正负抵消使结果为零，因而可知副系数

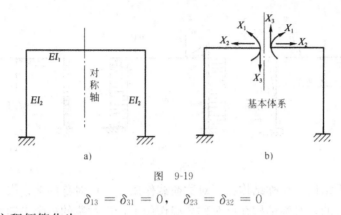

图 9-19

$$\delta_{13} = \delta_{31} = 0, \quad \delta_{23} = \delta_{32} = 0$$

于是，典型方程便简化为

$$\begin{cases} \delta_{11}X_1 + \delta_{12}X_2 + \Delta_{1P} = 0 \\ \delta_{21}X_1 + \delta_{22}X_2 + \Delta_{2P} = 0 \\ \delta_{33}X_3 + \Delta_{3P} = 0 \end{cases}$$

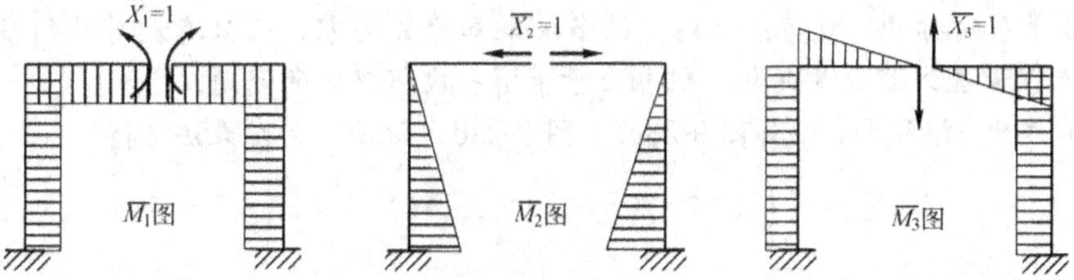

图 9-20

可见，典型方程已分为两组，一组只包含正对称的多余未知力 X_1 和 X_2，另一组只包含反对称的多余未知力 X_3。显然，这比一般的情形计算要简单得多。

如果作用在结构上的荷载也是正对称的 [图 9-21a)]，则 M_P 图也是正对称的 [图 9-21b)]，于是自由项 $\Delta_{3P} = 0$。由典型方程的第三式可知反对称的多余未知力 $X_3 = 0$，因此只有正对称的多余未知力 X_1 和 X_2。最后弯矩图为 $M = \overline{M}_1 X_1 + \overline{M}_2 X_2 + M_P$，它也是正对称的，其形状如图 9-21c) 所示。由此可推知，此时结构的所有反力、内力及位移 [图 9-21a) 中虚线所示] 都是正对称的。但须注意，此时剪力图是反对称的，这是由于剪力的正负号规定所致，而剪力的实际方向则是正对称的。

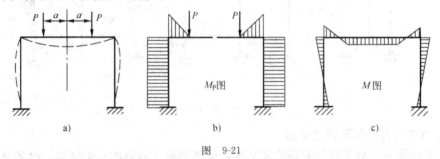

图 9-21

如果作用在结构上的荷载是反对称的 [图 9-22a)]，作出 M_P 图如图 9-22b) 所示，则同理可证，此时正对称的多余未知力 $X_1 = X_2 = 0$，只有反对称的多余未知力 X_3。最后弯矩图为 $M = \overline{M}_3 X_3 + M_P$，它也是反对称的 [图 9-22c)]，且此时结构的所有反力、内力和位移 [图 9-22a) 中虚线所示] 都是反对称的。但须注意，剪力图是正对称的，剪力的实际方向则是反对称的。

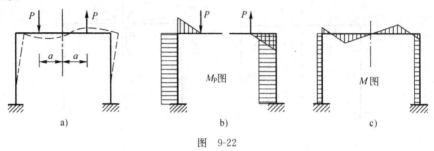

图 9-22

由上可得如下结论：对称结构在正对称荷载作用下，反对称的多余未知力为零，其内力和位移都是正对称的；对称结构在反对称荷载作用下，正对称的多余未知力为零，其内力和位移都是反对称的。

[**例9-5**] 试分析图9-23a) 所示刚架。设$EI=$常数。

解： 这是一个对称结构，为四次超静定。一般取图9-23b) 所示对称的基本体系。由于荷载是反对称的，故可知正对称的多余未知力皆为零，而只有反对称的多余未知力X_1，从而使典型方程大为简化，仅相当于求解一次超静定的问题。

分别作出$\overline{M}_1$和M_P图如图9-23c)、图9-23d) 所示，由图乘法可得

$$EI\delta_{11} = \left[\left(\frac{1}{2} \times 3 \times 3 \times 2\right) \times 2 + 3 \times 6 \times 3\right] \times 2 = 144$$

$$EI\Delta_{1P} = \left(3 \times 6 \times 30 + \frac{1}{2} \times 3 \times 3 \times 80\right) \times 2 = 1\,800$$

代入典型方程可解得

$$X_1 = -\frac{\Delta_{1P}}{\delta_{11}} = -\frac{1\,800}{144} = -12.5(\text{kN})$$

最后弯矩图$M = \overline{M}_1 X_1 + M_P$，如图9-23e) 所示。

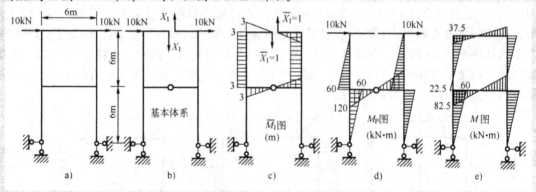

图 9-23

2. 多余未知力分组及荷载分组

在很多情况下，对于对称的超静定结构，虽然选取了对称的基本结构，但多余未知力对结构的对称轴来说却不是正对称或反对称的，相应的单位内力图也就既非正对称也非反对称，因此有关的副系数仍然不等于零。例如，图9-24所示对称刚架就是这样的例子。

对于这种情况，为了使副系数等于零，可以采取未知力分组的方法，这就是将原有在对称位置上的两个多余未知力X_1和X_2分解为新的两组未知力：一组为两个成正对称的未知

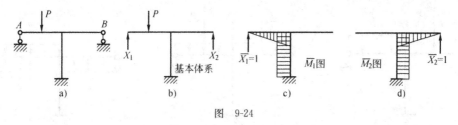

图 9-24

力 Y_1，另一组为两个成反对称的未知力 Y_2 ［图 9-25a）］。新的未知力与原有未知力之间具有如下关系：

$$X_1 = Y_1 + Y_2$$
$$X_2 = Y_1 - Y_2$$

或

$$Y_1 = \frac{X_1 + X_2}{2}$$

$$Y_2 = \frac{X_1 - X_2}{2}$$

经过上述未知力分组后，求解原有两个多余未知力的问题就转变为求解新的两对多余未知力组。此时 Y_1 是广义力，它代表着一对正对称的力，作 $\overline{M}_1$ 图时要把这两个正对称的单位力同时加上去，这样所得的 $\overline{M}_1$ 图便是正对称的 ［图 9-25b）］。同理可作 $\overline{M}_2$ 图 ［图 9-25c）］。由于 $\overline{M}_1$ 图和 $\overline{M}_2$ 图分别为正、反对称，故副系数 $\delta_{12} = \delta_{21} = 0$。典型方程简化为

$$\begin{cases} \delta_{11}Y_1 + \Delta_{1P} = 0 \\ \delta_{22}Y_2 + \Delta_{2P} = 0 \end{cases}$$

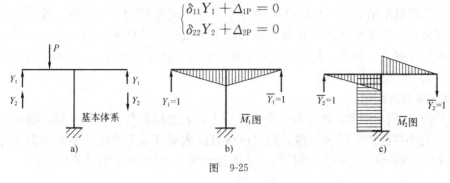

图 9-25

因为 Y_1 和 Y_2 都是广义力，故以上方程的物理意义也转变为相应的广义位移条件。第一式代表基本结构上与广义力 Y_1 相应的广义位移为零，即 A、B 两点同方向的竖向位移之和为零。因为原结构在 A、B 两点均无竖向位移，故其和也等于零。同理，第二式则代表 A、B 两点反方向的竖向位移之和等于零。

当对称结构承受一般非对称荷载时，还可以将荷载分解为正、反对称的两组，将它们分别作用于结构上求解，然后将计算结果叠加（图 9-26）。显然，若取对称的基本结构计算则在正对称荷载作用下只有正对称的多余未知力，反对称荷载作用下只有反对称的多余未知力。

3. 取一半结构计算

当对称结构承受正对称或反对称荷载时，也可以只截取结构的一半来进行计算。下面分别就奇数跨和偶数跨两种对称刚架加以说明。

（1）奇数跨对称刚架。

如图 9-27a）所示刚架，在正对称荷载作用下，由于只产生正对称的内力和位移，故可知在对称轴上的截面 C 处不可能发生转角和水平线位移，但可有竖向线位移。同时该截面

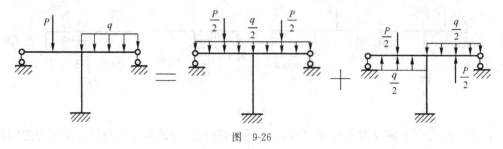

图 9-26

上有弯矩和轴力，而无剪力。因此，截取刚架的一半时，在该处应用一滑动支座（也称定向支座）来代替原有联系，从而得到图 9-27b）所示的计算简图。

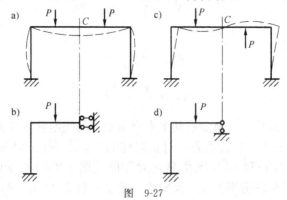

图 9-27

在反对称荷载作用下［图 9-27c）］，由于只产生反对称的内力和位移，故可知在对称轴上的截面 C 处不可能发生竖向线位移，但可有水平线位移及转角。同时该截面上弯矩、轴力均为零而只存剪力。因此，截取一半时应在该处用一竖向支承链杆来代替原有联系，从而得到图 9-27d）所示的计算简图。

(2)偶数跨对称刚架。

如图 9-28a）所示刚架，在正对称荷载作用下，若忽略杆件的轴向变形，则在对称轴上的刚结点 C 处不可能产生任何位移。同时在该处的横梁杆端有弯矩、轴力和剪力存在。故在截取一半时，该处应用固定支座代替，从而得到图 9-28b）所示的计算简图。

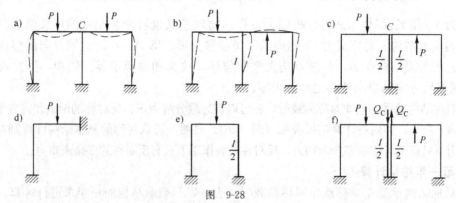

图 9-28

在反对称荷载作用下［图 9-28c）］，可将其中间柱设想为由两根刚度各为 $I/2$ 的竖柱组成，它们在顶端分别与横梁刚结［图 9-28e）］，显然这与原结构是等效的。再设想将此两柱中间的横梁切开。由于荷载是反对称的，故切口上只有剪力 Q_C［图 9-28f）］。这对剪力将只使两柱分别产生等值反号的轴力而不使其他杆件产生内力。而原结构中间柱的内力等于该两柱内力之代数和，故剪力 Q_c 实际上对原结构的内力和变形均无影响。因此，可将其去掉不计，而取一半刚架的计算简图，如图 9-28d) 所示。

[例9-6] 试计算图 9-29a) 所示圆环的内力。$EI=$ 常数。

解： 这是一个三次超静定结构。但由于结构及荷载具有两个对称轴，故可只取 1/4 来分析，计算简图如图 9-29b) 所示，仅为一次超静定。取基本结构如图 9-29c) 所示，多余未知力为弯矩 X_1。

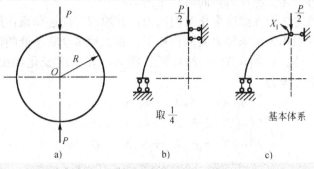

图 9-29

取极坐标系，单位弯矩和荷载弯矩分别为

$$\overline{M}_1 = 1, \quad M_P = -\frac{PR}{2}\sin\varphi$$

相应的 $\overline{M}_1$ 图和 M_P 图分别如图 9-30a)、图 9-30b) 所示。若计算位移时略去轴力、剪力及曲率影响而只计弯矩一项，则系数和自由项为

$$\delta_{11} = \int \frac{\overline{M}_1^2 \mathrm{d}s}{EI} = \frac{1}{EI}\int_0^{\frac{\pi}{2}} R\mathrm{d}\varphi = \frac{\pi R}{2EI}$$

$$\Delta_{1P} = \int \frac{\overline{M}_1 M_P \mathrm{d}s}{EI} = \frac{1}{EI}\int_0^{\frac{\pi}{2}}\left(-\frac{PR}{2}\sin\varphi\right)R\mathrm{d}\varphi = -\frac{PR^2}{2EI}$$

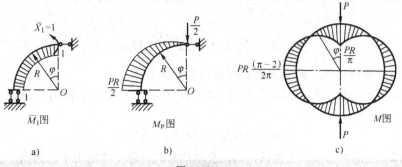

图 9-30

于是得

$$X_1 = -\frac{\Delta_{1P}}{\delta_{11}} = \frac{PR}{\pi}$$

最后弯矩为

$$M = \overline{M}_1 X_1 + M_P = \frac{PR}{\pi} - \frac{PR}{2}\sin\varphi = PR\left(\frac{1}{\pi} - \frac{\sin\varphi}{2}\right)$$

在绘出结构的 1/4 部分的弯矩图后，整个结构的弯矩图可根据对称关系得出 [图 9-30c)]。

第七节　温度变化时超静定结构的计算

对于静定结构，温度变化将使其产生变形和位移，但不引起内力。如图 9-31a) 所示静定梁，当温度改变时，梁将自由地伸长及弯曲而不受任何阻碍，其变形如图中虚线所示。对于超静定结构则不然。如图 9-31b) 所示超静定梁，当温度改变时，梁的变形将受到两端支座的限制，因此必将引起支座反力，同时产生内力。

用力法分析超静定结构在温度变化时的内力，其原理与前述荷载作用下的计算相同，仍是根据基本结构在外因和多余未知力共同作用下，在去掉多余联系处的位移应与原结构的位移相符这一原则进行的。例如，图 9-32a) 所示刚架，其温度变化如图所示，取图 9-32b) 所示基本体系，典型方程为

$$\begin{cases} \delta_{11}X_1 + \delta_{12}X_2 + \delta_{13}X_3 + \Delta_{1t} = 0 \\ \delta_{21}X_1 + \delta_{22}X_2 + \delta_{23}X_3 + \Delta_{2t} = 0 \\ \delta_{31}X_1 + \delta_{32}X_2 + \delta_{33}X_3 + \Delta_{3t} = 0 \end{cases}$$

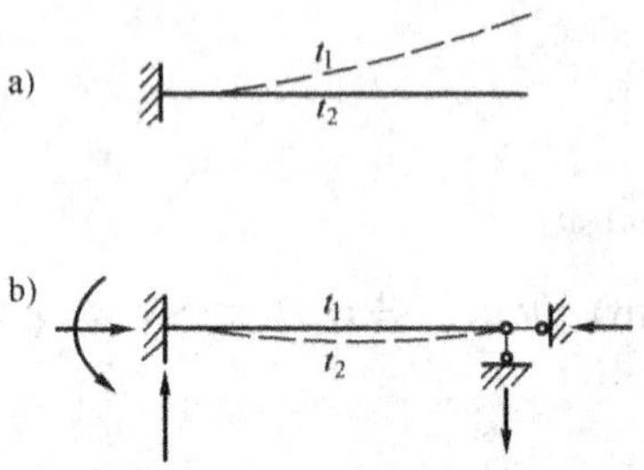

图　9-31

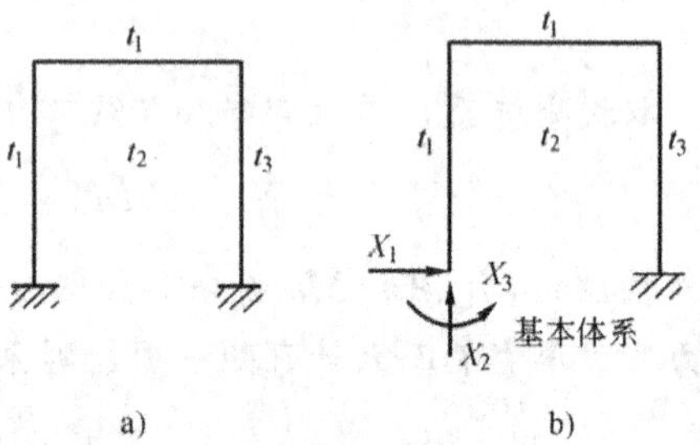

图　9-32

其中，系数的计算与以前相同，它们是与外因无关的。自由项 Δ_{1t}、Δ_{2t}、Δ_{3t} 则分别为基本结构由于温度变化引起的沿 X_1、X_2、X_3 方向的位移。根据式（8-12）可知，它们的计算式可写为

$$\Delta_{it} = \sum \overline{N}_i \alpha t l + \sum \frac{\alpha \Delta t}{h} \int \overline{M}_i \, ds$$

将系数和自由项求得后代入典型方程即可解出多余未知力。

因为基本结构是静定的，温度变化并不使其产生内力，故最后内力只是由多余未知力引起的，即

$$M = \overline{M}_1 X_1 + \overline{M}_2 X_2 + \overline{M}_3 X_3$$

但温度变化却会使基本结构产生位移，因此在求位移时，除了考虑由于内力而产生的弹性变形所引起的位移外，还要考虑由于温度变化所引起的位移。对于刚架，位移计算公式一般可写为

$$\Delta_K = \sum \int \frac{\overline{M}_K M ds}{EI} + \Delta_{Kt}$$

$$= \sum \int \frac{\overline{M}_K M ds}{EI} + \sum \overline{N}_K \alpha t l + \sum \frac{\alpha \Delta t}{h} \int \overline{M}_K \, ds$$

同理，在对最后内力图进行位移条件校核时，也应把温度变化所引起的基本结构的位移考虑进去。对多余未知力 X_i 方向上的位移校核式一般为

$$\Delta_i = \sum \int \frac{\overline{M}_i M ds}{EI} + \Delta_{it} = 0$$

[**例9-7**] 图 9-33a) 所示刚架外侧温度升高 25℃，内侧温度升高 35℃，试绘制其弯矩图并计算横梁中点的竖向位移。刚架的 EI＝常数，截面对称于形心轴，其高度 $h=l/10$，材料的线膨胀系数为 α。

解： 这是一次超静定刚架，取图 9-33b) 所示基本体系，典型方程为

$$\delta_{11}X_1+\Delta_{1t}=0$$

计算 $\overline{N}_1$ 并绘出 $\overline{M}_1$ 图 [图 9-33c)]，求得系数和自由项为

$$\delta_{11}=\sum\int\frac{\overline{M}_1^2\,\mathrm{d}s}{EI}=\frac{1}{EI}\left(2\times\frac{l^2}{2}\times\frac{2l}{3}+l^3\right)=\frac{5l^3}{3EI}$$

$$\Delta_{1t}=\sum\overline{N}_1\alpha tl+\sum\frac{\alpha\Delta t}{h}\int\overline{M}_1\,\mathrm{d}s$$

$$=(-1)\,\alpha\times\frac{25+35}{2}l-\alpha\frac{35-25}{h}\times\left(2\times\frac{l^2}{2}+l^2\right)$$

$$=-30\alpha l\left(1+\frac{2l}{3h}\right)=-230\alpha l$$

故得

$$X_1=-\frac{\Delta_{1t}}{\delta_{11}}=138\frac{\alpha EI}{l^2}$$

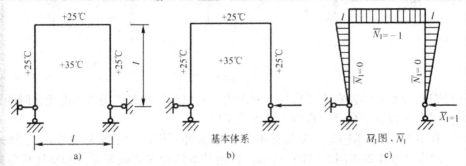

图 9-33

最后弯矩图 $M=\overline{M}_1X_1$，如图 9-34a) 所示。由计算结果可知，在温度变化的影响下，超静定结构的内力与各杆刚度的绝对值有关，这是与荷载作用下不同的。

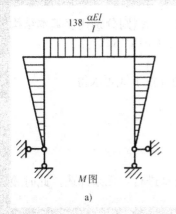
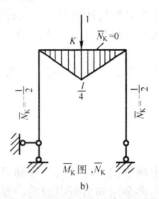

图 9-34

为求横梁中点的竖向位移 Δ_K，作出基本结构虚拟状态的 $\overline{M}_K$ 图并求出 $\overline{N}_K$ [图 9-34b)]，然后由位移计算公式可得

$$\Delta_K = \sum \int \frac{\overline{M}_K M ds}{EI} + \sum \overline{N}_K \alpha t l + \sum \frac{\alpha \Delta t}{h} \int \overline{M}_K ds$$

$$= -\frac{1}{EI}\left(\frac{1}{2} \times \frac{l}{4} \times l \times 138 \frac{\alpha EI}{l}\right) + 2 \times \left(-\frac{1}{2}\right) \alpha \times \frac{25+35}{2} l + \frac{\alpha (35-25)}{h} \times \left(\frac{1}{2} \times \frac{l}{4} \times l\right)$$

$$= -\frac{69}{4}\alpha l - 30\alpha l + \frac{50}{4}\alpha l = -34.75\alpha l \uparrow$$

第八节 支座移动时超静定结构的计算

对于静定结构，支座移动将使其产生位移，但并不产生内力。如图 9-35a）所示静定梁，当支座 B 发生竖向位移时不会受到任何阻碍。因为假想去掉支座 B，结构就成为具有一个自由度的几何可变体系。因此，当支座 B 移动时，结构只随之发生刚体位移〔如图 9-35a）中虚线所示〕，而不产生弹性变形和内力。对于超静定结构情况就不同了。如图 9-35b）所示超静定梁，当支座 B 发生位移时，将受到 AC 梁的牵制，因而各支座产生反力，同时梁产生内力并发生弯曲。

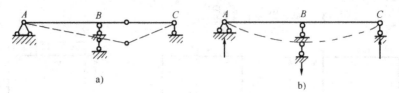

图 9-35

用力法分析超静定结构在支座位移时的内力，其原理与荷载作用或温度变化时的计算仍相同，唯一的区别仅在于典型方程中的自由项不同。

例如，图 9-36a）所示刚架，设其支座 B 由于某种原因产生了水平位移 a、竖向位移 b 及转角 φ。现取基本体系如图 9-36b）所示。根据基本结构在多余未知力和支座位移共同影响下沿各多余未知力方向的位移应与原结构相应的位移相同的条件，可建立典型方程如下：

$$\begin{cases} \delta_{11}X_1 + \delta_{12}X_2 + \delta_{13}X_3 + \Delta_{1\Delta} = 0 \\ \delta_{21}X_1 + \delta_{22}X_2 + \delta_{23}X_3 + \Delta_{2\Delta} = -\varphi \\ \delta_{31}X_1 + \delta_{32}X_2 + \delta_{33}X_3 + \Delta_{3\Delta} = -\alpha \end{cases}$$

式中的系数与外因无关，其计算同前。自由项 $\Delta_{1\Delta}$、$\Delta_{2\Delta}$、$\Delta_{3\Delta}$ 则分别代表基本结构上由于支座移动所引起的沿 X_1、X_2、X_3 方向的位移，它们可按式（8-15）来计算：

$$\Delta_{i\Delta} = -\sum \overline{R}_i C$$

由图 9-36c）、图 9-36d）和图 9-36e）所示的虚拟反力，按上式可求得

$$\Delta_{1\Delta} = -\left(-\frac{1}{l}b\right) = \frac{b}{l}$$

$$\Delta_{2\Delta} = -\left(\frac{1}{l}b\right) = -\frac{b}{l}$$

$$\Delta_{3\Delta} = 0$$

自由项求出后，其余计算则可仿照温度变化下的情况来进行，无须详述。此时最后内力也只是由多余未知力所引起的，即

$$M = \overline{M}_1 X_1 + \overline{M}_2 X_2 + \overline{M}_3 X_3$$

但在求位移时，应加上支座移动的影响

$$\Delta_K = \sum \int \frac{\overline{M}_K M ds}{EI} + \Delta_{K\Delta} = \sum \int \frac{\overline{M}_K M ds}{EI} - \sum \overline{R}_K C$$

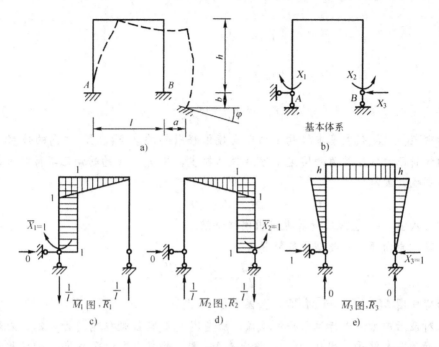

图 9-36

沿 X_i 方向的位移条件校核式为

$$\Delta_i = \sum \int \frac{\overline{M}_i M ds}{EI} = -\sum \overline{R}_i C = 0 \text{（或已知值）}$$

[例9-8] 图 9-37a）所示两端固定的等截面梁 A 端发生了转角 φ，试分析其内力。

解： 取简支梁为基本结构［图 9-37b)］，因目前情况下 $X_3 = 0$（参见例 9-1），故只需求解两个多余未知力，典型方程为

$$\begin{cases} \delta_{11}X_1 + \delta_{12}X_2 + \Delta_{1\Delta} = \varphi \\ \delta_{21}X_1 + \delta_{22}X_2 + \Delta_{2\Delta} = 0 \end{cases}$$

绘出 $\overline{M}_1$、$\overline{M}_2$ 图［图 9-37c)、图 9-37d)］，由图乘法求得各系数为

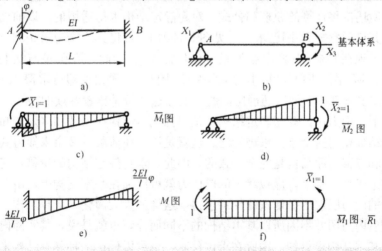

图 9-37

$$\begin{cases} \delta_{11} = \dfrac{1}{3EI} \\[2mm] \delta_{22} = \dfrac{1}{3EI} \\[2mm] \delta_{12} = \delta_{21} = -\dfrac{l}{6EI} \end{cases}$$

自由项 $\Delta_{1\Delta}$、$\Delta_{2\Delta}$ 代表基本结构上由于支座位移引起的沿 X_1、X_2 方向的位移。由于取基本结构时已把发生转角的固定支座 A 改为铰支，故支座 A 的转动已不再对基本结构产生任何影响，故有

$$\Delta_{1\Delta} = \Delta_{2\Delta} = 0$$

如按公式 $\Delta_{i\Delta} = -\sum \bar{R}_i C$ 计算也得出同样结果。

将系数、自由项代入典型方程解算可得

$$X_1 = \frac{4EI}{l}\varphi, \; X_2 = \frac{2EI}{l}\varphi$$

最后弯矩图 $M = \bar{M}_1 X_1 + \bar{M}_2 X_2$，如图 9-37e) 所示。

现在对最后内力图进行位移条件校核，检查固定支座 B 处转角是否为零。为此，可另取悬臂梁为基本结构 [图 9-37f)]，作出其 $\bar{M}_1$ 图，并求出虚拟反力 $\bar{R}_1$，由位移计算公式有

$$\varphi_B = \sum \int \frac{\bar{M}_1 M ds}{EI} - \sum \bar{R}_1 C$$
$$= \frac{1}{EI}(1 \times l)\frac{1}{2}\left(\frac{4EI}{l}\varphi - \frac{2EI}{l}\varphi\right) - (1 \times \varphi) = 0$$

可见这一位移条件是满足的。

第九节　超静定结构的位移计算

第八章中所述位移计算的原理和公式，对超静定结构也是适用的。以前面图 9-9 的超静定刚架为例，其最后弯矩 M 图已求出 [见图 9-10d)]，现将其重绘为图 9-38a)，这就是结构的实际状态。设现在要求 CB 杆中点 K 的竖向位移 Δ_{Ky}。为此，应在 K 点加上单位力作为虚拟状态并作出其 $\bar{M}_K$ 图 [图 9-38b)]，然后将 $\bar{M}_K$ 图与 M 图相乘即可求得 Δ_{Ky}。但是为了作出 $\bar{M}_K$ 图，又需要解算一个两次超静定问题，显然这样做是比较麻烦的。

一般情况下，用力法计算超静定结构，是根据基本结构在荷载和多余未知力共同作用下其位移应与原结构相同这个条件来进行的。这就是说，在荷载及多余未知力共同作用下，基本结构的受力和位移与原结构是完全一致的。因此，求超静定结构的位移，完全可以用求基本结构的位移来代替。于是，虚拟状态的单位力就可以加在基本结构上，由于基本结构是静定的，故此时的内力图仅由平衡条件便可求得，这样就大大简化了计算工作。此外，由于超静定结构的最后内力图并不因所取基本结构的不同而异，也就是说，其实际内力可以看作是选取任何一种基本结构求得的。因此在求位移时，也可以任选一种基本结构来求虚拟状态的内力。通常可选择虚拟内力图较简单的基本结构，以便进一步简化计算。

例如，求上述刚架的位移 Δ_{Ky} 时，若取图 9-38c) 中的基本结构，加上单位力并绘出虚

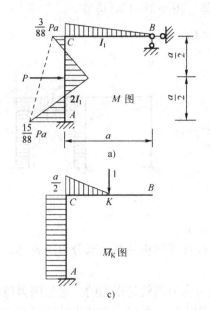

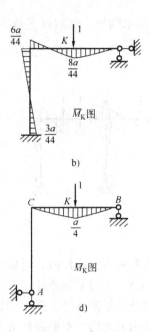

图 9-38

拟状态的 $\overline{M}_K$ 图，将其与 M 图相乘可得

$$\Delta_{Ky} = \frac{1}{EI_1}\left(\frac{1}{2} \times \frac{a}{2} \times \frac{a}{2}\right) \times \frac{5}{6} \times \frac{3}{88}Pa + \frac{1}{2EI_1}\left[\frac{1}{2} \times \left(\frac{3}{88}Pa + \frac{15}{88}Pa\right)a \times \frac{a}{2} - \left(\frac{1}{2} \times \frac{Pa}{4}a\right)\frac{a}{2}\right]$$

$$= -\frac{3Pa^3}{1\,408EI_1} \uparrow$$

若取图 9-38d) 中的基本结构。则有

$$\Delta_{Ky} = -\frac{1}{EI_1}\left(\frac{1}{2} \times \frac{a}{4}a\right) \times \frac{1}{2} \times \frac{3}{88}Pa$$

$$= -\frac{3Pa^3}{1\,408EI_1} \uparrow$$

二者结果相同，但显然后者方便。

综上所述，计算超静定结构位移的步骤如下。

(1)解算超静定结构，求出最后内力，此为实际状态。

(2)任选一种基本结构，加上单位力求出虚拟状态的内力。

(3)按位移计算公式或图乘法计算所求位移。

第十节 超静定结构内力图的校核

用力法计算超静定结构，步骤多，易出错，因此应注意步步检查。尤其是作为计算成果的最后内力图，是结构设计的依据，必须保证其正确性，故应加以校核。正确的内力图必须同时满足平衡条件和位移条件，因而校核也应从这两方面进行。

1. 平衡条件校核

取结构的整体或任何部分为隔离体，其受力均应满足平衡条件，如果不满足，则表明内力图有错误。

对于刚架的弯矩图，通常应检查刚结点处所受力矩是否满足 $\sum M = 0$ 的平衡条件。例

如，图 9-39a) 所示刚架，取结点 E 作为隔离体 [图 9-39b)]，应有

$$\sum M_E = M_{ED} + M_{EB} + M_{EF} = 0$$

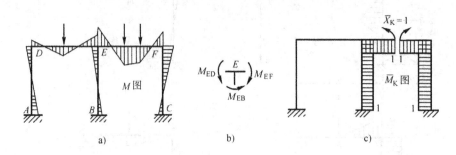

图 9-39

至于剪力图和轴力图的校核，可取结点、杆件或结构的某一部分为隔离体，考察其是否满足 $\sum X = 0$ 和 $\sum Y = 0$ 的平衡条件，无须详述。

但是，仅满足了平衡条件，还不能说明最后内力图就是正确的。这是因为最后内力图是在求出了多余未知力之后按平衡条件或叠加法作出的，而多余未知力的数值正确与否，平衡条件是检查不出来的，还必须看是否满足位移条件。因此，更重要的是要进行位移条件的校核。

2. 位移条件校核

校核位移条件，就是检查各多余联系处的位移是否与已知的实际位移相符。根据上一节计算超静定结构位移的方法，对于刚架，可取基本结构的单位弯矩图与原结构的最后弯矩图相乘，看所得位移是否与原结构的已知位移相符。例如，图 9-40a) 为刚架的最后弯矩 M 图。为了检查支座 A 处的水平位移 Δ_1 是否为零，可取图 9-40b) 所示基本结构并作 $\overline{M}_1$ 图，将它与 M 图相乘得

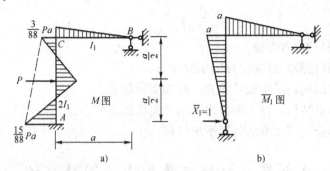

图 9-40

$$\Delta_1 = \frac{1}{EI_1}\left(\frac{a^2}{2}\right) \times \frac{2}{3} \times \frac{3}{88}Pa + \frac{1}{2EI_1}\left[\left(\frac{1}{2} \times \frac{3Pa}{88}a\right)\frac{2a}{3} + \right.$$

$$\left. \left(\frac{1}{2} \times \frac{15Pa}{88}a\right)\frac{a}{3} - \left(\frac{1}{2} \times \frac{Pa}{4}a\right)\frac{a}{2}\right] = 0$$

可见这一位移条件是满足的。

从理论上讲，一个 n 次超静定结构需要 n 个位移条件才能求出全部多余未知力，故位移条件的校核也应进行 n 次。不过，通常只需抽查少数的位移条件即可，而且也不限于在原来

解算时所用的基本结构上进行。

对于具有封闭无铰框格的刚架，利用框格上任一截面处的相对角位移为零的条件来校核弯矩图是很方便的。例如，校核图 9-39a) 的 M 图时，可取图 9-39c) 中所示基本结构的单位弯矩图 $\overline{M}_K$ 与 M 图相乘，以检查相对转角 Δ_K 是否为零。由于 $\overline{M}_K$ 只在这一封闭框架上不为零，且其竖标处处为 1，故对于该封闭框格应有

$$\Delta_K = \sum \int \frac{\overline{M}_K M ds}{EI} = \sum \int \frac{M ds}{EI} = 0$$

这表明在任一封闭无铰的框格上，弯矩图的面积除以相应的刚度的代数和应等于零。

第十一节　超静定拱的计算

拱是一种曲轴的推力结构，除三铰拱外，其他都是超静定的，常用有无铰拱和两铰拱两种形式 [图 9-41a)、图 9-41b)]。一般来说，无铰拱弯矩分布比较均匀，且构造简单，工程中应用较多，如钢筋混凝土拱桥和石拱桥、隧道的混凝土拱圈 [图 9-42a)、图 9-42b)]、房屋中的拱形屋架及门窗拱圈等。

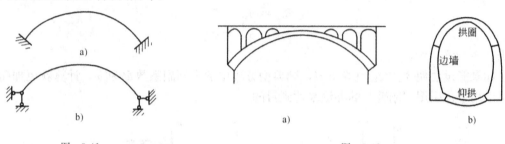

图 9-41　　　　　　　　　　　　图 9-42

因为超静定结构的内力与变形有关，所以计算超静定拱之前，须事先确定拱轴线方程和截面变化规律。常用的拱轴线形式有悬链线、抛物线、圆弧及多心圆等。可以证明，在计算超静定拱时若忽略轴向变形影响，则其合理拱轴线与相应三铰拱的相同。但若考虑轴向变形则由于拱轴受压缩段影响，超静定拱中必将产生附加内力而出现弯矩，但其数值通常不大。因此，在初步计算时，常采用相应三铰拱的合理拱轴线作为超静定拱的轴线，然后根据计算结果加以修改调整，以尽量减小弯矩，但在超静定拱中要使所有截面弯矩都为零是难以做到的。至于拱的截面变化规律，有变截面的，也有等截面的。在无铰拱中，由于拱趾处的弯矩常比其他截面的大，故截面常设计成由拱顶向拱趾逐渐增大的形式（图 9-43）。在拱桥设计中，可采用下列经验公式

$$I = \frac{I_C}{\left[1 - (1 - n)\dfrac{x}{l_1}\right]\cos\varphi} \tag{9-9}$$

式中：I——距拱顶 x 处截面的惯性矩；

　　　φ——该处拱轴切线倾角；

　　　I_C——拱顶截面惯性矩；

　　　l_1——跨度 l 之半；

　　　n——拱厚变化系数。

在拱趾处，截面惯性矩为 I_K，拱轴切线倾角为 φ_K，$x = l_1$，由式（9-9）有

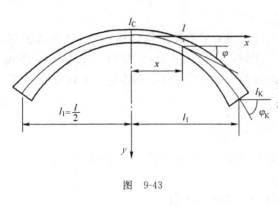

图 9-43

$$n = \frac{I_C}{I_K \cos\varphi_K} \qquad (9\text{-}10)$$

可见，n 越小，I_C 与 I_K 之比越小，即拱厚变化越剧烈。n 的范围一般为 $0.25\sim1$。当取 $n=1$ 时截面惯性矩即按下列"余弦规律"变化：

$$I = \frac{I_C}{\cos\varphi} \qquad (9\text{-}11)$$

此时计算较为简便。对于截面面积 A，为了简化计算也常近似取

$$A = \frac{A_C}{\cos\varphi} \qquad (9\text{-}12)$$

当拱高 $f<l/8$ 时，因 φ 较小，又可近似取 $A=A_C=$ 常数。

无铰拱是三次超静定结构。对称无铰拱〔图 9-44a)〕在计算时为了简化应取对称的基本结构。若从拱顶切开〔图 9-44b)〕，由于多余未知力中的弯矩 X_1 和轴力 X_2 是正对称的，剪力 X_3 是反对称的，故知副系数

$$\delta_{13} = \delta_{31} = 0$$
$$\delta_{23} = \delta_{32} = 0$$

但仍有 $\delta_{12}\neq\delta_{21}\neq0$。

如果能设法使 $\delta_{12}=\delta_{21}$ 也等于零，则典型方程中的全部副系数都为零，计算就更加简化。这可以用下述引用"刚臂"的办法来达到目的。

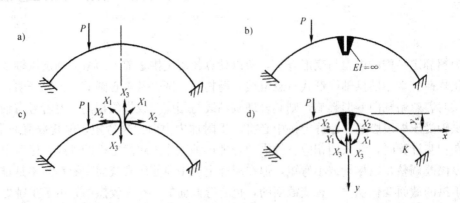

图 9-44

可以设想，将图 9-44a) 所示的对称无铰拱沿拱顶截面切开后，在切口两边沿对称轴方向引出两个刚度为无穷大的伸臂——刚臂，然后在两刚臂下端将其刚结，这就得到如图 9-44c) 所示的结构。由于刚臂本身是不变形的，因而切口两边的截面也就没有任何相对位移，这就保证了此结构与原无铰拱的变形情况完全一致，所以在计算中可以用它来代替原无铰拱。将此结构从刚臂下端的刚结处切开，并代以多余未知力 X_1、X_2 和 X_3，便得到基本体系如图 9-44d) 所示，它是两个带刚臂的悬臂曲梁。利用对称性，并适当选择刚臂长度，便可以使典型方程中全部副系数都等于零。

为此，须先将各单位多余未知力作用下基本结构的内力表达式写出来。现以刚臂端点 O 为坐标原点，并规定 x 轴向右为正，y 轴向下为正，弯矩以使拱内侧受拉为正，剪力以绕隔

离体顺时针方向为正，轴力以压力为正。则当 $\overline{X}_1 = 1$、$\overline{X}_2 = 1$、$\overline{X}_3 = 1$ 分别作用时 [图 9-45a)、图 9-45b)、图 9-45c)] 所引起的内力为

$$\begin{cases} \overline{M}_1 = 1, \overline{Q}_1 = 0, \overline{N}_1 = 0 \\ \overline{M}_2 = y, \overline{Q}_2 = \sin\varphi, \overline{N}_2 = \cos\varphi \\ \overline{M}_3 = x, \overline{Q}_3 = \cos\varphi, \overline{N}_3 = -\sin\varphi \end{cases} \tag{9-13}$$

式中，φ 为拱轴各点切线的倾角，由于 x 轴向右为正，y 轴向下为正，故 φ 在右半拱取正、左半拱取负。式中相应的各单位内力图分别如图 [图 9-45a)、图 9-45b)、图 9-45c)] 所示。

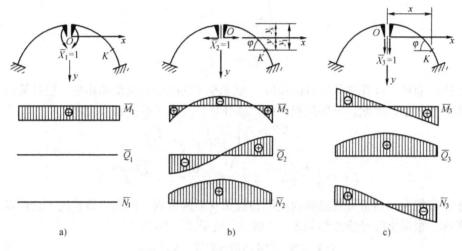

图 9-45

由于多余未知力 X_1 和 X_2 是正对称的，X_3 是反对称的，故有

$$\delta_{13} = \delta_{31} = 0$$
$$\delta_{23} = \delta_{32} = 0$$

而

$$\begin{aligned} \delta_{12} = \delta_{21} &= \int \frac{\overline{M}_1 \overline{M}_2 \mathrm{d}s}{EI} + \int \frac{\overline{N}_1 \overline{N}_2 \mathrm{d}s}{EA} + \int k \frac{\overline{Q}_1 \overline{Q}_2 \mathrm{d}s}{GA} \\ &= \int \frac{\overline{M}_1 \overline{M}_2 \mathrm{d}s}{EI} + 0 + 0 \\ &= \int y \frac{\mathrm{d}s}{EI} = \int (y_1 - y_s) \frac{\mathrm{d}s}{EI} = \int y_1 \frac{\mathrm{d}s}{EI} - y_s \int \frac{\mathrm{d}s}{EI} \end{aligned}$$

令 $\delta_{12} = \delta_{21} = 0$，便可得

$$y_s = \frac{\displaystyle\int y_1 \frac{\mathrm{d}s}{EI}}{\displaystyle\int \frac{\mathrm{d}s}{EI}} \tag{9-14}$$

设想沿拱轴线作宽度等于 $\frac{1}{EI}$ 的图形（图 9-46），则 $\frac{\mathrm{d}s}{EI}$ 就代表此图中的微面积，而式（9-14）就是计算这个图形面积的形心坐标公式。由于此图形的面积与结构的弹性性质 EI 有关，故称它为弹性面积图，它的形心则称为弹性中心。因 y 轴是对称轴，故知 x、y 是弹性面积的一对形心主轴。由此可知，把刚臂端点引到弹性中心上，且将 X_2、X_3 置于主

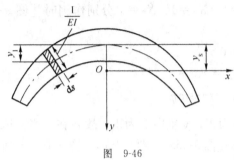

图 9-46

轴方向上，就可以使全部副系数都等于零。这一方法就称为弹性中心法。此时典型方程将简化为三个独立方程式

$$
\begin{cases}
\delta_{11}X_1 + \Delta_{1P} = 0 \\
\delta_{22}X_2 + \Delta_{2P} = 0 \\
\delta_{33}X_3 + \Delta_{3P} = 0
\end{cases}
$$

于是多余未知力可按下式求得

$$
\begin{cases}
X_1 = -\dfrac{\Delta_{1P}}{\delta_{11}} \\[2mm]
X_2 = -\dfrac{\Delta_{2P}}{\delta_{22}} \\[2mm]
X_3 = -\dfrac{\Delta_{3P}}{\delta_{33}}
\end{cases}
\tag{9-15}
$$

由于拱是曲杆，计算系数和自由项时，理应考虑到曲率对变形的影响。但计算结果表明这种影响一般很小，因此，可仍用直杆的位移计算公式来求系数和自由项：

$$
\delta_{ii} = \int \frac{\overline{M}_i^2 \, ds}{EI} + \int \frac{\overline{N}_i^2 \, ds}{EA} + \int k \frac{\overline{Q}_i^2 \, ds}{GA}
$$

$$
\Delta_{iP} = \int \frac{\overline{M}_i M_P \, ds}{EI} + \int \frac{\overline{N}_i N_P \, ds}{EA} + \int k \frac{\overline{Q}_i Q_P \, ds}{GA}
$$

对于多数情况，通常可忽略轴向变形和剪切变形的影响，但在少数情况下这两项影响也须加以考虑。根据实际经验总结如表 9-3 所示，计算时可作参考。

计算系数和自由项时通常需考虑的因素　　　　　　　　　　表 9-3

f	h_C	δ_{22}	δ_{33}	Δ_{2P}、Δ_{3P}
$f < \dfrac{l}{5}$		M、N	M	
$f > \dfrac{l}{5}$	$h_C > \dfrac{l}{10}$	M、N、Q	M、Q	M
	$h_C < \dfrac{l}{10}$	M	M	

对于一般拱桥，常有拱顶截面高度 $h_C < \dfrac{l}{10}$，故仅当拱高 $f < \dfrac{l}{5}$ 时，才须考虑轴力对 δ_{22} 的影响。于是可将各系数和自由项的计算公式写为

$$
\begin{cases}
E\delta_{11} = \int \overline{M}_1^2 \dfrac{ds}{I} = \int \dfrac{ds}{I} \\[2mm]
E\delta_{22} = \int \overline{M}_2^2 \dfrac{ds}{I} + \int \overline{N}_2^2 \dfrac{ds}{A} = \int y^2 \dfrac{ds}{I} + \int \cos^2\varphi \dfrac{ds}{A} \\[2mm]
E\delta_{33} = \int \overline{M}_3^2 \dfrac{ds}{I} = \int x^2 \dfrac{ds}{I} \\[2mm]
E\Delta_{1P} = \int \overline{M}_1 M_P \dfrac{ds}{I} = \int M_P \dfrac{ds}{I} \\[2mm]
E\Delta_{2P} = \int \overline{M}_2 M_P \dfrac{ds}{I} = \int y M_P \dfrac{ds}{I} \\[2mm]
E\Delta_{3P} = \int \overline{M}_3 M_P \dfrac{ds}{I} = \int x M_P \dfrac{ds}{I}
\end{cases}
\tag{9-16}
$$

若 $f > \dfrac{l}{5}$，则 δ_{22} 中的轴力影响项也可略去。

如果拱轴方程和截面变化规律已知，则上式中各项可用积分法进行计算。当截面按"余弦规律"变化，即 $I = \dfrac{I_C}{\cos\varphi}$，并取 $A = \dfrac{A_C}{\cos\varphi}$ 时，则有

$$\frac{\mathrm{d}s}{I} = \frac{\mathrm{d}s\cos\varphi}{I_C} = \frac{\mathrm{d}x}{I_C} \quad 及 \quad \frac{\mathrm{d}s}{A} = \frac{\mathrm{d}x}{A_C}$$

这时式（9-16）可写成

$$
\begin{cases}
EI_C\delta_{11} = \displaystyle\int \mathrm{d}x = l \\[2mm]
EI_C\delta_{22} = \displaystyle\int y^2\,\mathrm{d}x + \frac{I_C}{A_C}\int \cos^2\varphi\,\mathrm{d}x \\[2mm]
EI_C\delta_{33} = \displaystyle\int x^2\,\mathrm{d}x \\[2mm]
EI_C\Delta_{1P} = \displaystyle\int M_P\,\mathrm{d}x \\[2mm]
EI_C\Delta_{2P} = \displaystyle\int yM_P\,\mathrm{d}x \\[2mm]
EI_C\Delta_{3P} = \displaystyle\int xM_P\,\mathrm{d}x
\end{cases}
\tag{9-17}
$$

当拱轴方程及截面变化规律比较复杂时，式（9-16）或式（9-17）用积分法计算将很困难，甚至是不可能的。因此，工程上常采用数值积分法即总和法来进行近似计算。这就是把拱沿轴线或跨度等分为若干段，把各段的近似计算结果总加起来，作为上述积分式的近似值。通常可采用梯形法或辛卜生法（即抛物线法）进行计算，现分别介绍如下。

(1)梯形法。求定积分 $\displaystyle\int_a^b F\mathrm{d}s$ 的近似值时，将区间 $[a, b]$ 等分为 n 个小区间[图9-47a)]，其长度为 $\Delta s = \dfrac{b-a}{n}$。设各等分点处的被积函数值为 F_0，F_1，F_2，$\cdots$，F_n，将每相邻两竖标的顶点连以直线，则有 n 个梯形。取这些梯形面积之和作为上述定积分的近似值，则得梯形公式为

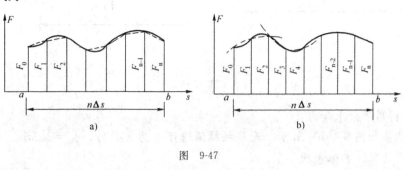

图 9-47

$$\int_a^b F\mathrm{d}s = \Delta s\left(\frac{1}{2}F_0 + F_1 + F_2 + \cdots + F_{n-1} + \frac{1}{2}F_n\right) \tag{9-18}$$

（2）辛普森法。若欲使计算结果更为准确，则可采用辛卜生法。此时等分的数目 n 必须为偶数。取 $\dfrac{n}{2}$ 个抛物线弧下的面积 [图 9-47b)] 作为定积分的近似值，则可得辛卜生公式为

$$\int_a^b F\mathrm{d}s = \frac{\Delta s}{3}\big[F_0 + 4(F_1 + F_3 + \cdots + F_{n-1}) +$$

$$2(F_2 + F_4 + \cdots + F_{n-2}) + F_n\big] \tag{9-19}$$

上述总和法不仅对于拱结构，而且在变截面梁和刚架的位移计算中也是经常采用的。

显然，按总和法计算时，分段的数目越多，所得结果就越精确，但工作量也随之增加。在实用中，一般只需将拱轴分为 8～12 段，就可得到满意的结果。

用总和法或积分法算出各系数和自由项后，代入典型方程式（9-15）中即可求得三个多余未知力的数值。然后即可将无铰拱看作是在荷载和多余未知力共同作用下的两根悬臂曲梁 [图 9-44d)]，其任一截面的内力可按叠加法求得

$$\begin{cases} M = X_1 + X_2 y + X_3 x + M_P \\ Q = X_2 \sin\varphi + X_3 \cos\varphi + Q_P \\ N = X_2 \cos\varphi - X_3 \sin\varphi + N_P \end{cases} \tag{9-20}$$

式中，M_P、Q_P、N_P 分别为基本结构在荷载作用下该截面的弯矩、剪力、轴力。

[**例 9-9**] 图 9-48a) 所示对称无铰拱的轴线方程为 $y_1 = \dfrac{4f}{l^2}x^2$。截面为矩形，拱顶截面高度 $h_C = 0.6\mathrm{m}$，取宽度 $b = 1\mathrm{m}$ 来计算。$I = \dfrac{I_C}{\cos\varphi}$，并取 $A = \dfrac{A_C}{\cos\varphi}$。试作其内力图。

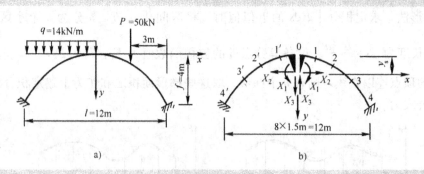

图 9-48

解：（1）求多余未知力。

基本体系如图 9-48b) 所示。现将拱轴沿跨度分为 8 等份，$\Delta_x = 1.5\mathrm{m}$，用总和法按辛卜生公式计算。具体步骤如下：

①计算拱轴纵坐标。拱轴方程为

$$y_1 = \frac{4f}{l^2}x^2 = \frac{4 \times 4}{12^2}x^2 = \frac{x^2}{9}$$

算得各分段点的 y_1，列于表 9-4 中。

几何数据及主系数、自由项的计算 表 9-4

分段点	几何数据						主系数			自由项				求辛普森总和时乘的系数
										M_P				
	x (m)	y_1 (m)	$y=y_1 -y_s$ (m)	$\tan\varphi$	$\sin\varphi$	$\cos\varphi$	x^2	y^2	$\cos^2\varphi$	$-7x^2$	$-50x$ $(x-3)$	xM_P	yM_P	
4′	−6.0	4.00	2.67	−1.333	−0.800	0.600	36.00	7.13	0.360	−252.0		1512	−673	1
3′	−4.5	2.25	0.92	−1.000	−0.707	0.707	20.25	0.85	0.500	−141.8		638	−130	4
2′	−3.0	1.00	−0.33	−0.667	−0.555	0.832	9.00	0.11	0.692	−63.0		189	21	2
1′	−1.5	0.25	−1.08	−0.333	−0.316	0.949	2.25	1.17	0.901	−15.8		24	17	4
0	0.0	0.00	−1.33	0.000	0.000	1.000		1.77	1.000			0	0	2
1	1.5	0.25	−1.08	0.333	0.316	0.949	2.25	1.17	0.901			0	0	4
2	3.0	1.00	−0.33	0.667	0.555	0.832	9.00	0.11	0.692			0	0	2
3	4.5	2.25	0.92	1.000	0.707	0.707	20.25	0.85	0.500		−75.0	−338	−69	4
4	6.0	4.00	2.67	1.333	0.800	0.600	36.00	7.13	0.360		−150.0	−900	−400	1
辛卜生总和	32.00						288	34.40	16.696	−1458		2286	−1759	

②求弹性中心。由式 (9-14)，用辛卜生公式代替积分，因 $\dfrac{ds}{I} = \dfrac{dx}{I_C}$，可得

$$y_s = \frac{\int y_1 \dfrac{ds}{EI}}{\int \dfrac{ds}{EI}} = \frac{\dfrac{1}{EI_C}\int y_1 dx}{\dfrac{1}{EI_C}\int dx} = \frac{\dfrac{1.5}{3} \times 32.00}{12} = 1.33(\text{m})$$

式中，$\int y_1 dx = \dfrac{\Delta x}{3}[4.00 + 4 \times (2.25 + 0.25 + 0.25 + 2.25) +$

$2 \times (1.00 + 0.00 + 1.00) + 4.00]$

$= \dfrac{1.5}{3}[32.00]$

其中方括号内的计算列于表 9-4 中。

③移轴。以弹性中心为原点，计算各分段点的纵坐标 $y = y_1 - y_s = y_1 - 1.33$，列于表 9-4 中。

④计算系数和自由项。由式 (9-17)，并用辛卜生公式 (9-19) 代替积分运算，有关数据列于表 9-4 中，可得系数为

$$EI_C\delta_{11} = \int dx = l = 12$$

$$EI_C\delta_{22} = \int y^2 dx + \frac{I_C}{A_C}\int \cos^2\varphi dx = \frac{1.5}{3}\times[34.40] + \frac{0.6^3}{12\times0.6}\times\frac{1.5}{3}\times[16.696]$$

$$= 17.20 + 0.25 = 17.45$$

$$EI_C\delta_{33} = \int x^2 dx = \frac{1.5}{3}\times[288] = 144$$

以上计算 δ_{22} 中，由于本例 $\frac{f}{l} = \frac{1}{3} > \frac{1}{5}$，轴向变形对 δ_{22} 的影响只为弯曲变形影响的 $\frac{0.25}{17.20} = 1.45\%$，这一般是可以忽略的。

为了计算自由项，需写出基本结构在荷载作用下 M_P 的表达式：

当 $-6 \leqslant x \leqslant 0$

$$M_P = -\frac{1}{2}qx^2 = -7x^2$$

当 $0 \leqslant x \leqslant 3$

$$M_P = 0$$

当 $3 \leqslant x \leqslant 6$

$$M_P = -50(x-3)$$

于是由表 9-4 中所列数据可得

$$EI_C\Delta_{1P} = \int M_P dx = \frac{1.5}{3}\times(-1\,458) = -729$$

$$EI_C\Delta_{2P} = \int yM_P dx = \frac{1.5}{3}\times(-1\,759) = -879.5$$

$$EI_C\Delta_{3P} = \int xM_P dx = \frac{1.5}{3}\times(2\,286) = 1\,143$$

⑤求出多余未知力。由式（9-10）得

$$X_1 = -\frac{\Delta_{1P}}{\delta_{11}} = \frac{729}{12} = 60.8(\text{kN})$$

$$X_2 = -\frac{\Delta_{2P}}{\delta_{22}} = \frac{879.5}{17.45} = 50.4(\text{kN})$$

$$X_3 = -\frac{\Delta_{3P}}{\delta_{33}} = -\frac{1\,143}{144} = -7.9(\text{kN})$$

（2）绘制内力图。

①绘制弯矩图。由式（9-20）有

$$M = X_1 + X_2 y + X_3 x + M_P = 60.8 + 50.4y - 7.9x + M_P$$

计算见表 9-5，M 图如图 9-49b）所示。把它与例 5-1 相应三铰拱的 M 图（图 5-5）相比，可以看出，无铰拱的弯矩分布较均匀，峰值较小。

分段点	坐标		+60.8	50.4y	-7.9x	M_P		M
	x	y				$-7x^2$	$-50(x-3)$	(kN·m)
4'	-6.0	+2.67	+60.8	+134.6	+47.4	-252.0		-9.2
3'	-4.5	+0.92	+60.8	+46.4	+35.6	-141.8		+1.0
2'	-3.0	-0.33	+60.8	-16.6	+23.7	-63.0		+4.9
1'	-1.5	-1.08	+60.8	-54.4	+11.9	-15.8		+2.5
0	0	-1.33	+60.8	-67.0	+0			-6.2
1	+1.5	-1.08	+60.8	-54.4	-11.9			-5.5
2	+3.0	-0.33	+60.8	-16.6	-23.7			+20.5
3	+4.5	+0.92	+60.8	+46.4	-35.6		-75.0	-3.4
4	+6.0	+2.67	+60.8	+134.6	-47.4		-150.0	-2.0

②绘制剪力图。由式（9-20）有

$$Q = X_2\sin\varphi + X_3\cos\varphi + Q_P = 50.4\sin\varphi - 7.9\cos\varphi + Q_P$$

分段点	x	$\sin\varphi$	$\cos\varphi$	$14x$	Q 图的计算					N 图的计算				
					$50.4\sin\varphi$	$-7.9\cos\varphi$	Q_P		Q (kN)	$50.4\cos\varphi$	$7.9\sin\varphi$	N_P		$\acute{N}$ (kN)
							$-14x\cos\varphi$	$-50\cos\varphi$				$14x\sin\varphi$	$50\sin\varphi$	
4'	-6.0	-0.800	+0.600	-84.0	-40.3	-4.7	+50.4		+5.4	+30.2	-6.3	+67.2		+91.1
3'	-4.5	-0.707	+0.707	-63.0	-35.5	-5.6	+44.5		+3.3	+35.6	-5.6	+44.5		+74.5
2'	-3.0	-0.555	+0.832	-42.0	-28.0	-6.6	+34.9		+0.3	+41.9	-4.4	+23.3		+60.8
1'	-1.5	-0.316	+0.949	-21.0	-15.9	-7.5	+19.9		-3.5	+47.8	-2.5	+6.6		+51.9
0	+0	+0.000	+1.000	0	0	-7.9	0		-7.9	+50.4	0	0		+50.4
1	+1.5	+0.316	+0.949		+15.9	-7.5			+8.4	+47.8	+2.5			+50.3
2左	+3.0	+0.555	+0.832		+28.0	-6.6			+21.4	+41.9	+4.4			+46.3
3左	3.0	+0.555	+0.832		+28.0	-6.6		-41.6	-20.2	+41.9	+4.4		+27.8	+74.1
3	+4.5	+0.707	+0.707		+35.6	-5.6		-35.4	-5.4	+35.6	+5.6		+35.4	+76.6
4	+6.0	+0.800	+0.800		+40.3	-4.7		-30.0	+5.6	+30.2	+6.3		+40.0	+76.5

式中 Q_P 为

当 $-6 \leqslant x \leqslant 0, Q_P = -qx\cos\varphi = -14x\cos\varphi$

当 $0 \leqslant x \leqslant 3, Q_P = 0$

当 $3 \leqslant x \leqslant 6, Q_P = -P\cos\varphi = -50\cos\varphi$

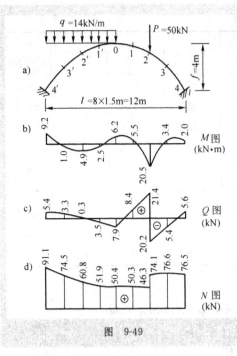

图 9-49

式中，$\sin\varphi$、$\cos\varphi$ 值可根据 $\tan\varphi$ 值得出，而由拱轴方程 $y_1 = \dfrac{x^2}{9}$ 可知，$\tan\varphi = y_1' = \dfrac{2}{9}x$，其计算已列入表 9-4 中。

剪力计算见表 9-6，Q 图如图 9-49c) 所示。

③绘制轴力图。由式（9-8）有

$$N = X_2\cos\varphi - X_3\sin\varphi + N_P$$
$$= 50.4\cos\varphi + 7.9\sin\varphi + N_P$$

式中，N_P 为：

当 $-6 \leqslant x \leqslant 0$

$$N_P = qx\sin\varphi = 14x\cos\varphi$$

当 $0 \leqslant x \leqslant 3$

$$N_P = 0$$

当 $3 \leqslant x \leqslant 6$

$$N_P = P\sin\varphi = 50\sin\varphi$$

其计算如表 9-6 所示，N 图如图 9-49d) 所示。

第十二节　超静定结构的特性

超静定结构与静定结构对比，具有以下一些重要特性。了解这些特性，有助于加深对超静定结构的认识，并更好地应用它们。

（1）对于静定结构，除荷载外，其他任何因素如温度变化、支座位移等均不引起内力。但对于超静定结构，由于存在着多余联系，当结构受到这些因素影响而发生位移时，一般将要受到多余联系的约束，因而相应地要产生内力。超静定结构的这一特性，在一定条件下会带来不利影响，如连续梁可能由于地基不均匀沉陷而产生过大的附加内力。但是在另外的情况下又可能成为有利的方面，如同样对于连续梁，可以通过改变支座的高度来调整梁的内力，以得到更合理的内力分布。

（2）静定结构的内力只需按平衡条件即可确定，其值与结构的材料性质和截面尺寸无关。超静定结构的内力若仅由平衡条件则无法全部确定，还必须考虑变形条件才能确定其解答，因此其内力数值与材料性质和截面尺寸有关。由于这一特性，在计算超静定结构前，必须事先确定各杆截面大小或其相对值。但是由于内力尚未算出，故通常只能根据经验拟定或用较简单的方法近似估算各杆截面尺寸，以此为基础进行计算。然后按算出的内力再选择所需的截面，这与事先拟定的截面当然不一定相符，这就需要重新调整截面再进行计算。如此反复进行，直至得出满意的结果为止。因此，设计超静定结构的过程比设计静定结构复杂。但是同样也可以利用这一特性，通过改变各杆的刚度大小来调整超静定结构的内力分布，以达到预期的目的。

（3）超静定结构在多余联系被破坏后，仍能维持几何不变；而静定结构在任何一个联系被破坏后，便立即成为几何可变体系而丧失了承载能力。因此，从军事及抗震方面来看，超静定结构具有较强的防御能力。

（4）超静定结构由于具有多余联系，一般来说，要比相应的静定结构刚度大些，内力分布也均匀些。例如，图 9-50a)、图 9-50b) 所示的三跨连续梁和三跨简支梁，在荷载、跨度及截面相同的情况下，显然前者的最大挠度及最大弯矩值都较后者为小。而且连续梁具有较平滑的变形曲线，这对于桥梁可以减小行车时的冲击作用。

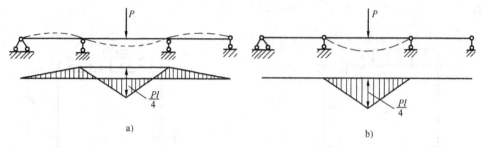

图 9-50

思 考 题

1. 力法解超静定结构的思路是什么？

2. 什么是力法的基本结构和基本体系？它们在计算中起什么作用？

3. 对力法的基本结构有何要求？

4. 力法典型方程的物理意义是什么？方程中每一系数和自由项的含义是什么？怎样求得？

5. 为什么主系数恒为正，而副系数和自由项可为正、负或零？

6. 典型方程的右端是否一定为零？什么情况下不为零？

7. 何谓对称结构？何谓正对称和反对称的力和位移？怎样利用对称性简化力法计算？

8. 怎样求超静定结构的位移？为什么可以把虚拟单位荷载加在任何一种基本结构上？

9. 用力法计算超静定结构在温度变化和支座移动影响下的内力与荷载作用下有何异同？

10. 什么叫弹性中心？怎样确定其位置？什么叫弹性中心法？它有什么好处？

习 题

1. 试确定图 9-51 所示各结构的超静定次数。

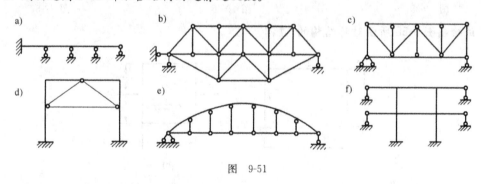

图 9-51

2. 作图 9-52 所示超静定结构的 M、Q 图。

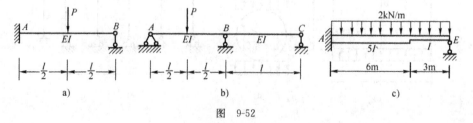

图 9-52

3. 用力法分析图 9-53 所示刚架，绘制 M、Q、N 图。

4. 图 9-54 所示刚架 $E=$常数，$n=\dfrac{5}{2}$，试作其 M 图，并讨论当 n 增大或减小时 M 图如何变化。

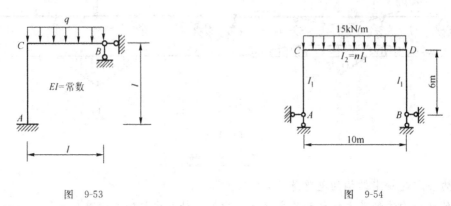

图 9-53   图 9-54

5. 作图 9-55 所示刚架的 M 图。

6. 试分析图 9-56 所示组合结构的内力，绘出受弯杆的弯矩图并求出各杆轴力。已知上弦横梁的 $EI=1\times10^4\,\text{kN}\cdot\text{m}^2$，腹杆和下弦的 $EA=2\times10^5\,\text{kN}$。

7. 试分析图 9-57 所示对称结构，绘制 M、Q、N 图。

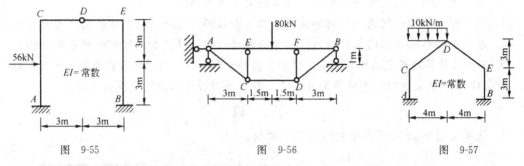

图 9-55   图 9-56   图 9-57

8. 试绘制图 9-58 所示对称结构的 M 图。

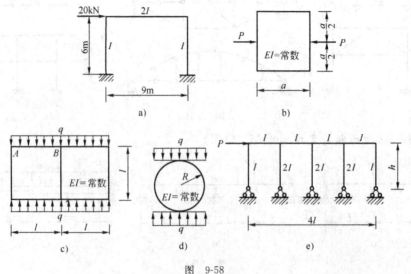

图 9-58

9. 计算图 9-59 所示连续梁，作 M、Q 图，求出各支座反力，并计算 K 点的竖向位移和截面 C 的转角（提示：取三跨简支梁为基本结构，即以支座 B、C 处截面的弯矩为多余未知力求解较简便）。

10. 结构的温度改变如图 9-60 所示，$EI=$ 常数，截面对称于形心轴，其高度 $h=l/10$，材料的线膨胀系数为 α。试求：（1）作 M 图；（2）求杆端 A 的角位移。

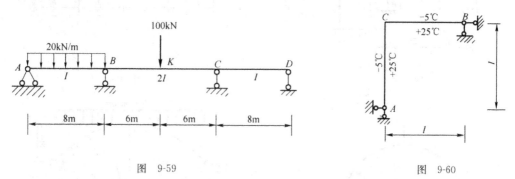

图 9-59

图 9-60

11. 图 9-61 所示连续梁为一工字钢制成，温度变化为 $t_1=20℃$，$t_2=0℃$，钢的 $\alpha=10^{-5}$，$E=210\text{MPa}$，试求梁内最大正应力，并讨论若加大工字钢号码能否达到降低应力的目的？

12. 梁的支座发生位移如图 9-62 所示，试以两种不同的基本体系进行计算，绘制 M 图。

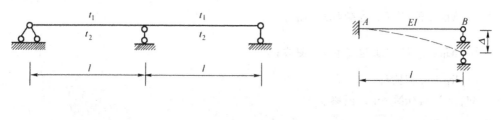

图 9-61

图 9-62

13. 图 9-63 所示结构的支座 B 发生了位移 $a=30\text{mm}$（向右），$b=40\text{mm}$（向下），$\varphi=0.01\text{rad}$，已知各杆的 $I=6\,400\text{cm}^4$，$E=210\text{GPa}$。试求：（1）作 M 图；（2）求 D 点竖向位移及 F 点水平位移。

14. 图 9-64 所示连续梁为 28a 号工字钢，$I=7\,114\text{cm}^4$，$E=210\text{GPa}$，$l=10\text{m}$，$P=50\text{kN}$，若欲使梁内最大正、负弯矩的绝对值相等，问应将中间支座升高或降低多少？

15. 试用积分法计算图 9-65 所示等截面半圆无铰拱的内力。

16. 图 9-66 为一对称变截面无铰拱，拱轴为圆弧，截面为矩形，取 1m 宽计算。沿拱轴分为 8 等份时，各等分点处的截面高度如下表所列：

截　　面	0	1	2	3	4
h	1.00	1.02	1.06	1.12	1.20

试用总和法按梯形公式计算拱的内力。计算系数和自由项时可略去轴力和剪力的影响。

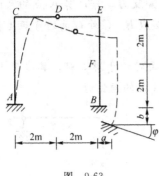

图 9-63

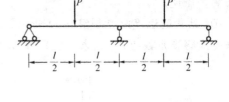

图 9-64

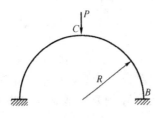

图 9-65

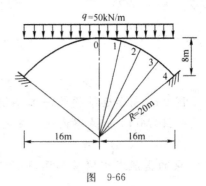

图 9-66

部分习题答案

2. a) $M_A = \frac{3}{16}Pl$（上边受拉），图略；

b) $M_B = \frac{3}{32}Pl$（上边受拉），图略；

c) $R_B = 6.17\text{kN}$，

$M_A = 25.47\text{kN} \cdot \text{m}$，图略。

3. $M_{CB} = \frac{ql^2}{14}$，图略。

4. $M_{CD} = 62.5\text{kN} \cdot \text{m}$（上边受拉），图略。

5. $M_{AC} = 97.5\text{kN} \cdot \text{m}$（左侧受拉），图略。

6. $N_{CD} = 125.2\text{kN}$，图略。

7. $M_{AC} = 9.27\text{kN} \cdot \text{m}$（右侧受拉），

$Q_{AC} = -8.74\text{kN}$，

$N_{AC} = -30.89\text{kN}$，图略。

8. a) 将荷载分组。正对称时若选取 M_P 为零的基本结构，则不必计算即可证明各杆弯矩皆为零（当忽略轴向变形影响时），而只有横梁受轴向压力 10kN。反对称时跨中剪力为 -5.93kN，此时的 M 图即为最后弯矩图。

b) 角点弯矩 $\frac{Pa}{16}$（外侧受拉）。

c) $M_{AB} = \frac{ql^2}{36}$（外侧受拉）。

d) 上下中点弯矩 $\frac{qR^2}{4}$（内侧受拉）。

e) 重复应用荷载分组及取半个结构，最后可简化为静定问题。

9. $M_B = 175.2 \text{kN} \cdot \text{m}$（上边受拉），

$M_C = 58.9 \text{kN} \cdot \text{m}$（上边受拉），

$R_B = 161.6 \text{kN} \uparrow$，

$\Delta_{Ky} = \dfrac{747}{EI} \downarrow$，

$\varphi_C = \dfrac{157}{EI}$（反时针方向）。

10. $M_{CB} = \dfrac{480 \alpha EI}{l}$（上边受拉），

$\varphi_A = 60 \alpha$（顺时针方向）。

11. $\sigma_{max} = 31.5 \text{MPa}$。

12. $M_A = \dfrac{3EI}{l^2} \Delta$（上边受拉）。

13. （1）$M_{AC} = 102.6 \text{kN} \cdot \text{m}$（左侧受拉），图略；

（2）$\Delta_{Dy} = 36.3 \text{mm} \downarrow$，

$\Delta_{Fy} = 41.2 \text{mm} \rightarrow$。

14. 降低 23.2mm。

15. 推力 $X_2 = 0.459\ 1P$，

$M_A = M_B = 0.110\ 6PR$。

16. $y_s = 2.41 \text{m}$，

$X_1 = 2\ 116 \text{kN}$，

$X_2 = 818 \text{kN}$，

$X_3 = 0$；

右拱趾截面内力：

$M_4 = 289 \text{kN} \cdot \text{m}$，

$Q_4 = 174 \text{kN}$，

$N_4 = 1\ 131 \text{kN}$。

第十章 位 移 法

本章要点

- 位移法的基本概念和基本原理；
- 位移法的基本未知量和基本体系；
- 位移法的典型方程及应用；
- 对称性的利用；
- 用直接平衡法建立位移法基本方程。

第一节 概 述

力法和位移法是分析超静定结构的两种基本方法，对于有些高次超静定刚架，如果仍用力法来计算，将变得十分麻烦，于是，20 世纪初又在力法的基础上建立了位移法。

几何不变的结构在一定的外因作用下，其内力与位移之间恒具有一定的关系，确定的内力只与确定的位移相对应。从这点出发，在分析超静定结构时，先设法求出内力，然后即可计算相应的位移，这便是力法；但也可以反过来，先确定某些位移，再据此推求内力，这便是位移法。力法是以多余约束力为基本未知量，通过变形条件建立力法方程，求出未知量后，即可通过平衡条件计算出结构的全部内力。位移法是以结构的结点位移作为基本未知量，通过平衡条件建立位移法方程，求出位移后，即可利用位移和内力之间的关系，求出杆件和结构的内力。

为了说明位移法的基本概念，下面来分析图 10-1a) 所示刚架的位移。它在荷载 P 作用下将发生虚线所示的变形，在刚结点 1 处两杆的杆端均发生相同的转角 Z_1，若略去轴向变形，则可认为两杆长度不变，因而结点 1 没有线位移。如何据此来确定各杆内力呢？对于 12 杆，可以把它看成一根两端固定的梁，除了受到荷载 P 作用外，固定支座 1 还发生了转角 Z_1 [见图 10-1b)]，而这两种情况下的内力都可以由力法算出。同理，13 杆则可以看作是一端固定另一端铰支的梁，而在固定端 1 发生了转角 Z_1 [图 10-1c)]，其内力同样可用力法算出。

可见，在计算此刚架时，如果以结点 1 的角位移 Z_1 为基本未知量，设法首先求出 Z_1，则各杆的内力随之均可确定，这就

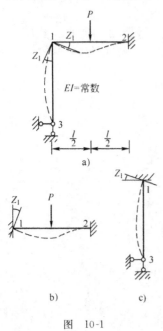

图 10-1

是位移法的基本思路。

由此可见，在位移法中需要解决以下 3 个问题。

(1)用力法算出单跨超静定梁在杆端发生各种位移时以及荷载等因素作用下的内力。

(2)确定以结构上的哪些位移作为基本未知量。

(3)如何求出这些位移。

下面依次讨论这些问题。

用位移法计算超静定刚架时，每根杆件均可看做是单跨超静定梁。在计算过程中，要用到这种梁在杆端发生转动或移动时，以及荷载等外因作用下的杆端弯矩和剪力。为了以后应用方便，现在用力法计算出等截面单跨超静定梁在各种不同情况下的杆端弯矩和剪力值，列于表 10-1 以备查用。关于正负号的规定如下：弯矩是以对杆端而言顺时针方向为正（对结点或支座而言则是以反时针为正），φ_A、φ_B 均以顺时针方向为正，Δ_{AB} 则以使整个杆件顺时针方向转动为正，剪力的正负号规定与材料力学中的规定相同，图中所示杆端弯矩及位移均为正值。

等截面单跨超静定梁的杆端弯矩和剪力 表 10-1

编号	梁的简图	弯 矩		剪 力	
		M_{AB}	M_{BA}	Q_{AB}	Q_{BA}
1		$4i(i=\dfrac{EI}{l}$，下同$)$	$2i$	$-\dfrac{6i}{l}$	$-\dfrac{6i}{l}$
2		$-\dfrac{6i}{l}$	$-\dfrac{6i}{l}$	$\dfrac{12i}{l^2}$	$\dfrac{12i}{l^2}$
3		$-\dfrac{Pab^2}{l^2}$	$\dfrac{Pa^2b}{l^2}$	$\dfrac{Pb^2(l+2a)}{l^3}$	$-\dfrac{Pa^2(l+2b)}{l^3}$
		当$a=b=\dfrac{l}{2}$时，$-\dfrac{Pl}{8}$	$\dfrac{Pl}{8}$	$\dfrac{P}{2}$	$-\dfrac{P}{2}$
4		$-\dfrac{ql^2}{12}$	$\dfrac{ql^2}{12}$	$\dfrac{ql}{2}$	$-\dfrac{ql}{2}$
5		$-\dfrac{qa^2}{12l^2}(6l^2-8la+3a^2)$	$\dfrac{qa^3}{12l^2}(4l-3a)$	$\dfrac{qa}{2l^3}(2l^3-2la^2+a^3)$	$-\dfrac{qa^3}{2l^3}(2l-a)$
6		$-\dfrac{ql^2}{20}$	$\dfrac{ql^2}{30}$	$\dfrac{7ql}{20}$	$-\dfrac{3ql}{20}$
7		$M\dfrac{b(3a-l)}{l^2}$	$M\dfrac{a(3b-l)}{l^2}$	$-M\dfrac{6ab}{l^3}$	$-M\dfrac{6ab}{l^3}$

编号	梁的简图	弯　矩		剪　力	
		M_{AB}	M_{BA}	Q_{AB}	Q_{BA}
8	$\Delta t=t_2-t_1$　t_1　t_2	$-\dfrac{EI\alpha\Delta t}{h}$	$\dfrac{EI\alpha\Delta t}{h}$	0	0
9	$\varphi=1$　l	$3i$	0	$-\dfrac{3i}{l}$	$-\dfrac{3i}{l}$
10	l	$-\dfrac{3i}{l}$	0	$\dfrac{3i}{l^2}$	$\dfrac{3i}{l^2}$
11	a　P　b　l	$-\dfrac{Pab\,(1+b)}{2l^2}$	0	$\dfrac{Pb\,(3l^2-b^2)}{2l^3}$	$-\dfrac{Pa^2\,(2l+b)}{2l^3}$
		当 $a=b=\dfrac{l}{2}$ 时，$-\dfrac{3Pl}{16}$	0	$\dfrac{11P}{16}$	$-\dfrac{5P}{16}$
12	q　l	$-\dfrac{ql^2}{8}$	0	$\dfrac{5ql}{8}$	$-\dfrac{3ql}{8}$
13	q　a　l	$-\dfrac{qa^2}{24}\left(4-\dfrac{3a}{l}+\dfrac{3a^2}{5l^2}\right)$	0	$\dfrac{qa}{8}\left(4-\dfrac{a^2}{l^2}+\dfrac{a^3}{5l^3}\right)$	$-\dfrac{qa^3}{8l^2}\left(1-\dfrac{a}{5l}\right)$
		当 $a=l$ 时，$-\dfrac{ql^2}{15}$	0	$\dfrac{4ql}{10}$	$-\dfrac{ql}{10}$
14	q　l	$-\dfrac{7ql^2}{120}$	0	$\dfrac{9ql}{40}$	$-\dfrac{11ql}{40}$
15	a　b　M　l	$M\dfrac{l^2-3b^2}{l^2}$	0	$-M\dfrac{3(l^2-b^2)}{2l^3}$	$-M\dfrac{3(l^2-b^2)}{2l^3}$
		当 $a=l$ 时，$\dfrac{M}{2}$	$M_{B左A}=M$	$-M\dfrac{3}{2l}$	$-M\dfrac{3}{2l}$
16	$\Delta t=t_2-t_1$　t_1　t_2　l	$-\dfrac{3EI\alpha\Delta t}{2h}$	0	$\dfrac{3EI\alpha\Delta t}{2hl}$	$\dfrac{3EI\alpha\Delta t}{2hl}$
17	$\varphi=1$　l	i	$-i$	0	0
18	a　P　b　l	$-\dfrac{Pa}{2l}\,(2l-a)$	$-\dfrac{Pa^2}{2l}$	P	0
		当 $a=\dfrac{l}{2}$ 时，$-\dfrac{3Pl}{8}$	$-\dfrac{Pl}{8}$	P	0

编号	梁的简图	弯 矩		剪 力	
		M_{AB}	M_{BA}	Q_{AB}	Q_{BA}
19		$-\dfrac{Pl}{2}$	$-\dfrac{Pl}{2}$	P	$Q_{B左A}=P$ $Q_{B右A}=0$
20		$-\dfrac{ql^2}{3}$	$-\dfrac{ql^2}{6}$	ql	0
21		$-\dfrac{EI\alpha\Delta t}{h}$	$\dfrac{EI\alpha\Delta t}{h}$	0	0

第二节　位移法的基本未知量和基本体系

用位移法计算超静定刚架时，首先要确定结构的基本未知量和基本体系。下面分别讨论如何确定结构的基本未知量和选取基本体系。

1. 位移法的基本未知量

位移法的基本未知量可分为两大类：独立结点线位移和独立结点角位移。

确定独立的结点线位移数目时，在一般情况下，每个结点均可能有水平和竖向两个线位移。但通常对于受弯杆件略去其轴向变形，并设弯曲变形也是微小的，于是可以认为受弯直杆两端之间的距离在变形后仍保持不变，这样每一受弯直杆就相当于一个约束，从而减少了独立的结点线位移数目。例如，在图 10-2a) 的刚架中，4、5、6 三个固定端都是不动的点，三根柱子的长度又保持不变，因而结点 1、2、3 均无竖向位移。又由于两根横梁也保持长度不变，故三个结点均有相同的水平位移。因此，只有一个独立的结点线位移。

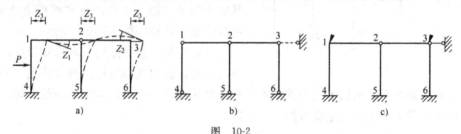

图　10-2

a) 原结构；b) 铰接体系；c) 基本结构

还可以用下述方法来确定独立的结点线位移：假设把原结构的所有刚结点和固定支座均改为铰接，从而得到一个相应的铰接体系。若此铰接体系为几何不变，则可推知原结构所有结点均无线位移。若相应的铰接体系是几何可变或瞬变的，那么，看最少需要添加几根支座链杆才能保证其几何不变，则所需添加的最少支座链杆数目就是原结构独立的结点线位移数目。例如，图 10-2a) 所示刚架，其相应铰接体系如图 10-2b) 所示，它是几何可变的，必须在某结点处增添一根非竖向的支座链杆（如图中虚线所示）才能成为几何不变的，故知原结构独立的结点线位移数目为 1。

确定独立的结点角位移数目比较简单，由于在同一刚结点处，各杆端的转角都是相等的，因此每一个刚结点只有一个独立的角位移未知量。在固定支座处，其转角等于零或是已知的支座位移值。至于铰结点或铰支座处各杆端的转角，由上节可知，它们不是独立的，确定杆件内力时可以不需要它们的数值，故可不作为基本未知量。这样，确定结构独立的结点角位移数目时，只要数刚结点的数目即可。如图 10-2a) 所示刚架，其独立的结点角位移数目为 2。

显然，在上述确定位移法的基本未知量即独立的结点角位移和线位移时，由于考虑了支座和结点及杆件的联结情况，因而就满足了结构的几何条件即支承约束条件和变形连续条件。

需要注意的是，上述确定独立的结点线位移数目的方法，是以受弯直杆变形后两端距离不变的假设为依据的。对于需要考虑轴向变形的链杆或对于受弯曲杆，则其两端距离不能看作不变。因此，图10-3a)、图 10-3b)所示结构，其独立的结点线位移数目应为 2，而不是 1。

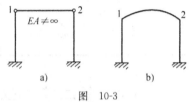

图 10-3

2. 位移法的基本体系

用位移法计算超静定结构时，每一根杆件都可以看成是一根单跨超静定梁，因此位移法的基本结构就是把每一根杆件都暂时变为两端固定的或一端固定一端铰支的单跨超静定梁。为此，可以在每个刚结点上假想地加上一个附加刚臂，以阻止刚结点的转动（但不能阻止结点的移动），同时加上附加支座链杆以阻止结点的线位移。例如，图 10-2a) 所示刚架，在刚结点 1、3 处加上一刚臂，并在刚结点 3 处加上一根水平支座链杆，则原结构的每根杆件就成为两端固定或一端固定一端铰支的梁。其基本结构如图 10-2c) 所示。基本结构在荷载和基本未知量即结点位移共同作用下的体系称为原结构的基本体系。

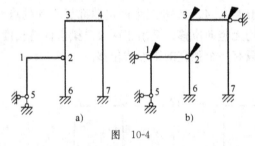

图 10-4

又如图 10-4a) 所示刚架，其结点角位移数目为 4（结点 2 也是刚结点，即杆件 62 与 32 在该处刚结），结点线位移数目为 2，一共有 6 个基本未知量。加上 4 个刚臂和两根支座链杆后，可得到基本结构如图 10-4b) 所示。

由此可见，在原结构基本未知量处，增加相应的约束，就得到原结构的基本体系。基本体系与原结构的区别在于，增加了人为的约束，把原结构变成一个被约束的单杆综合体。原结构和基本体系在受力和变形上是等价的。

第三节　位移法的典型方程及计算步骤

现在以图 10-5a) 所示刚架为例，来说明在位移法中如何建立求解基本未知量的方程及具体计算步骤。

此刚架有一个独立的结点角位移 Z_1 和一个独立的结点线位移 Z_2，共两个基本未知量。在结点 1 处加一刚臂，在结点 2 处（也可以在结点 1 处）加一水平支承链杆，便得到基本结构。基本结构由于加入了附加刚臂和链杆，便阻止了结点 1 的转角和结点 1、2 的线位移，而原结构是有这些结点转角和线位移的。因此，基本结构除了承受荷载 P 外，还应令其附加刚臂发生与原结构相同的转角 Z_1，同时令附加链杆发生与原结构相同的线位移 Z_2 [图 10-5b)]，这样二者的位移就完全一致了，即得到位移法的基本体系 [图 10-5b)]。从受力方面看，基本结构由于加入了附加刚臂和链杆，刚臂上便会产生附加反力矩，链杆上便会产生附

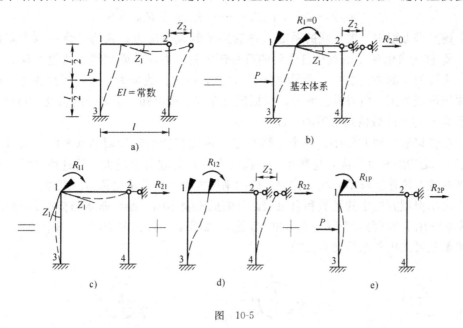

图   10-5

加反力，但原结构并没有这些附加联系，当然也就不存在这些附加反力矩和附加反力。现在基本体系的位移与原结构完全一致，其受力也完全相同。因此可知，基本结构在结点位移 Z_1、Z_2 和荷载 P 的共同作用下，刚臂上的附加反力矩 R_1 和链杆上的附加反力 R_2 都应等于零。设由 Z_1 和 Z_1 荷载 P 所引起的刚臂上的反力矩分别为 R_{11}、R_{12} 和 R_{1P}，所引起链杆上的反力分别为 R_{21}、R_{22} 和 R_{2P}，如图 10-5c)、图 10-5d)、图 10-5e) 所示，则根据叠加原理，上述条件可写为

$$R_1 = R_{11} + R_{12} + R_{1P} = 0$$

$$R_2 = R_{21} + R_{22} + R_{2P} = 0$$

式中，R 的两个下标的含义与以前相似，即第一个表示该反力所属的附加联系，第二个表示引起该反力的原因。在设 r_{11}、r_{12} 分别表示由单位位移 $\bar{Z}_1=1$ 和 $\bar{Z}_2=1$ 所引起的刚臂上的反力矩，以 r_{21}、r_{22} 分别表示由单位位移 $\bar{Z}_1=1$ 和 $\bar{Z}_2=1$ 所引起的链杆上反力，则上式可写为

$$r_{11}Z_1 + r_{12}Z_2 + R_{1P} = 0$$

$$r_{21}Z_1 + r_{22}Z_2 + R_{2P} = 0 \tag{10-1}$$

这就是求解 Z_1、Z_2 的方程，称为位移法基本方程，也称为位移法的典型方程。它的物理意义是：基本结构在荷载等外因和各结点位移的共同作用下，每一个附加联系中的附加反力矩或附加反力都应等于零。因此，它实质上是反映原结构的静力平衡条件。

对于具有 n 个独立结点位移的刚架，相应地在基本结构中需加入 n 个附加联系，根据每个附加联系的附加反力矩或附加反力均应为零的平衡条件，同样可建立 n 个方程如下：

$$\begin{cases} r_{11}Z_1 + \cdots + r_{1i}Z_i + \cdots + r_{1n}Z_n + R_{1P} = 0 \\ \quad\quad\quad\quad\quad\quad\vdots \\ r_{i1}Z_1 + \cdots + r_{ii}Z_i + \cdots + r_{in}Z_n + R_{iP} = 0 \\ \quad\quad\quad\quad\quad\quad\vdots \\ r_{n1}Z_1 + \cdots + r_{ni}Z_i + \cdots + r_{nn}Z_n + R_{nP} = 0 \end{cases} \quad\quad (10\text{-}2)$$

在上述典型方程中，主斜线的系数 r_{ii} 称为主系数或主反力；其他系数 r_{ij} 称为副系数或副反力；R_{iP} 称为自由项。系数和自由项的符号规定是：以与该附加联系所设位移方向一致者为正。主反力 r_{ii} 的方向总是与所设位移 Z_i 的方向一致，故恒为正，且不会为零；副系数和自由项则可能为正、负或零。此外，根据反力互等定理可知，主斜线两边处于对称位置的两个副系数 r_{ij} 与 r_{ji} 的数值是相等的，即 $r_{ij} = r_{ji}$。

由于在位移法典型方程中，每个系数都是单位位移所引起的附加联系的反力（或反力矩），显然，结构的刚度越大，这些反力（或反力矩）的数值也越大，故这些系数又称为结构的刚度系数，位移法典型方程又称为结构的刚度方程，位移法也称为刚度法。

为了求出典型方程中的系数和自由项，可借助于表 10-1，绘出基本结构在 $\overline{Z}_1 = 1$、$\overline{Z}_2 = 1$ 以及荷载作用下的弯矩图 $\overline{M}_1$、$\overline{M}_2$ 和 M_P 图，如图 10-6a)、图 10-6b)、图 10-6c) 所示。然后由平衡条件求出各系数和自由项。

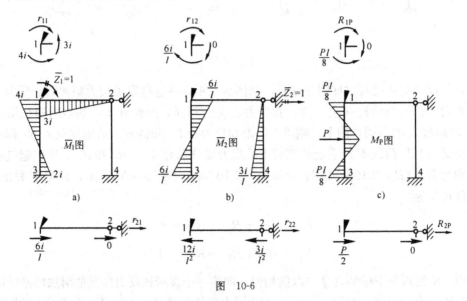

图 10-6

系数和自由项可分为两类：一类是附加刚臂上的反力矩 r_{11}、r_{12} 和 R_{1P}；另一类是附加链杆上的反力 r_{21}、r_{22} 和 R_{2P}。对于刚臂上的反力矩，可分别在图 10-6a)、图 10-6b)、图 10-6c) 中取结点 1 为隔离体，由力矩平衡方程 $\sum M_1 = 0$ 求得

$$r_{11} = 7i$$

$$r_{12} = -\frac{6i}{l}$$

$$R_{1P} = \frac{Pl}{8}$$

对于附加链杆上的反力，可以分别在图 10-6a)、图 10-6b)、图 10-6c) 中用截面割断两柱顶端，取柱顶端以上横梁部分为隔离体，并由表 10-1 查出竖柱 13、24 的杆端剪力，然后由投影方程 $\sum X = 0$ 求得

$$r_{21} = -\frac{6i}{l}$$

$$r_{22} = \frac{15i}{l^2}$$

$$R_{2P} = -\frac{P}{2}$$

将系数和自由项代入典型方程式（10-1）有

$$7iZ_1 - \frac{6i}{l}Z_2 + \frac{Pl}{8} = 0$$

$$-\frac{6i}{l}Z_1 + \frac{15i}{l^2}Z_2 - \frac{P}{2} = 0$$

解以上两式可得

$$Z_1 = \frac{9}{552} \times \frac{Pl}{i}, Z_2 = \frac{22}{552} \times \frac{Pl^2}{i}$$

所得均为正值，说明 Z_1、Z_2 与所设方向相同。

结构的最后弯矩图可由叠加法绘制

$$M = \overline{M}_1 Z_1 + \overline{M}_2 Z_2 + M_P$$

例如，杆端弯矩 M_{31} 之值为

$$M_{31} = 2i \times \frac{9}{552} \times \frac{Pl}{i} - \frac{6i}{l} \times \frac{22}{552} \times \frac{Pl^2}{i} - \frac{Pl}{8} = -\frac{183}{552}Pl$$

其他各杆端弯矩可同样算得，M 图如图 10-7 所示，绘出 M 图后，Q 图、N 图即可由平衡条件绘出，无须赘述。

由上所述，可将位移法的计算步骤归纳如下。

(1)确定原结构的基本未知量，即独立的结点角位移和线位移数目，加入附加联系而得到基本结构。

(2)令各附加联系发生与原结构相同的结点位移，根据基本结构在荷载等外因和各结点位移共同作用下，各附加联系上的反力矩或反力均应等于零的条件，建立位移法的典型方程。

(3)绘出基本结构在各单位结点位移作用下的弯矩图和荷载作用下（或支座位移、温度变化等其他外因作用下）的弯矩图，由平衡条件求出各系数和自由项。

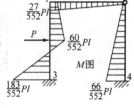

图 10-7

(4)解算位移法典型方程，求出结点位移基本未知量。

(5)按叠加原理绘制最后弯矩图，再由平衡条件求出各杆杆端剪力和轴力，作出剪力图和轴力图。

由上可见，位移法和力法在计算步骤上是极为相似的，但两者的原理却有所不同。现作一比较，以加深理解。

(1)利用力法或位移法计算超静定结构时，都必须同时考虑静力平衡条件和变形协调条件，才能确定结构的受力与变形状态。

(2)力法以多余未知力作为基本未知量，其数目等于结构的多余约束数目（即超静定次数）。位移法以结构独立的结点位移作为基本未知量，其数目与结构的超静定次数无关。

(3)力法的基本结构是从原结构中去掉多余约束后所得到的静定结构。位移法的基本结构则是在原结构中加入附加约束，以控制结点的独立位移后所得的单跨超静定梁的组合体系。

(4)在力法中，求解基本未知量的方程是根据原结构的位移条件建立的，体现了原结构的变形协调。在位移法中，求解基本未知量的方程是根据原结构的平衡条件建立的，体现了原结构的静力平衡。

[例10-1] 如图10-8所示，刚架的支座A产生水平位移a，竖向位移$b=4a$及转角$\varphi=\dfrac{a}{l}$，试绘制其弯矩图。

解：(1)基本未知量。

此刚架的基本未知量只有结点C的角位移Z_1。

(2)基本体系。

在结点C加一刚臂得到基本结构，基本结构在Z_1和支座位移共同影响下得到基本体系[图10-8b]。

(3)建立典型方程：

$$r_{11}Z_1 + R_{1\Delta} = 0$$

(4)计算系数和自由项。

设$i=\dfrac{EI}{l}$，则AC杆的线刚度为$2i$，画出$\overline{M}_1$图[见图10-8c]，根据结点平衡可得

$$r_{11} = 8i + 3i = 11i$$

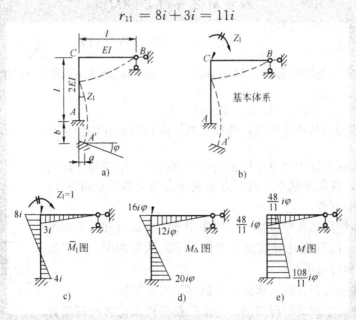

图 10-8

基本结构由于支座A产生位移时，由表10-1可算得各杆的固端弯矩为

$$M_{AC}^F = 4 \times (2i)\varphi - \frac{6 \times (2i)}{l}(-a) = 20i\varphi$$

$$M_{CA}^F = 2 \times (2i)\varphi - \frac{6 \times (2i)}{l}(-a) = 16i\varphi$$

$$M_{CB}^F = -\frac{3i}{l}(-b) = -\frac{3i}{l} \times (-4a) = 12i\varphi$$

据此可绘出M_Δ图[图10-8d]，并可求得

$$R_{1\Delta} = 16i\varphi + 12i\varphi = 28i\varphi$$

(5)解典型位移方程。

将系数和自由项代入典型方程中得

$$11iZ_1 + 28i\varphi = 0$$

解得

$$Z_1 = -\frac{28\varphi}{11}$$

(6)绘制弯矩图。

根据叠加原理 $M = M_1Z_1 + M_\Delta$，绘图 [见图 10-8e)]。

第四节　对称性的利用

用位移法计算超静定结构时，当结点位移基本未知量较多时，需要解数目较多的联立方程，计算工作量大。而在实际工程中，应用较多的结构为对称结构，因此，仍然可以利用结构和荷载的对称性进行简化计算。在力法计算超静定结构时，已经讨论过对称性的利用，当时得到一个重要的结论：对称结构在正对称荷载作用下，其内力和位移都是正对称的；在反对称荷载作用下，其内力和位移都是反对称的。在位移法中，同样可以利用这一结论简化计算。

当对称结构承受一般非对称荷载时，可将荷载分解为正、反对称的两组，分别加于结构上求解，然后再将结果叠加。

例如，[图 10-9a)] 所示的对称刚架，在正对称荷载下只有正对称的基本未知量，即两结点的一对正对称的转角 Z_1 [图 10-9b)]；同理，在反对称荷载下将只有反对称的基本未知量 Z_2 和 Z_3 [图 10-9c)]。在正、反对称的情况下，均可只取结构的一半来进行计算 [图 10-9d)、图 10-9e)]。

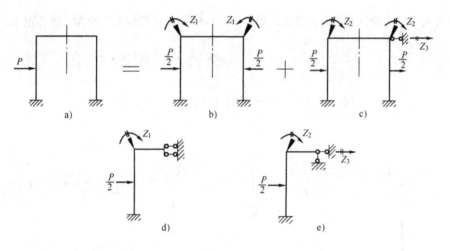

图　10-9

在分析图 10-9d)、图 10-9e) 结构时可知，在正对称荷载作用时，用位移法求解只有一个基本未知量，用力法求解有两个基本未知量；但在反对称荷载作用时，用位移法求解有两个基本未知量，而用力法求解时只有一个基本未知量。因此，在正对称的情况下一般采用位移法计算；在反对称的情况下一般采用力法，这比单纯使用一种方法简便。

[**例 10-2**] 利用对称性作图 10-10a) 所示刚架的弯矩图。

解: (1)确定基本未知量和基本体系。

图 10-10a) 所示刚架有三个结点位移,两个结点角位移和一个结点线位移。但刚架是对称的,在对称荷载作用下,可以取半边结构来进行计算,如图 10-10b) 所示,此半边结构只有一个结点角位移 Z_1。所以在结点 C 施加转动约束,得到基本体系如图 10-10c) 所示。

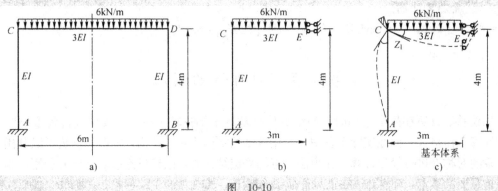

图　10-10

(2)位移法方程:

$$r_{11}Z_1 + R_{1P} = 0$$

(3)计算系数和自由项。

基本结构在 $Z_1 = 1$ 作用下,作 $\overline{M}_1$ 图 [图 10-11a)],由结点 C 的力矩平衡条件 [图 10-11a)]可得 (令 $EI = i$)

$$r_{11} = i_{CE} + 4i_{CA} = \frac{3EI}{3} + \frac{4EI}{4} = 2i$$

利用表 10-1,计算杆 CE 的固端弯矩,作基本结构在荷载作用下的 M_P 图 [图 10-11c)]。

$$M_{CE}^{F} = -\frac{ql^2}{3} = -\frac{1}{3} \times 6 \times 3^2 = -18(\text{kN} \cdot \text{m})$$

$$M_{EC}^{F} = -\frac{ql^2}{6} = -\frac{1}{6} \times 6 \times 3^2 = -9(\text{kN} \cdot \text{m})$$

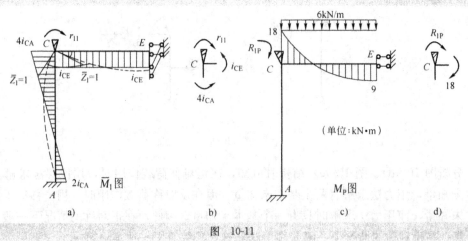

图　10-11

由结点 C 的力矩平衡条件 [图 10-11c)], 可得

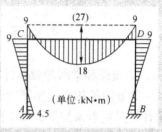

图 10-12

$$R_{1P} = -18(\text{kN} \cdot \text{m})$$

(4) 解位移方程:

$$2iZ_1 - 18 = 0$$
$$Z_1 = \frac{9}{i}$$

(5) 作 M 图。

利用叠加公式: $M = \overline{M}_1 Z_1 + M_P$, 作出半边结构 M 图, 另一半按对称画出, M 图如图 10-12 所示。

第五节 直接由平衡条件建立位移法基本方程

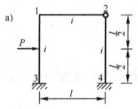

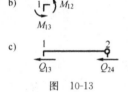

图 10-13

前面用位移法计算超静定刚架时, 加入附加刚臂和链杆以取得基本结构, 又由附加刚臂和链杆上的总反力矩或反力等于零 (这又相当于取消刚臂和链杆) 的条件建立位移法的基本方程, 而基本方程的实质就是反映原结构的平衡条件。因此也可以不通过基本结构, 而直接由原结构的平衡条件来建立位移法的基本方程。现以图 10-13a) 所示刚架为例来说明这一方法。

此刚架用位移法求解时有两个基本未知量: 刚结点 1 的转角 Z_1 和结点 1、2 的水平位移 Z_2。根据结点 1 的力矩平衡条件 $\sum M_1 = 0$ [图 10-13b)] 及截取两柱顶端以上横梁部分为隔离体的投影平衡条件 $\sum X = 0$ [图 10-13c)], 可写出如下两个方程:

$$\sum M_1 = M_{13} + M_{12} = 0 \tag{10-3}$$

$$\sum X = Q_{13} + Q_{24} = 0 \tag{10-4}$$

利用表 10-1, 并假设 Z_1 为顺时针方向, Z_2 向右, 运用叠加原理可得

$$M_{13} = 4iZ_1 - \frac{6i}{l}Z_2 + \frac{Pl}{8} \tag{10-5}$$

$$M_{12} = 3iZ_2 \tag{10-6}$$

又由表 10-1 可得

$$Q_{13} = -\frac{6i}{l}Z_1 + \frac{12i}{l^2}Z_2 - \frac{P}{2} \tag{10-7}$$

$$Q_{24} = \frac{3i}{l^2}Z_2 \tag{10-8}$$

将式 (10-5) ～式 (10-8) 代入式 (10-3)、式 (10-4) 得

$$\begin{cases} 7iZ_1 - \dfrac{6i}{l}Z_2 + \dfrac{Pl}{8} = 0 \\ -\dfrac{6i}{l}Z_1 + \dfrac{15i}{l^2}Z_2 - \dfrac{P}{2} = 0 \end{cases} \tag{10-9}$$

这与第三节建立的典型方程完全一样。可见, 两种方法本质相同, 只是在处理手法上稍有差别。

一般情况下, 当结构有 n 个基本未知量时, 对应于每一个结点转角都有一个相应的刚结点力矩平衡方程, 对应于每一独立的结点线位移都有一个相应的截面平衡方程。因此, 可建

立 n 个方程，求解出 n 个结点位移。

第六节　支座移动和温度变化时的计算

1. 支座移动时的位移计算

超静定结构当支座产生已知的位移（移动或转动）时，结构中一般会引起内力。用位移法计算时基本未知量、基本体系和位移方程的建立以及解题步骤都与荷载作用是一样的，不同的是只有固端力一项，具体计算通过下面例题加以说明。

[例 10-3] 求图 10-14a) 所示连续梁的弯矩图，支座 C 下沉 a，两杆的 i 相同。

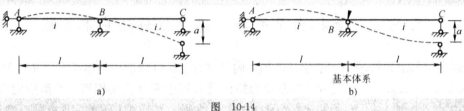

图　10-14

解：(1)基本未知量。

连续梁只有一个刚结点 B，基本未知量为结点角位移 Z_1，没有结点线位移，故此题只有一个基本未知量 Z_1。

(2)基本体系。

在结点 B 加控制转动的刚臂，得基本体系，如图 10-14b) 所示。

(3)位移典型方程：

$$r_{11}Z_1 + R_{1\Delta} = 0$$

(4)求系数 r_{11} 和自由项 $R_{1\Delta}$。

画出 $\overline{M}$ 图和 M_Δ 图，如图 10-15a)、图 10-15c) 所示。根据 $\overline{M}$ 图和 M_Δ 图中结点 B 力矩平衡条件可得

$$r_{11} = 6i$$

$$R_{1\Delta} = -\frac{3i}{l}a$$

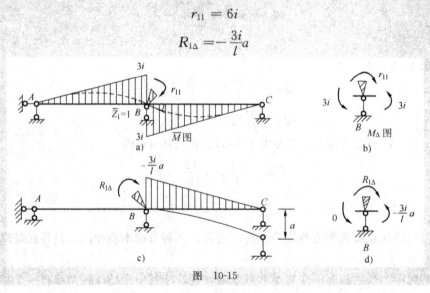

图　10-15

(5)解位移法典型方程：

$$6iZ_1 - \frac{3i}{l}a = 0$$

$$Z_1 = \frac{a}{2l}$$

(6)作 M 图。

利用叠加公式：$M = \overline{M}_1 Z_1 + M_\Delta$，作 M 图，如

图10-16所示。

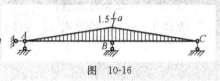

图 10-16

2. 温度变化时的位移计算

在位移法中，温度变化时的计算，与支座位移时的计算基本相同，只是位移方程中的自由项不同。此时自由项是基本结构由于温度变化而产生的附加约束中的约束力矩或约束力。在作出基本结构在温度变化影响下的弯矩图 M_t 后，即可根据结点平衡或截面平衡条件求出这些约束力矩或约束力。需要注意的是，在温度变化时，除了杆件内外温差产生杆件弯曲变形和一部分固端弯矩外，还有温度改变时杆件产生的轴向变形，这种轴向变形使结点产生已知位移，使杆端产生横向位移，从而产生另一部分固端弯矩。

[例10-4] 试绘图 10-17a) 所示刚架温度变化时的弯矩图。各杆的 $EI = $ 常数，截面为矩形，其高度 $h = \dfrac{l}{10}$，材料的线膨胀系数为 α。

解：(1)基本未知量。

此刚架有一个独立的结点角位移 Z_1。考虑轴向变形时，结点 1、2 均分别有水平和竖向线位移。但各杆由于温度变化产生的伸长或缩短可事先算出，因此，两结点的竖向位移即为已知；在求出了一个结点的水平位移之后，另一结点的水平位移也随之确定。所以独立的结点线位移只有一个。现以结点 2 的水平位移 Z_2 作为基本未知量，于是此刚架只有两个基本未知量，如图 10-17b) 所示。

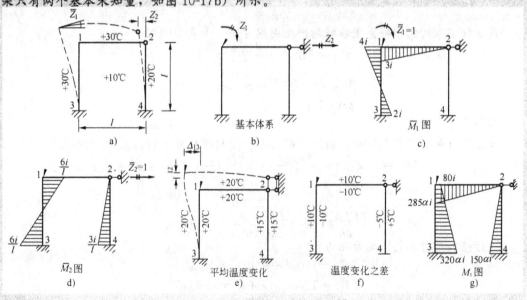

图 10-17

（2）位移法典型方程为

$$r_{11}Z_1 + r_{12}Z_2 + R_{1t} = 0$$
$$r_{21}Z_1 + r_{22}Z_2 + R_{2t} = 0$$

（3）计算系数和自由项。

绘出 $\overline{M}_1$ 和 $\overline{M}_2$ 图［图 10-17c）、图 10-17d)］后可求得

$$r_{11} = 7i$$
$$r_{21} = r_{12} = -\frac{6i}{l}$$
$$r_{22} = \frac{15i}{l^2}$$

为了求自由项 R_{1t} 和 R_{2t}，应算出基本结构在温度变化时各杆的固端弯矩并绘出 M_t 图。为了便于计算，可以将杆件两侧的温度变化 t_1 和 t_2 对杆轴线分为正反对称的两部分（图 10-18）。平均温度变化 $t = \dfrac{t_1 + t_2}{2}$ 和温度变化差 $\pm\dfrac{\Delta t}{2} = \pm\dfrac{t_2 - t_1}{2}$，如图 10-17e)、图 10-17f) 所示，下面分别来计算这两部分温度变化在基本结构中引起的各杆固端弯矩。

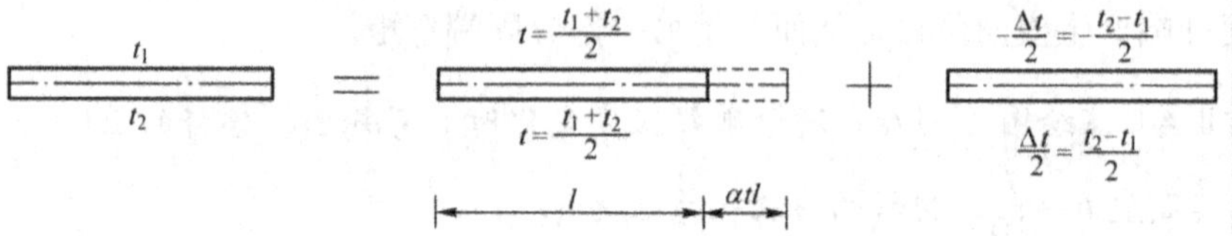

图 10-18

①平均温度变化。

此时各杆伸长或缩短 αtl，由此使基本结构的各杆两端发生相对线位移。根据图 10-17e) 所示几何关系，可求得各杆两端相对线位移为

$$\Delta_{13} = -20\alpha l$$
$$\Delta_{12} = 20\alpha l - 15\alpha l = 5\alpha l$$
$$\Delta_{24} = 0$$

这些杆端相对侧移将会使各杆端产生固端弯矩，由表 10-1 有

$$M_{31}^F = M_{13}^F = -\frac{6i\Delta_{13}}{l} = 120\alpha i$$
$$M_{12}^F = -\frac{3i\Delta_{12}}{l} = -15\alpha i$$
$$M_{42}^F = 0$$

②温度变化之差。

此时各杆并不伸长或缩短，由此引起的各杆固端弯矩可直接由表 10-1 算出

$$M_{31}^F = -M_{13}^F = -\frac{EI\alpha\Delta t}{h} = -\frac{EI\alpha \times (-20)}{l/10} = 200\alpha i$$
$$M_{12}^F = -\frac{3EI\alpha\Delta t}{2h} = -\frac{3EI\alpha \times (-20)}{2l/10} = 300\alpha i$$
$$M_{42}^F = -\frac{3EI\alpha\Delta t}{2h} = -\frac{3EI\alpha \times 10}{2l/10} = -150\alpha i$$

进行叠加可得总的固端弯矩为

$$M_{31}^F = 120\alpha i + 200\alpha i = 320\alpha i$$
$$M_{13}^F = 120\alpha i - 200\alpha i = -80\alpha i$$
$$M_{12}^F = -15\alpha i + 300\alpha i = 285\alpha i$$
$$M_{42}^F = -150\alpha i$$

据此即可绘出 M_t 图如图 10-17g) 所示。取结点 1 为隔离体，由 $\sum M_1=0$ 可求得

$$R_{1t} = 285\alpha i - 80\alpha i = 205\alpha i$$

确定 13、24 两柱的剪力后，取柱顶端以上横梁部分为隔离体，由 $\sum X=0$ 可算出

$$R_{2t} = -\frac{240\alpha i}{l} + \frac{150\alpha i}{l} = -\frac{90\alpha i}{l}$$

将系数和自由项代入典型方程得

$$7iZ_1 - \frac{6i}{l}Z_2 + 205\alpha i = 0$$

$$-\frac{6i}{l}Z_1 + \frac{15i}{l^2}Z_2 - \frac{90\alpha i}{l} = 0$$

解得

$$Z_1 = -\frac{845}{23}\alpha\,(反时针方向)$$

$$Z_2 = -\frac{200}{23}\alpha l\,(向左)$$

根据叠加原理 $M = \overline{M}_1 Z_1 + \overline{M}_2 Z_2 + M_t$ 得刚架的最后弯矩图如图 10-19 所示。

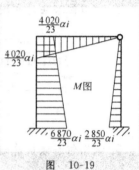

图 10-19

思 考 题

1. 位移法的基本思路是什么？为什么说位移法是建立在力法的基础之上的？

2. 位移法的典型方程是平衡方程，那么在位移法中是否只用平衡条件就可以确定基本未知量从而确定超静定结构的内力？在位移法中满足了结构的位移条件（包括支承条件和变形协调条件）没有？在力法中又是怎样满足结构的位移条件和平衡条件的？

3. 位移法的基本未知量有哪几种？它们是如何确定的？

4. 在什么条件下独立的结点线位移数目等于使与结构相应的铰接体系成为几何不变所需添加的最少链杆数？

5. 位移法能计算静定结构吗？

6. 试对照建立位移法基本方程的两种不同途径，说明其相互间的内在联系与不同之点有哪些？

7. 力法与位移法在原理与步骤上有何异同？试将二者从基本未知量、基本结构、基本体系、典型方程的意义、每一系数和自由项的含义和求法等方面作一全面比较。

8. 在什么情况下求内力时可采用各杆刚度的相对值？求结点位移时能否采用各杆刚度的相对值？

9. 试证明：对于无侧移（即无结点线位移）刚架，当只承受结点集中荷载时，弯矩为零。

10. 用位移法计算超静定结构时，由于支座位移和温度变化的作用，与荷载的作用在计算上有何异同？为什么直接平衡法和基本体系方法在实质上是相同的？试比较基本体系方法和直接平衡法在计算方法与步骤上的异同。

习 题

1. 试确定图 10-20 所示结构用位移法计算时的基本未知量。

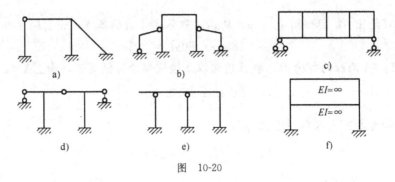

图 10-20

2. 试用位移法计算图 10-21 所示连续梁，并绘出其弯矩图。

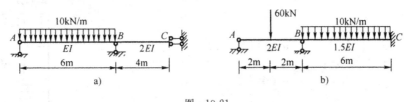

图 10-21

3. 试用位移法计算图 10-22 所示刚架，并绘出其弯矩图。

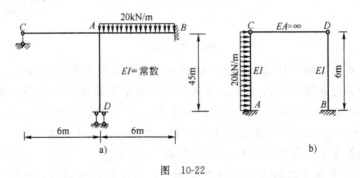

图 10-22

4. 试利用对称性计算图 10-23 所示刚架和梁，并绘出弯矩图。

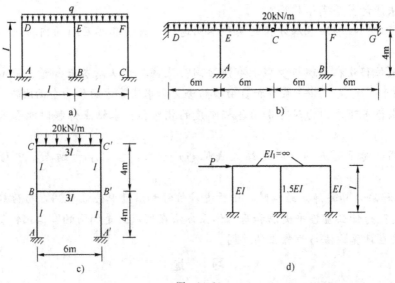

图 10-23

5. 设支座 B 下沉 $\Delta_B=0.5\mathrm{cm}$，求作图 10-24 所示刚架的弯矩图。

6. 刚架温度变化如图 10-25 所示，试作其弯矩图。各杆均为矩形截面，高度 $h=0.4\mathrm{m}$，$EI=2\times10^4\mathrm{kN}\cdot\mathrm{m}^2$，$\alpha=1\times10^{-5}$。

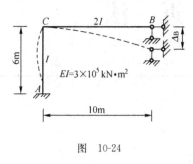

图 10-24

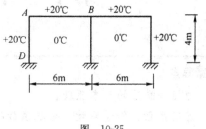

图 10-25

部分习题答案

1. a) $1+0=1$；b) $6+3=9$；c) $10+4=14$；d) $2+2=4$；e) $2+1=3$（静定部分可不设）；f) $0+2=2$（横梁及两端刚结点均不能转动）。

2. a) $M_{BA}=22.5\mathrm{kN}\cdot\mathrm{m}$；b) $M_{BA}=36\mathrm{kN}\cdot\mathrm{m}$，图略。

3. a) $M_{DB}=-\dfrac{160}{7}\mathrm{kN}\cdot\mathrm{m}$；b) $M_{BD}=-\dfrac{340}{7}\mathrm{kN}\cdot\mathrm{m}$，图略。

4. a) $M_{AD}=\dfrac{ql^2}{48}\mathrm{kN}\cdot\mathrm{m}$，$M_{DE}=-\dfrac{ql^2}{24}\mathrm{kN}\cdot\mathrm{m}$，图略；

   b) $M_{DE}=0\mathrm{kN}\cdot\mathrm{m}$，$M_{ED}=180\mathrm{kN}\cdot\mathrm{m}$，$M_{EC}=-360\mathrm{kN}\cdot\mathrm{m}$，图略；

   c) $M_{CB}=28.7\mathrm{kN}\cdot\mathrm{m}$，图略；

   d) 边柱两端弯矩 $-\dfrac{Pl}{7}$，中柱两端弯矩 $-\dfrac{3Pl}{14}$。

5. $M_{CB}=-47.37\mathrm{kN}\cdot\mathrm{m}$，图略。

6. $M_{AB}=7.4\mathrm{kN}\cdot\mathrm{m}$，$M_{BA}=-11.97\mathrm{kN}\cdot\mathrm{m}$，$M_{DA}=13.55\mathrm{kN}\cdot\mathrm{m}$，图略。

第十一章 渐 近 法

本章要点

- 力矩分配法的基本原理；
- 劲度系数、传递系数、分配系数的计算；
- 运用力矩分配法和无剪力分配法解算超静定结构。

第一节 概 述

计算超静定刚架，不论是采用力法还是采用位移法，都要组成和解算典型方程，当未知量较多时，解算联立方程的工作是非常繁重的。为了寻求计算超静定刚架更简捷的途径，自20世纪30年代以来，又陆续出现了各种渐近法，如力矩分配法、无剪力分配法、迭代法等。这些方法都是位移法的变体，共同特点是避免了组成和解算典型方程，而以逐次渐近的方法来计算杆端弯矩，其结果的精度随计算轮次的增加而提高，最后收敛于精确解。这些方法的物理概念生动形象，每轮计算又是按同一步骤重复进行，因而易于掌握，适合手算，并可不经过计算结点位移而直接求得杆端弯矩。因此，在结构设计中被广泛采用。随着电子计算机的普及和矩阵位移法程序的推广，这类手算方法的应用虽会有所减少，但在未知量较少的场合下仍不失为一种简便易行的方法。

第二节 力矩分配法的基本原理

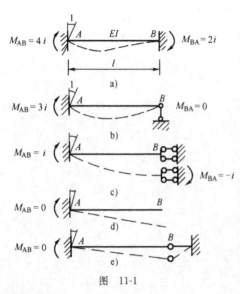

图 11-1

力矩分配法为美国克罗斯（H. Cross）于1930年提出，其后各国学者又做了不少改进和推广。这一方法对连续梁和无结点线位移刚架的计算特别方便。

在力矩分配法中要用到劲度系数和传递系数的概念，它们的定义如下：当杆件 AB（图11-1）的 A 端转动单位角时，A 端（又称近端）的弯矩 M_{AB} 称为该杆端的劲度系数，用 S_{AB} 来表示。它标志着该杆端抵抗转动能力的大小，故又称为转动刚度，其值不仅与杆件的线刚度 $i = \dfrac{EI}{l}$ 有关，而且与杆件另一端（又称远端）的支承情况有关。当 A 端转动时，B 端也产生一定的弯矩，这好比是近端的弯矩按一定的比例传到了远端一样，故将 B 端弯矩与 A 端弯矩之比称为由 A 端向 B 端的传递系数，

用 C_{AB} 表示，即 $C_{AB}=\dfrac{M_{BA}}{M_{AB}}$ 或 $M_{BA}=C_{AB}M_{AB}$。

等截面直杆的劲度系数和传递系数如表 11-1 所示。当 B 端为自由或为一根轴向支承链杆时，显然 A 端转动时杆件将毫无抵抗，故其劲度系数为零。

等截面直杆的劲度系数和传递系数　　　　　　　　　表 11-1

远端支撑情况	劲度系数 S	传递系数 C
固定	$4i$	0.5
铰支	$3i$	0
滑动	i	-1
自由或轴向支杆	0	

现在以图 11-2a) 所示刚架来说明力矩分配法的基本原理。此刚架用位移法计算时，只有一个基本未知量即结点转角 Z_1，其典型方程为

$$r_{11}Z_1 + R_{1P} = 0 \tag{11-1}$$

绘出 M_P、$\overline{M}_1$ 图，如图 11-2b)、图 11-2c) 所示，可求得自由项和系数为

$$R_{1P}=M_{12}^F+M_{13}^F+M_{14}^F=\sum M_{1j}^F \tag{11-2}$$

R_{1P} 是结点固定时附加刚臂上的反力矩，可称为刚臂反力矩，它等于汇交于结点 1 的各杆端固端弯矩的代数和 $\sum M_{1i}^F$，也即各固端弯矩所不能平衡的差额，故又称为结点上的不平衡力矩。

$$r_{11}=4i_{12}+3i_{13}+i_{14}=S_{12}+S_{13}+S_{14}=\sum S_{1j}$$

式中，$\sum S_{1j}$ 为汇交于结点 1 各杆端劲度系数的总和。

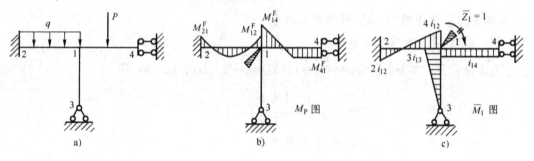

图　11-2

解典型方程得

$$Z_1=-\frac{R_{1P}}{r_{11}}=-\frac{\sum M_{1j}^F}{\sum S_{1j}} \tag{11-3}$$

然后即可按叠加法 $M=M_P+\overline{M}_1Z_1$ 计算各杆端的最后弯矩。各杆汇交于结点 1 的一端为近端，另一端为远端。各近端弯矩为

$$\begin{cases} M_{12}=M_{12}^F+\dfrac{S_{12}}{\sum S_{1j}}\ (-\sum M_{1j}^F)\ =M_{12}^F+\mu_{12}\ (-\sum M_{1j}^F) \\[2mm] M_{13}=M_{13}^F+\dfrac{S_{13}}{\sum S_{1j}}\ (-\sum M_{1j}^F)\ =M_{13}^F+\mu_{13}\ (-\sum M_{1j}^F) \\[2mm] M_{14}=M_{14}^F+\dfrac{S_{14}}{\sum S_{1j}}\ (-\sum M_{1j}^F)\ =M_{14}^F+\mu_{14}\ (-\sum M_{1j}^F) \end{cases} \tag{11-4}$$

以上各式右边第一项为荷载产生的弯矩，即固端弯矩。第二项为结点转动 Z_1 角所产生的弯矩，这相当于把不平衡力矩反号后按劲度系数大小的比例分给各近端，因此称为分配弯矩，而 μ_{12}、μ_{13}、μ_{14} 称为分配系数，其计算公式为

$$\mu_{1j} = \frac{S_{1j}}{\sum S_{1j}} \tag{11-5}$$

显然，同一结点各杆端的分配系数之和应等于 1，即 $\sum \mu_{1j} = 1$。

各远端弯矩为

$$\begin{cases} M_{21} = M_{21}^F + \dfrac{C_{12} S_{12}}{\sum S_{1j}} \left(-\sum M_{1j}^F\right) = M_{21}^F + C_{12}\left[\mu_{12}\ \left(-\sum M_{1j}^F\right)\right] \\ M_{31} = M_{31}^F + C_{13}\left[\mu_{13}\ \left(-\sum M_{1j}^F\right)\right] \\ M_{41} = M_{41}^F + C_{14}\left[\mu_{14}\ \left(-\sum M_{1j}^F\right)\right] \end{cases} \tag{11-6}$$

各式右边第一项仍是固端弯矩。第二项是由结点转动 Z_1 角所产生的弯矩，它好比是将各近端的分配弯矩以传递系数的比例传到各远端一样，故称为传递弯矩。

得出上述规律之后，便可不必绘 M_P、$\overline{M}_1$ 图，也不必列出和求解典型方程，而直接按以上结论计算各杆端弯矩，其过程可形象地归纳为以下两步。

（1）固定结点，即加入刚臂。此时各杆端有固端弯矩，而结点上有不平衡力矩，它暂时由刚臂承担。

（2）放松结点，即取消刚臂，让结点转动。这相当于在结点上又加入一个反号的不平衡力矩，于是不平衡力矩被消除而结点获得平衡。此反号的不平衡力矩将按劲度系数大小的比例分配给各近端，于是各近端得到分配弯矩，同时各自向其远端进行传递，各远端得到传递弯矩。

最后，各近端弯矩等于固端弯矩加分配弯矩，各远端弯矩等于固端弯矩加传递弯矩。

[例 11-1] 试作图 11-3a) 所示刚架的弯矩图。

解：(1)计算各杆端分配系数。

为方便计算，可令 $i_{AB} = i_{AC} = \dfrac{EI}{4} = 1$，则 $i_{AD} = 2$。由式 (11-5) 得

$$\mu_{AB} = \frac{4 \times 1}{1 \times 4 + 3 \times 1 + 2} = 0.445$$

$$\mu_{AC} = \frac{3}{9} = 0.333$$

$$\mu_{AD} = \frac{2}{9} = 0.222$$

(2)计算固端弯矩。

据表 10-1 有

$$M_{BA}^F = -\frac{30 \times 4^2}{12} = -40(\text{kN} \cdot \text{m})$$

$$M_{AB}^F = +\frac{30 \times 4^2}{12} = +40(\text{kN} \cdot \text{m})$$

$$M_{AD}^F = -\frac{3 \times 50 \times 4}{8} = -75(\text{kN} \cdot \text{m})$$

$$M_{DA}^F = -\frac{50 \times 4}{8} = -25(\text{kN} \cdot \text{m})$$

(3)进行力矩的分配和传递。

结点 A 的不平衡力矩为 $\sum M_{Aj}^F = +40 - 75 = -35\text{kN·m}$，将其反号并乘以分配系数即得到各近端的分配弯矩，再乘以传递系数即得到各远端的传递弯矩。在力矩分配法中，为了使计算过程的表达更加紧凑、更加直观，避免罗列大量算式，整个计算可直接在图上书写，如图 11-3b) 所示。

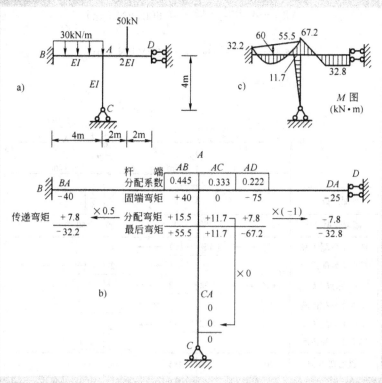

图 11-3

(4)计算杆端最后弯矩。

将固端弯矩和分配弯矩、传递弯矩叠加，便得到各杆端的最后弯矩。据此即可绘出刚架的弯矩图，如图 11-3c) 所示。

第三节　用力矩分配法计算连续梁和无侧移刚架

上面以只有一个结点转角的结构说明了力矩分配法的基本原理。对于具有多个结点转角但无结点线位移（简称无侧移）的结构，只需依次对各结点使用上节所述方法便可求解，做法是：先将所有结点固定，计算各杆固端弯矩；然后将各结点轮流地放松，即每次只放松一个结点，其他结点仍暂时固定，这样把各结点的不平衡力矩轮流地进行分配、传递，直到传递弯矩小到可略去为止，以这样的逐次渐近方法来计算杆端弯矩。下面结合具体例子来说明。

图 11-4 所示连续梁，有两个结点转角而无结点线位移。首先将两个刚结点 1、2 都固定起来，可算出各杆的固端弯矩为

$$M_{01}^{F} = -\frac{25 \times 12^2}{12} = -300(\text{kN} \cdot \text{m})$$

$$M_{10}^{F} = +\frac{25 \times 12^2}{12} = +300(\text{kN} \cdot \text{m})$$

$$M_{12}^{F} = -\frac{400 \times 12}{8} = -600(\text{kN} \cdot \text{m})$$

$$M_{21}^{F} = +\frac{400 \times 12}{8} = +600(\text{kN} \cdot \text{m})$$

$$M_{23}^{F} = -\frac{25 \times 12^2}{8} = -450(\text{kN} \cdot \text{m})$$

$$M_{32}^{F} = 0$$

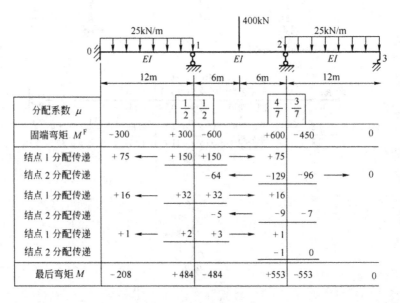

图 11-4

将上述各值填入图 11-4 的固端弯矩 M^F 一栏中，此时结点 1、2 各有不平衡力矩

$$\sum M_{1j}^{F} = +300 - 600 = -300(\text{kN} \cdot \text{m})$$

$$\sum M_{2j}^{F} = +600 - 450 = 150(\text{kN} \cdot \text{m})$$

为了消除这两个不平衡力矩，在位移法中是令结点 1、2 同时产生与原结构相同的转角，也就是同时放松两个结点，让它们一次转动到实际的平衡位置。如前所述，这需要建立联立方程并解算它们。在力矩分配法中则不是这样，而是逐次地将各结点轮流放松来达到同样的目的。

首先放松结点 1，此时结点 2 仍固定，故与上节放松单个结点的情况完全相同，因而可按前述力矩分配和传递的方法来消除结点 1 的不平衡力矩。为此，需先求出结点 1 处各杆端的分配系数，由于各跨 EI、l 均相同，故线刚度均为 i，由式（11-5）有

$$\mu_{10} = \frac{4i}{4i + 4i} = \frac{1}{2}$$

$$\mu_{12} = \frac{4i}{4i + 4i} = \frac{1}{2}$$

将其填入图 11-4 分配系数 μ 一栏中。把结点 1 的不平衡力矩 -300kN·m 反号并进行分配，可得分配弯矩为

$$M_{10} = \frac{1}{2} \times [-(-300)] = +150(\text{kN} \cdot \text{m})$$

$$M_{12} = \frac{1}{2} \times [-(-300)] = +150(\text{kN} \cdot \text{m})$$

把它们填入图中。这样结点 1 便暂时获得了平衡，在分配弯矩下面画一条横线来表示平衡。此时结点 1 也就随之转动了一个角度（但还没有转到最后位置）。同时，分配弯矩应向各自的远端进行传递，传递弯矩为

$$M_{01} = \frac{1}{2} \times (+150) = +75(\text{kN} \cdot \text{m})$$

$$M_{21} = \frac{1}{2} \times (+150) = +75(\text{kN} \cdot \text{m})$$

在图中用箭头把它们分别送到各远端。

其次看结点 2，它原有不平衡力矩 +150kN·m，又加上结点 1 传来的传递弯矩 +75kN·m，故共有不平衡力矩 +150 + 75 = +225kN·m。现在把结点 1 在刚才转动后的位置上重新设置刚臂加以固定，然后放松结点 2，于是又与上节放松单个结点的情况相同。结点 2 各杆端的分配系数为

$$\mu_{21} = \frac{4i}{4i + 3i} = \frac{4}{7}, \mu_{23} = \frac{3i}{4i + 3i} = \frac{3}{7}$$

将不平衡力矩 +225kN·m 反号并进行分配

$$M_{21} = \frac{4}{7} \times (-225) = -129(\text{kN} \cdot \text{m})$$

$$M_{23} = \frac{3}{7} \times (-225) = -96(\text{kN} \cdot \text{m})$$

同时向各远端进行传递

$$M_{12} = \frac{1}{2} \times (-129) = -64(\text{kN} \cdot \text{m})$$

$$M_{32} = 0 \times (-96) = 0$$

于是结点 2 也暂告平衡，同时也转动了一个角度（也未转到最后位置），然后将它也在转动后的位置上重新固定起来。

再看结点 1，它又有了新的不平衡力矩 -64kN·m，于是又将结点 1 放松，按同样方法进行分配和传递。如此反复地将各结点轮流地固定、放松，不断地进行力矩的分配和传递，则不平衡力矩的数值将越来越小（因为分配系数和传递系数均小于 1），直到传递弯矩的数值小到按计算精度的要求可以略去时，便可停止计算。这时各结点经过逐次转动，也就逐渐逼近了其最后的平衡位置。

最后，将各杆端的固端弯矩和屡次所得到的分配弯矩和传递弯矩总加起来，便得到各杆端的最后弯矩。

[例 11-2] 试用力矩分配法计算图 11-5a) 所示连续梁，并绘制弯矩图。

解：(1) 右边悬臂部分 EF 的内力是静定的，若将其切去，而以相应的弯矩和剪力作为外力施加于结点 E 处，则结点 E 便化为铰支端来处理，如图 11-5b) 所示。

(2) 计算分配系数。

若设 BC、CD 两杆的线刚度为 $\frac{2EI}{8} = i$，则 AB、DE 两杆的线刚度折算为 $\frac{EI}{5} = 0.8i$，

如图 11-5b）所示。对于结点 D，分配系数为

$$\mu_{DC} = \frac{4i}{4i + 3 \times 0.8i} = \frac{4}{4 + 2.4} = 0.625$$

$$\mu_{DE} = \frac{2.4}{4 + 2.4} = 0.375$$

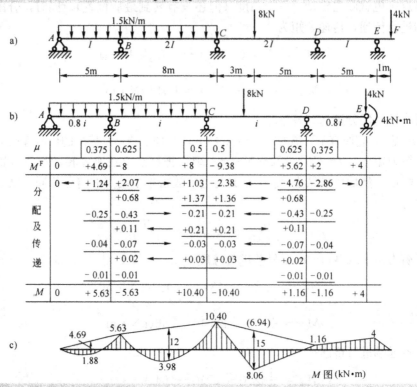

图 11-5

其余各结点的分配系数可同样算出，见图上所注。

（3）计算固端弯矩。

DE 杆相当于一端固定一端铰支的梁，在铰支端处承受一集中力及一力偶的荷载。其中，集中力 4kN 将为支座 E 直接承受而不使梁产生弯矩，故可不考虑；而力偶 4kN·m 所产生的固端弯矩由表 10-1 可算得

$$M_{DE}^{F} = \frac{1}{2} \times 4 = +2(kN \cdot m)$$

$$M_{ED}^{F} = +4(kN \cdot m)$$

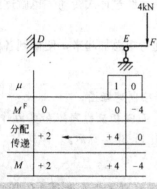

图 11-6

此外，上述 DE 杆的固端弯矩也可以利用力矩分配法的概念来求得。如图 11-6 所示，先不必去掉悬臂，而是将结点 E 也暂时固定，于是可写出各固端弯矩如图所示。然后放松结点 E，由于 EF 为一悬臂，其 E 端的劲度系数为零，故知其分配系数 $\mu_{EF}=0$，而有 $\mu_{ED}=1$。于是结点 E 的不平衡力矩反号后将全部分配给 DE 梁的 E 端，并传一半至 D 端。计算如图所示，结果与前面相同。而结点 E 此次放松后便不再重

新固定，在以后的计算中则作为铰支端处理。

至于其余各固端弯矩均可按表10-1求得，无须赘述。

(4)轮流放松各结点进行力矩分配和传递。

为了使计算时收敛较快，分配宜从不平衡力矩数值较大的结点开始，本例先放松结点 D。此外，由于放松结点 D 时，结点 C 是固定的，故又可同时放松结点 B。并由此可知，凡不相邻的各结点每次均可同时放松，这样便可加快收敛的速度。整个计算详见图11-5b)。

(5)计算杆端最后弯矩，并绘 M 图［图11-5c)］。

［例11-3］ 试用力矩分配法计算图11-7a) 所示刚架。

解： 这是一个对称结构，承受正对称荷载，可取一半结构如图11-7b) 所示，有两个结点转角而无结点线位移（无侧移）。为方便可设 $\dfrac{EI}{8}=1$，算得各杆线刚度如图上小圆圈中所注。其余一切计算均见图11-7c)，无须详述。计算完毕后，可校核各结点处的杆端弯矩是否满足平衡条件，对于结点 B 有

$$\sum M_{Bj}=+54.4+4.7-59.1=0$$

对于结点 C 有

$$\sum M_{Cj}=+27.5-12.2-15.3=0$$

故计算无误。最后 M 图如图11-7d) 所示。

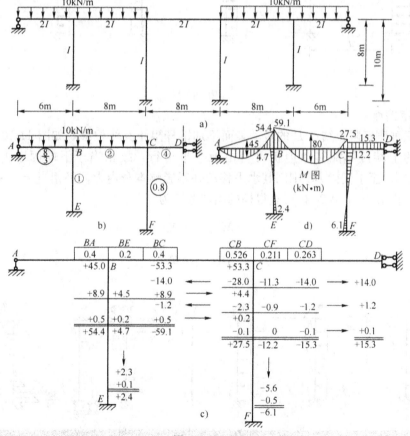

图 11-7

第四节　无剪力分配法

无剪力分配法是计算符合某些特定条件的有侧移刚架的一种方法。本节以单跨对称刚架在反对称荷载作用下的半刚架为例来说明这种方法。

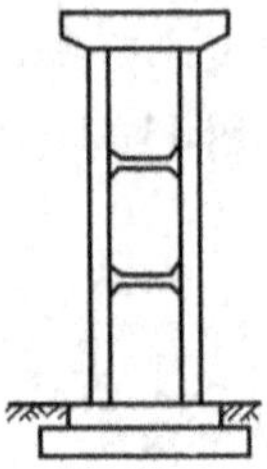

单跨对称刚架是工程中所常见的，如刚梁式桥墩（图 11-8）、渡槽或管道的支架，以及单跨厂房等。对于图 11-9a）所示单跨对称刚架，可将其荷载分为正、反对称两组。正对称时［图 11-9b）］结点只有转角，没有侧移，故可用前述一般力矩分配法计算，不需再讲。反对称时［图 11-9c）］则结点除转角外，还有侧移，此时可采用下面的无剪力分配法来计算。

取反对称时的半刚架如图 11-10a）所示，C 处为一竖向链杆支座。此半刚架的变形和受力有如下特点：横梁 BC 虽有水平位移但两端并无相对线位移，这称为无侧移杆件；竖柱 AB 两端虽有相对侧移，但由于支座 C 处无水平反力，故 AB 柱的剪力是静定的，这称为剪力静定杆件。计算此半刚架时，仍与力矩分配法一样分为两步考虑。

图　11-8

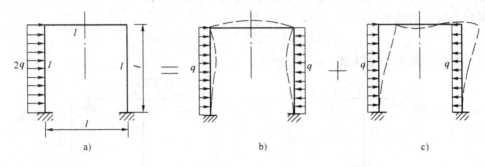

a)　　　　　　　　　b)　　　　　　　　　c)

图　11-9

1. 固定结点

通常只加刚臂阻止结点 B 的转动，而不加链杆阻止其线位移，如图 11-10b）所示。这样柱 AB 的上端虽不能转动但仍可自由地水平滑行，故相当于下端固定上端滑动的梁［图 11-10c）］。至于横梁 BC 则因其水平移动并不影响本身内力，仍相当于一端固定另一端铰支的梁。由表 10-1 第 20 栏可查得柱的固端弯矩为

$$M_{AB}^{F} = -\frac{ql^2}{3}$$

$$M_{BA}^{F} = -\frac{ql^2}{6}$$

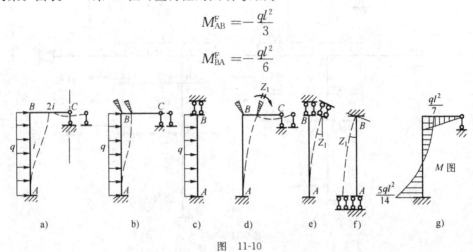

a)　　　　b)　　　　c)　　　　d)　　　　e)　　　　f)　　　　g)

图　11-10

结点 B 的不平衡力矩暂时由刚臂承受。注意此时柱 AB 的剪力仍然是静定的，其两端剪力为

$$Q_{BA} = 0$$
$$Q_{AB} = ql$$

即全部水平荷载由柱的下端剪力所平衡。

2. 放松结点

为了消除刚臂的不平衡力矩，现在来放松结点，进行力矩的分配和传递，此时结点 B 不仅转动 Z_1 角，同时也发生水平位移，如图 11-10d) 所示。由于柱 AB 为下端固定上端滑动，当上端转动时柱的剪力为零因而处于纯弯曲受力状态 [图 11-10e)]，这实际上与上端固定下端滑动而上端转动同样角度时的受力和变形状态 [图 11-10f)] 完全相同，故可推知其劲度系数应为 i，而传递系数为 -1。于是结点 B 的分配系数为

$$\mu_{BA} = \frac{i}{i + 3 \times 2i} = \frac{1}{7}$$

$$\mu_{BC} = \frac{3 \times 2i}{i + 3 \times 2i} = \frac{6}{7}$$

其余计算见图 11-11，无须详述。M 图如图 11-10g) 所示。

由上可见，在固定结点时柱 AB 的剪力是静定的；在放松结点时，柱 B 端得到的分配弯矩将乘以 -1 的传递系数传到 A 端，因此弯矩沿 AB 杆全长均为常数而剪力为零。这样，在力矩的分配和传递过程中，柱中原有剪力将保持不变而不增加新的剪力，故这种方法称为无剪力力矩分配法，简称无剪力分配法。

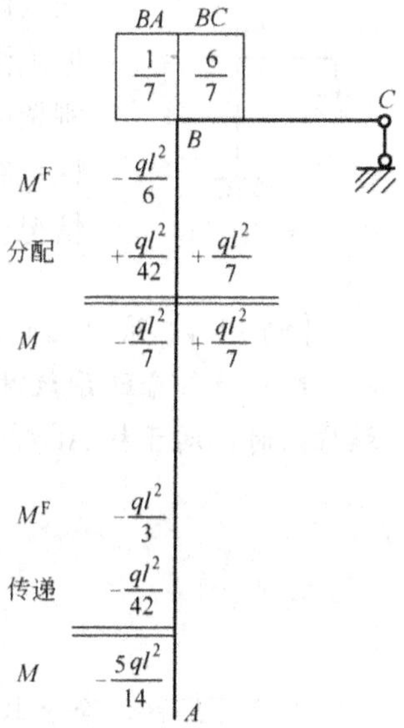

以上方法可以推广到多层的情况。如图 11-12a) 所示刚架，各横梁均为无侧移杆，各竖柱则均为剪力静定杆。固定结点时仍只加刚臂阻止各结点的转动，而并不阻止其线位移，如图 11-12b) 所示。此时各层柱子两端均无转角，但有侧移。考察其中任一层柱子如 BC 两端的相对侧移时，可将其下端看作是不动的，上端是滑动的，但由平衡条件可知，其上端的剪力值为 $Q_{CB} = 2ql$ [图 11-12c)]。由此可推知，不论刚架有多少层，每一层的柱子均可视为上端滑动下端固定的梁，而除了柱身承受本层荷载外，柱顶处还承受剪力，其值等于柱顶以上各层所有水平荷载的代数和。

	BA	BC	
	$\dfrac{1}{7}$	$\dfrac{6}{7}$	C

M^F $-\dfrac{ql^2}{6}$

分配 $+\dfrac{ql^2}{42}$ $+\dfrac{ql^2}{7}$

M $-\dfrac{ql^2}{7}$ $+\dfrac{ql^2}{7}$

M^F $-\dfrac{ql^2}{3}$

传递 $-\dfrac{ql^2}{42}$

M $-\dfrac{5ql^2}{14}$ A

图 11-11

这样，便可根据表 10-1 算出各层竖柱的固端弯矩。然后将各结点轮流地放松，进行力矩的分配、传递。图 11-12d) 所示为放松某一结点 C 时的情形，这相当于将该结点上的不平衡力矩反号作为力偶荷载施加于该结点上。此时结点 C 不仅转动某一角度 θ_C，同时 BC、CD 两柱还将产生相对侧移，但由平衡条件知两柱剪力均为零，处于纯弯曲受力状态，与图 11-10f) 相同，因而计算时各柱的劲度系数应取各自的线刚度 i 而传递系数为 -1（指等截面杆）。值得指出，此时只有汇交于结点 C 的各杆才产生变形而受力；B 以下各层无任何位移故不受力；D 以上各层则随着 D 点一起发生水平位移，但其各杆两端并无相对侧移，故仍不受力。因此，放松结点 C 时，力矩的分配、传递将只在 CB、CF、CD 三杆范围内进行。放松其他结点时情况也相似。至于力矩分配、传递的具体计算步骤则与一般力矩分配法

相同，无须赘述。

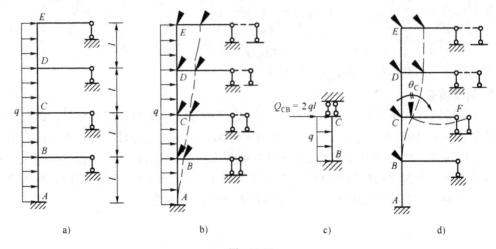

图 11-12

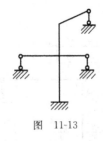

图 11-13

用无剪力分配法计算有侧移刚架，由于采取了只控制结点转动而任其侧移的特殊措施，使得其计算过程和普通力矩分配法一样简便。但须注意，无剪力分配法只适用于一些特殊的有侧移刚架，这就是说，刚架的一部分杆件是无侧移杆，其余杆件都是剪力静定杆。例如，立柱只有一根而各横梁外端的支杆均与立柱平行（图 11-13）就属于这种情况。

[**例 11-4**] 试用无剪力分配法计算图 11-14a) 所示刚架。

解：计算分配系数时注意各柱端的劲度系数应等于其柱的线刚度。按表 10-1 计算固端弯矩时，对于柱 AC 有

$$M_{AC}^f = -\frac{10 \times 4}{8} = -5 \text{ (kN·m)}$$

$$M_{CA}^f = -\frac{3 \times 10 \times 4}{8} = -15 \text{ (kN·m)}$$

对于 CE 柱，除受本层荷载外还受柱顶剪力 10kN，故有

$$M_{CE}^f = -\frac{10 \times 4}{8} - \frac{10 \times 4}{2} = -25 \text{ (kN·m)}$$

$$M_{EC}^f = -\frac{3 \times 10 \times 4}{8} - \frac{10 \times 4}{2} = -35 \text{ (kN·m)}$$

对于 EG 柱，则除本层荷载外还受柱顶剪力 20kN，故有

$$M_{EG}^f = -\frac{10 \times 4}{8} - \frac{20 \times 4}{2} = -45 \text{ (kN·m)}$$

$$M_{GE}^f = -\frac{3 \times 10 \times 4}{8} - \frac{20 \times 4}{2} = -55 \text{ (kN·m)}$$

其余计算详见图 11-14b)。M 图见图 11-14c)。

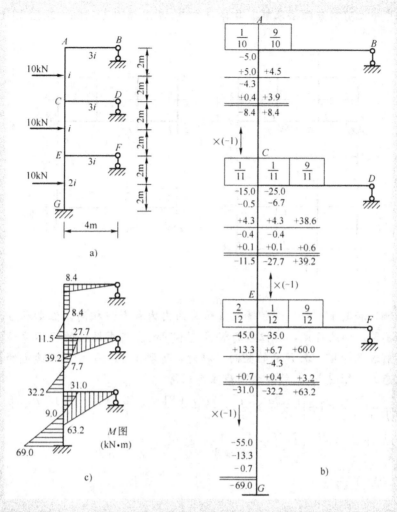

图 11-14

[例 11-5] 试作图 11-15a) 所示空腹梁（又称空腹桁架）的弯矩图，并求结点 F 的竖向位移。

解： 此结构本身对称于水平轴 x，但支座并不对称于 x 轴。为此，可设想将支座去掉而以反力代替其作用，并将荷载和反力均对 x 轴分解为正、反对称的两组。这样，若略去轴向变形影响，则正对称时各杆弯矩皆为零（只有 EA、FC、HB 三杆受轴力）；反对称情况 [图 11-15b)] 则可用无剪力分配法求解，对此说明如下。

图 11-15b) 所示结构虽无支座，但本身几何不变且外力为平衡力系，故在外力作用下可以维持平衡，因而有确定的内力和变形。但是，其位移却不确定，因为还可以有任意刚体位移。确定刚体位移需要有足够的支承条件，但不论给定什么样的刚体位移，只要保证结构所受外力不变，则内力解答都相同。为此，可假设 H 点不动，B 点无水平位移，如图 11-15c) 所示。此时由平衡条件可知所加三根支承链杆的反力均为零。可见结构的受力情况仍与图 11-15b) 相同。对图 11-15c) 所示情况取一半结构如图 11-15d) 所示，由于假设 H 点无水平位移，因而此时所有竖杆均为无侧移杆，所有横梁又都是剪力

静定杆，故可用无剪力分配法求解。具体计算及 M 图如图 11-16a) 及图 11-16b) 所示，不再详述。

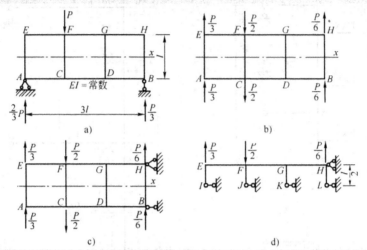

图 11-15

图 11-15a) 和图 11-15c) 两种情况虽然弯曲内力和变形相同，但支承方式不同，因而刚体位移不同。由此可见，其位移的解答是不同的。在求结构的实际位移时不应再用后者而应按前者来计算。求 F 点的竖向位移时，可取图 11-16c) 所示静定的基本体系来作出虚拟状态的弯矩图 $\overline{M}_F$，然后由图乘法可求得

$$\Delta_{Fy} = \frac{1}{EI} \frac{Pl}{10\,000} \times \left(-\frac{1\,523l}{2} \times \frac{1}{3} \times \frac{2l}{3} + \frac{1\,811l}{2} \times \frac{2}{3} \times \frac{2l}{3} + \frac{1\,155l}{2} \times \frac{5}{6} \times \frac{2l}{3} - \right.$$

$$\left. \frac{511l}{2} \times \frac{4}{6} \times \frac{2l}{3} + \frac{770l}{2} \times \frac{2}{6} \times \frac{2l}{3} - \frac{896l}{2} \times \frac{1}{6} \times \frac{2l}{3} \right)$$

$$= 0.047\,6 \frac{Pl^3}{EI} \downarrow$$

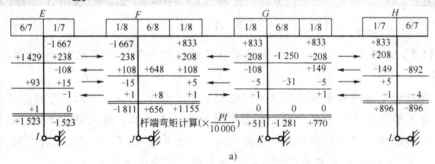

a)

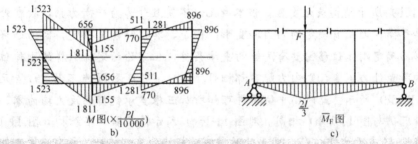

图　11-16

思 考 题

1. 什么是劲度系数（转动刚度）？什么是分配系数？为什么一刚结点处各杆端的分配系数之和等于1？

2. 什么是不平衡力矩？如何计算不平衡力矩？为什么要将它反号才能进行分配？

3. 什么叫传递弯矩和传递系数？

4. 说明力矩分配法每一步骤的物理意义。

5. 为什么力矩分配法的计算过程是收敛的？

6. 力矩分配法只适合于无结点线位移的结构，当这类结构发生已知支座移动时结点是有线位移的，为什么还可以用力矩分配法计算？

7. 无剪力分配法的基本结构是什么形式？无剪力分配法的适用条件是什么？为什么称无剪力分配？

习 题

1. 用力矩分配法计算图 11-17 所示刚架并绘制 M 图。

2. 图 11-18 所示连续梁 EI＝常数。试用力矩分配法计算其杆端弯矩并绘制 M 图。

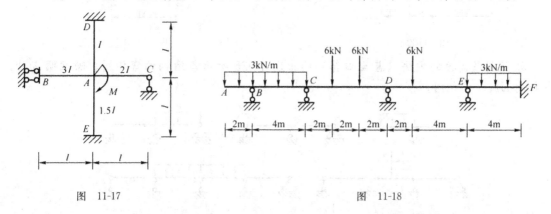

图 11-17　　　　　　　　　　　　　　图 11-18

3. 图 11-19 所示为开挖基坑时用以支撑坑壁的板桩立柱及其计算简图，试作其弯矩图。

4. 用力矩分配法计算图 11-20 所示刚架并绘 M 图。E＝常数。

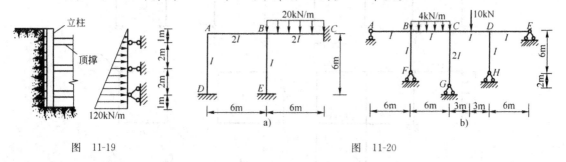

图 11-19　　　　　　　　　　　　　　图 11-20

5. 图 11-21 所示刚架支座 D 下沉了 $\Delta_D=0.08$m，支座 E 下沉了 $\Delta_E=0.05$m 并发生了顺时针方向的转角 $\varphi_E=0.01$rad，试计算由此引起的各杆端弯矩。已知各杆的 $EI=6\times10^4$kN·m^2。

6. 图 11-22 所示等截面连续梁 $EI=36\,000$ kN·m^2，若欲使梁中最大正、负弯矩的绝对值相等，应将 B、C 两支座同时升降多少？

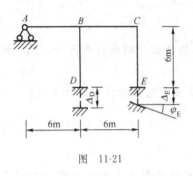

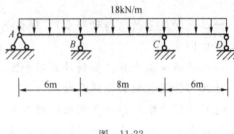

图 11-21　　　　　　　　　　　　　图 11-22

7. 试计算图 11-23 所示有侧移刚架并绘 M 图。

8. 用无剪力分配法计算图 11-24 所示刚架并绘 M 图。

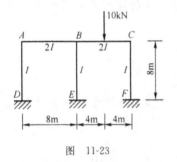

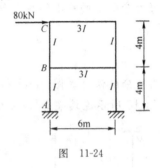

图 11-23　　　　　　　　　　　　　图 11-24

9. 试用最简捷的方法（甚至心算）绘出图 11-25 所示各结构的弯矩图。除注明者外，各杆的 EI、l 均相同。

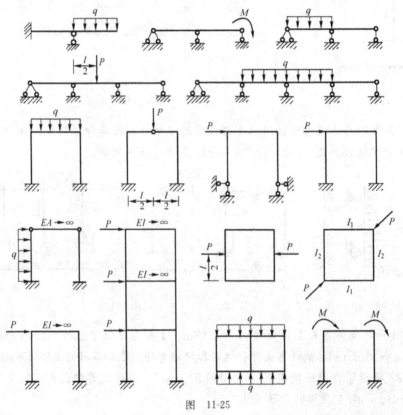

图　11-25

部分习题答案

1. $M_{AB}=\dfrac{3}{19}M$，图略。

2. $M_{CD}=-6.27\mathrm{kN \cdot m}$，
   $M_{DC}=7.14\mathrm{kN \cdot m}$，图略。

3. 立柱在中间顶撑处的弯矩为 $15.0\mathrm{kN \cdot m}$（左侧受拉），图略。

4. a) $M_{CB}=72.9\mathrm{kN \cdot m}$，图略；
   b) $M_{CB}=12.73\mathrm{kN \cdot m}$，图略。

5. $M_{BA}=-336\mathrm{kN \cdot m}$，
   $M_{BD}=85\mathrm{kN \cdot m}$。

6. 19mm↓。

7. $M_{BA}=4.81\mathrm{kN \cdot m}$，
   $M_{BC}=-8.53\mathrm{kN \cdot m}$，图略。

8. $M_{AB}=-91.9\mathrm{kN \cdot m}$，图略。

第十二章　矩阵位移法

本章要点

- 矩阵位移法的基本原理；
- 单元分析和整体分析；
- 局部坐标系和整体坐标系中的单元刚度矩阵；
- 用直接刚度法形成总刚；
- 计算综合结点荷载列矩阵，建立结构刚度方程；
- 单元杆端力的计算及绘制内力图。

第一节　概　　述

前面介绍的力法和位移法都是传统的结构力学方法，其相应的计算手段是手算，因而只能解决计算简图较粗略、未知量数目不太多的结构分析问题。电子计算机的出现和广泛应用，使结构力学发生了巨大的变化。电算能够高速度、精确地解决手算难以完成的大型复杂问题，同时传统的分析方法已不适应这种新计算技术的要求，于是适合电算的分析方法——结构矩阵分析，便得到了迅速的发展。这一方法的基本原理与上述传统方法并无不同，只是在处理手段上采用了矩阵这一数学工具。这是因为矩阵的运算规律最适合电算的特点，便于编制计算机程序。杆件结构的矩阵分析，也称杆件有限元法，它的主要内容包括以下两部分。

一是把结构先分解为有限个较小的单元，即进行所谓离散化。对于杆件结构，一般以一根杆件或杆件的一段作为一个单元，进而分析单元的内力与位移之间的关系，建立所谓单元刚度矩阵，这称为单元分析。

二是把各单元又集合成原来的结构，这就要求各单元满足原结构的几何条件（包括支承条件和结点处的变形连续条件）和平衡条件，从而建立整个结构的刚度方程，以求解原结构的位移和内力，这称为整体分析。

根据所选基本未知量的不同，结构矩阵分析同样有矩阵位移法和矩阵力法两种。其中，矩阵位移法的程序简单且通用性强，故应用最广。按照建立结构总刚度方程过程中结构支承条件引入的先后，矩阵位移法又可分为先处理法和后处理法。

在矩阵位移法当中，由结构坐标系中的单元刚度矩阵直接形成结构刚度矩阵，是本章的核心内容。

第二节　单元坐标系中的单元刚度矩阵

单元分析的任务，在于建立杆端力与杆端位移之间的关系。这就是第十章中讨论过的转角位移方程，现在用矩阵形式来表达。同时为了更精确和一般化，将考虑轴向变形影响。

图 12-1所示为一等截面直杆，设其在整个结构中的编号为ⓔ，它联结着两个结点 i、j。现以 i 为原点，以从 i 向 j 的方向为 $\bar{x}$ 轴的正向，并以 $\bar{x}$ 轴的正向逆时针转 $90°$ 为 $\bar{y}$ 轴的正向。这样的坐标系称为单元的局部坐标系或单元坐标系。i、j 分别称为单元的始端和末端。

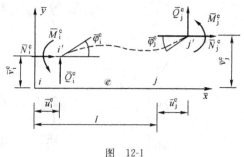

图 12-1

对于平面杆件，在不受任何约束情况下两端各有三个杆端力分量，即 i 端的轴力 $\bar{N}_i^e$、剪力 $\bar{Q}_i^e$ 和弯矩 $\bar{M}_i^e$ 及 j 端的 $\bar{N}_j^e$、$\bar{Q}_j^e$、$\bar{M}_j^e$（这些符号上面冠一横线，是表示它们是局部坐标系中的量值，上标 e 表示它们是属单元 e 的，下同）；与此相应有 6 个杆端位移分量，即 $\bar{u}_i^e$、$\bar{v}_i^e$、$\bar{\varphi}_i^e$ 和 $\bar{u}_j^e$、$\bar{v}_j^e$、$\bar{\varphi}_j^e$。这样的单元称为自由单元。杆端力和杆端位移的正负号规定为：杆端轴力 $\bar{N}^e$ 以同 $\bar{x}$ 轴指向为正，杆端剪力 $\bar{Q}^e$ 以同 $\bar{y}$ 轴指向为正；杆端弯矩 $\bar{M}^e$ 以逆时针方向为正；杆端位移的正负号规定与杆端力相同。

1. 一般单元的刚度矩阵

现设 6 个杆端位移分量已给出，同时杆上无荷载作用，要确定相应的 6 个杆端力分量。根据胡克定律和表 10-1（注意：现在的正负号规定与该表有所不同），不难确定仅当某一杆端位移分量等于 1（其余各杆端位移分量皆等于零）时的各杆端力分量，这就相当于两端固定的梁仅发生某一单位支座位移时的情况，分别如图 12-2a）～图 12-2f）所示。然后根据叠加原理可写出

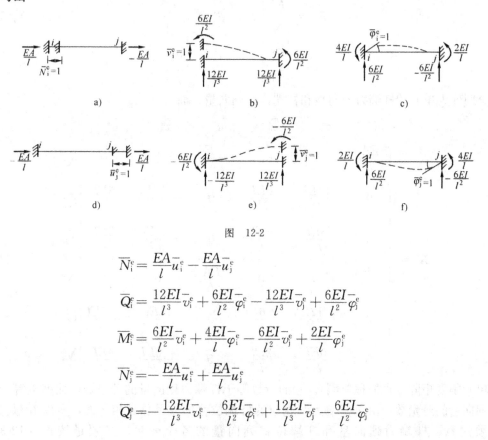

图 12-2

$$\bar{N}_i^e = \frac{EA}{l}\bar{u}_i^e - \frac{EA}{l}\bar{u}_j^e$$

$$\bar{Q}_i^e = \frac{12EI}{l^3}\bar{v}_i^e + \frac{6EI}{l^2}\bar{\varphi}_i^e - \frac{12EI}{l^3}\bar{v}_j^e + \frac{6EI}{l^2}\bar{\varphi}_j^e$$

$$\bar{M}_i^e = \frac{6EI}{l^2}\bar{v}_i^e + \frac{4EI}{l}\bar{\varphi}_i^e - \frac{6EI}{l^2}\bar{v}_j^e + \frac{2EI}{l}\bar{\varphi}_j^e$$

$$\bar{N}_j^e = -\frac{EA}{l}\bar{u}_i^e + \frac{EA}{l}\bar{u}_j^e$$

$$\bar{Q}_j^e = -\frac{12EI}{l^3}\bar{v}_i^e - \frac{6EI}{l^2}\bar{\varphi}_i^e + \frac{12EI}{l^3}\bar{v}_j^e - \frac{6EI}{l^2}\bar{\varphi}_j^e$$

$$\overline{M}_j^e = \frac{6EI}{l^2}\overline{v}_i^e + \frac{2EI}{l}\overline{\varphi}_i^e - \frac{6EI}{l^2}\overline{v}_j^e + \frac{4EI}{l}\overline{\varphi}_j^e$$

写成矩阵形式则有

$$
\begin{Bmatrix} \overline{N}_i^e \\ \overline{Q}_i^e \\ \overline{M}_i^e \\ \overline{N}_j^e \\ \overline{Q}_j^e \\ \overline{M}_j^e \end{Bmatrix}
=
\begin{bmatrix}
\dfrac{EA}{l} & 0 & 0 & -\dfrac{EA}{l} & 0 & 0 \\[2mm]
0 & \dfrac{12EI}{l^3} & \dfrac{6EI}{l^2} & 0 & -\dfrac{12EI}{l^3} & \dfrac{6EI}{l^2} \\[2mm]
0 & \dfrac{6EI}{l^2} & \dfrac{4EI}{l} & 0 & -\dfrac{6EI}{l^2} & \dfrac{2EI}{l} \\[2mm]
-\dfrac{EA}{l} & 0 & 0 & \dfrac{EA}{l} & 0 & 0 \\[2mm]
0 & -\dfrac{12EI}{l^3} & -\dfrac{6EI}{l^2} & 0 & \dfrac{12EI}{l^3} & -\dfrac{6EI}{l^2} \\[2mm]
0 & \dfrac{6EI}{l^2} & \dfrac{2EI}{l} & 0 & -\dfrac{6EI}{l^2} & \dfrac{4EI}{l}
\end{bmatrix}
\begin{Bmatrix} \overline{u}_i^e \\ \overline{v}_i^e \\ \overline{\varphi}_i^e \\ \overline{u}_j^e \\ \overline{v}_j^e \\ \overline{\varphi}_j^e \end{Bmatrix}
\tag{12-1}
$$

这称为单元的刚度方程，它可简写为

$$\overline{F}^e = \overline{K}^e \overline{\delta}^e \tag{12-2}$$

式中：

$$
\overline{F}^e = \begin{Bmatrix} \overline{N}_i^e \\ \overline{Q}_i^e \\ \overline{M}_i^e \\ \overline{N}_j^e \\ \overline{Q}_j^e \\ \overline{M}_j^e \end{Bmatrix}, \qquad
\overline{\delta}^e = \begin{Bmatrix} \overline{u}_i^e \\ \overline{v}_i^e \\ \overline{\varphi}_i^e \\ \overline{u}_j^e \\ \overline{v}_j^e \\ \overline{\varphi}_j^e \end{Bmatrix}
\tag{12-3、(12-4)}
$$

分别称为单元的杆端力列向量和杆端位移列向量，而

$$
\overline{K}^e =
\begin{array}{c}
\begin{array}{cccccc} \overline{u}_i^e & \overline{v}_i^e & \overline{\varphi}_i^e & \overline{u}_j^e & \overline{v}_j^e & \overline{\varphi}_j^e \end{array} \\
\begin{bmatrix}
\dfrac{EA}{l} & 0 & 0 & -\dfrac{EA}{l} & 0 & 0 \\[2mm]
0 & \dfrac{12EI}{l^3} & \dfrac{6EI}{l^2} & 0 & -\dfrac{12EI}{l^3} & \dfrac{6EI}{l^2} \\[2mm]
0 & \dfrac{6EI}{l^2} & \dfrac{4EI}{l} & 0 & -\dfrac{6EI}{l^2} & \dfrac{2EI}{l} \\[2mm]
-\dfrac{EA}{l} & 0 & 0 & \dfrac{EA}{l} & 0 & 0 \\[2mm]
0 & -\dfrac{12EI}{l^3} & -\dfrac{6EI}{l^2} & 0 & \dfrac{12EI}{l^3} & -\dfrac{6EI}{l^2} \\[2mm]
0 & \dfrac{6EI}{l^2} & \dfrac{2EI}{l} & 0 & -\dfrac{6EI}{l^2} & \dfrac{4EI}{l}
\end{bmatrix}
\begin{array}{l} \overline{N}_i^e \\ \overline{Q}_i^e \\ \overline{M}_i^e \\ \overline{N}_j^e \\ \overline{Q}_j^e \\ \overline{M}_j^e \end{array}
\end{array}
\tag{12-5}
$$

称为单元刚度矩阵（也简称单刚）。它的行数等于杆端力列向量的分量数，而列数等于相应位移列向量的分量数，由于杆端力和相应的杆端位移的数目总是相等的，所以 $\overline{K}^e$ 是方阵。这里须注意，杆端力列向量和杆端位移列向量的各个分量，必须是按式（12-3）和

式（12-4）那样，从 i 到 j 按顺序一一对应排列。否则，随着排列顺序的改变，刚度矩阵 $\overline{\boldsymbol{K}}^e$ 中各元素的排列也随之改变。为了避免混淆，可在 $\overline{\boldsymbol{K}}^e$ 的上方注明杆端位移分量，而在右方注明与之一一对应的杆端力分量。显然，单元刚度矩阵中每一元素的物理意义就是当其所在列对应的杆端位移分量等于 1（其余杆端位移分量均为零）时，所引起的其所在行对应的杆端力分量的数值。不难看出，单元刚度矩阵具有以下重要性质。

（1）对称性。单元刚度矩阵 $\overline{\boldsymbol{K}}^e$ 是一个对称矩阵，即位于主对角线两边对称位置的两个元素是相等的，由反力互等定理也可得出此结论。

（2）奇异性。单元刚度矩阵 $\overline{\boldsymbol{K}}^e$ 是奇异矩阵。若将其第 1 行（或列）元素与第 4 行（列）元素相加，则所得的一行（列）元素全等于零；或将第 2 行（列）与第 5 行（列）相加也得零。这表明矩阵 $\overline{\boldsymbol{K}}^e$ 相应的行列式等于零，故 $\overline{\boldsymbol{K}}^e$ 是奇异的，其逆阵不存在。因此若给定了杆端位移 $\overline{\boldsymbol{\delta}}^e$，可以由式（12-2）确定杆端力 $\overline{\boldsymbol{F}}^e$；但给定了杆端力 $\overline{\boldsymbol{F}}^e$，却不能由式（12-2）反求杆端位移 $\overline{\boldsymbol{\delta}}^e$。从物理概念上来说，由于所讨论的是一个自由单元，两端没有任何支承约束，因此杆件除了由杆端力引起的轴向变形和弯曲变形外，还可以有任意的刚体位移，故由给定的 $\overline{\boldsymbol{F}}^e$ 还不能求得 $\overline{\boldsymbol{\delta}}^e$ 的唯一解，除非增加足够的约束条件。

2. 特殊单元的刚度矩阵

（1）对于平面桁架中的杆件，其两端仅有轴力作用。

如图 12-3 所示，此时剪力和弯矩均为零，由式（12-1）可知，其单元刚度方程为

$$\left\{\begin{array}{c} \overline{N}_i^e \\ \overline{N}_j^e \end{array}\right\} = \left[\begin{array}{cc} \dfrac{EA}{l} & -\dfrac{EA}{l} \\ -\dfrac{EA}{l} & \dfrac{EA}{l} \end{array}\right] \left\{\begin{array}{c} \overline{u}_i^e \\ \overline{u}_j^e \end{array}\right\} \tag{12-6}$$

相应的单元刚度矩阵为

$$\overline{\boldsymbol{K}}^e = \begin{array}{cc} \overline{u}_i^e \qquad\quad \overline{u}_j^e \end{array} \\ \left[\begin{array}{cc} \dfrac{EA}{l} & -\dfrac{EA}{l} \\ -\dfrac{EA}{l} & \dfrac{EA}{l} \end{array}\right] \begin{array}{c} \overline{N}_i^e \\ \overline{N}_j^e \end{array} \tag{12-7}$$

显然它可以从式（12-5）的刚度矩阵中删去与杆端剪力和弯矩对应的行及与杆端横向位移和转角对应的列而得到。

（2）忽略轴向变形的梁单元的刚度矩阵。

在计算刚架时，通常忽略梁或柱的轴向变形。如果取刚架的梁（或柱）作为单元，如图 12-4 所示，则只有 4 个杆端位移分量 $\overline{v}_i^e$、$\overline{\varphi}_i^e$、$\overline{v}_j^e$、$\overline{\varphi}_j^e$，而其余两个分量均为零

$$\overline{u}_i^e = \overline{u}_j^e = 0$$

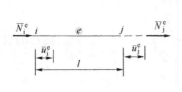

图 12-3

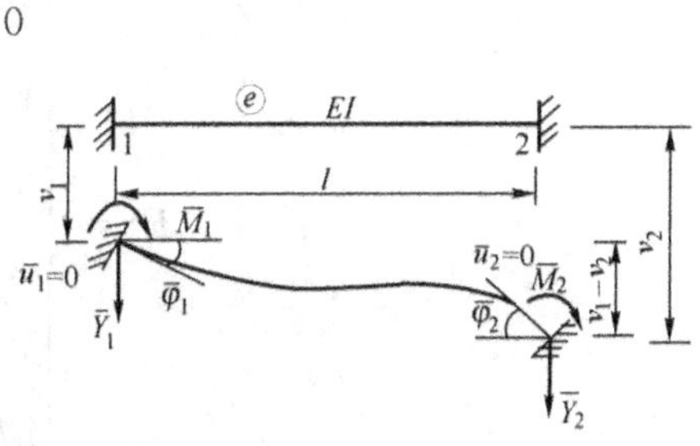

图 12-4

由式（12-5）中删去第1、4行和列后可得梁或柱的单元刚度矩阵

$$\bar{\pmb{K}}^{e} = \begin{bmatrix} \dfrac{12EI}{l^3} & \dfrac{6EI}{l^2} & -\dfrac{12EI}{l^3} & \dfrac{6EI}{l^2} \\[2mm] \dfrac{6EI}{l^2} & \dfrac{4EI}{l} & -\dfrac{6EI}{l^2} & \dfrac{2EI}{l} \\[2mm] -\dfrac{12EI}{l^3} & -\dfrac{6EI}{l^2} & \dfrac{12EI}{l^3} & -\dfrac{6EI}{l^2} \\[2mm] \dfrac{6EI}{l^2} & \dfrac{2EI}{l} & -\dfrac{6EI}{l^2} & \dfrac{4EI}{l} \end{bmatrix} \tag{12-8}$$

（3）连续梁单元的刚度矩阵。

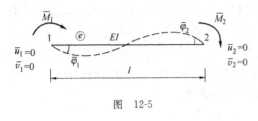

图 12-5

计算连续梁时，通常忽略轴向变形，同时，连续梁均支承在刚性支座上，无横向位移。如图 12-5 所示。此时，只有两个杆端位移 $\bar{\varphi}_i^e$、$\bar{\varphi}_j^e$，而其余 4 个杆端分量均为零

$$\bar{u}_i^e = \bar{v}_i^e = \bar{u}_j^e = \bar{v}_j^e = 0$$

将式（12-5）中的第 1、2、4、5 行和列删去后，可得连续梁单元的刚度矩阵为

$$\bar{\pmb{K}}^{e} = \begin{bmatrix} \dfrac{4EI}{l} & \dfrac{2EI}{l} \\[2mm] \dfrac{2EI}{l} & \dfrac{4EI}{l} \end{bmatrix} \tag{12-9}$$

第三节　结构坐标系中的单元刚度矩阵

上一节的单元刚度矩阵，是建立在杆件的局部坐标系上的。对于整个结构，各单元的局部坐标系可能各不相同，而在研究结构的几何条件和平衡条件时，必须选定一个统一的坐标系，称为整体坐标系或结构坐标系。因此，在进行结构的整体分析之前，应先讨论如何把按局部坐标系建立的单元刚度矩阵 $\bar{\pmb{K}}^e$ 转换到整体坐标系上来，以建立整体坐标系中的单元刚度矩阵 $\pmb{K}^e$。

1. 坐标转换

图 12-6 所示杆件 ij，在局部坐标系 $\bar{x}\,i\,\bar{y}$ 中，仍按式（12-3）、式（12-4）那样，以 $\bar{\pmb{F}}^e$、$\bar{\pmb{\delta}}^e$ 分别表示杆端力列向量和杆端位移列向量。而在整体坐标系 xOy，则另以 $\pmb{F}^e$ 和 $\pmb{\delta}^e$ 来表示杆端力列向量和杆端位移列向量，即

$$\pmb{F}^{e} = \begin{Bmatrix} X_i^e \\ Y_i^e \\ M_i^e \\ X_j^e \\ Y_j^e \\ M_j^e \end{Bmatrix}, \qquad \pmb{\delta}^{e} = \begin{Bmatrix} u_i^e \\ v_i^e \\ \varphi_i^e \\ u_j^e \\ v_j^e \\ \varphi_j^e \end{Bmatrix} \tag{12-10)、(12-11}$$

其中，力和线位移以与结构坐标系指向一致者为正，力偶和角位移以逆时针方向为正。

先讨论两种坐标系中杆端力之间的转换关系。

在两种坐标系中（图 12-6），弯矩都作用在同一平面上，是垂直于坐标平面的力偶矢量，故不受平面内坐标变换的影响，即

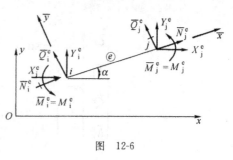

图 12-6

$$\overline{M}_i^e = M_i^e, \overline{M}_j^e = M_j^e \qquad (12\text{-}12)$$

轴力 $\overline{N}^e$ 和剪力 $\overline{Q}^e$ 则随坐标转换而重新组合为沿整体坐标系方向（通常是水平和竖直方向）的分力 X^e 和 Y^e。设两种坐标系之间的夹角为 α，它是从 x 轴沿逆时针方向转至 $\overline{x}$ 轴来度量的，由投影关系可得

$$\overline{N}_i^e = X_i^e \cos\alpha + Y_i^e \sin\alpha$$

$$\overline{Q}_i^e = -X_i^e \sin\alpha + Y_i^e \cos\alpha$$

$$\overline{N}_j^e = X_j^e \cos\alpha + Y_j^e \sin\alpha \qquad (12\text{-}13)$$

$$\overline{Q}_j^e = -X_j^e \sin\alpha + Y_j^e \cos\alpha$$

将式 (12-12)、式 (12-13) 写成矩阵形式，则有

$$\begin{Bmatrix} \overline{N}_i^e \\ \overline{Q}_i^e \\ \overline{M}_i^e \\ \overline{N}_j^e \\ \overline{Q}_j^e \\ \overline{M}_j^e \end{Bmatrix} = \begin{bmatrix} \cos\alpha & \sin\alpha & 0 & 0 & 0 & 0 \\ -\sin\alpha & \cos\alpha & 0 & 0 & 0 & 0 \\ 0 & 0 & 1 & 0 & 0 & 0 \\ 0 & 0 & 0 & \cos\alpha & \sin\alpha & 0 \\ 0 & 0 & 0 & -\sin\alpha & \cos\alpha & 0 \\ 0 & 0 & 0 & 0 & 0 & 1 \end{bmatrix} \begin{Bmatrix} X_i^e \\ Y_i^e \\ M_i^e \\ X_j^e \\ Y_j^e \\ M_j^e \end{Bmatrix} \qquad (12\text{-}14)$$

或简写为

$$\overline{F}^e = TF^e \qquad (12\text{-}15)$$

其中

$$T = \begin{bmatrix} \cos\alpha & \sin\alpha & 0 & & & \\ -\sin\alpha & \cos\alpha & 0 & & 0 & \\ 0 & 0 & 1 & & & \\ & & & \cos\alpha & \sin\alpha & 0 \\ & 0 & & -\sin\alpha & \cos\alpha & 0 \\ & & & 0 & 0 & 1 \end{bmatrix} \qquad (12\text{-}16)$$

称为一般单元的坐标转换矩阵，它是一个正交矩阵，因而有

$$T^{-1} = T^T \qquad (12\text{-}17)$$

显然，杆端力之间的这种转换关系，同样适用于杆端位移之间的转换，即

$$\overline{\delta}^e = T\delta^e \qquad (12\text{-}18)$$

当两种坐标系中的杆端力分量（或杆端位移分量）个数不相等时，其转换矩阵可以不为方阵。它的行与 $\overline{F}^e$ 的元素对应，它的列与 F^e 的元素对应。例如，梁单元的转换关系，是由式 (12-14) 划去第 1、4 行而列数不变获得的，即

$$\begin{Bmatrix} \overline{Q}_i^e \\ \overline{M}_i^e \\ \overline{Q}_j^e \\ \overline{M}_j^e \end{Bmatrix} = \begin{bmatrix} -\sin\alpha & \cos\alpha & 0 & 0 & 0 & 0 \\ 0 & 0 & 1 & 0 & 0 & 0 \\ 0 & 0 & 0 & -\sin\alpha & \cos\alpha & 0 \\ 0 & 0 & 0 & 0 & 0 & 1 \end{bmatrix} \begin{Bmatrix} X_i^e \\ Y_i^e \\ M_i^e \\ X_j^e \\ Y_j^e \\ M_j^e \end{Bmatrix} \tag{12-19}$$

式中：

$$\boldsymbol{T} = \begin{bmatrix} -\sin\alpha & \cos\alpha & 0 & 0 & 0 & 0 \\ 0 & 0 & 1 & 0 & 0 & 0 \\ 0 & 0 & 0 & -\sin\alpha & \cos\alpha & 0 \\ 0 & 0 & 0 & 0 & 0 & 1 \end{bmatrix} \tag{12-20}$$

即为梁单元的转换矩阵。同理轴力单元杆端力转换关系为

$$\begin{Bmatrix} \overline{N}_i^e \\ \overline{N}_j^e \end{Bmatrix} = \begin{bmatrix} \cos\alpha & \sin\alpha & 0 & 0 \\ 0 & 0 & \cos\alpha & \sin\alpha \end{bmatrix} \begin{Bmatrix} X_i^e \\ Y_i^e \\ X_j^e \\ Y_j^e \end{Bmatrix} \tag{12-21}$$

式中：

$$\boldsymbol{T} = \begin{bmatrix} \cos\alpha & \sin\alpha & 0 & 0 \\ 0 & 0 & \cos\alpha & \sin\alpha \end{bmatrix} \tag{12-22}$$

为轴力单元的转换矩阵。

2. 结构坐标系中的单元刚度矩阵

由式（12-2）有

$$\overline{\boldsymbol{F}}^e = \overline{\boldsymbol{K}}^e \overline{\boldsymbol{\delta}}^e$$

将式（12-15）和式（12-18）代入上式，则有

$$\boldsymbol{T}\boldsymbol{F}^e = \overline{\boldsymbol{K}}^e \boldsymbol{T}\boldsymbol{\delta}^e$$

两边同时左乘 $\boldsymbol{T}^{-1}$ 得

$$\boldsymbol{F}^e = \boldsymbol{T}^{-1} \overline{\boldsymbol{K}}^e \boldsymbol{T}\boldsymbol{\delta}^e$$

注意到式（2-17），则有

$$\boldsymbol{F}^e = \boldsymbol{T}^{\mathrm{T}} \overline{\boldsymbol{K}}^e \boldsymbol{T}\boldsymbol{\delta}^e \tag{12-23}$$

或写为

$$\boldsymbol{F}^e = \boldsymbol{K}^e \boldsymbol{\delta}^e \tag{12-24}$$

其中

$$\boldsymbol{K}^e = \boldsymbol{T}^{\mathrm{T}} \overline{\boldsymbol{K}}^e \boldsymbol{T} \tag{12-25}$$

这里 $\boldsymbol{K}^e$ 就是整体坐标系中的单元刚度矩阵，式（12-25）即为单元刚度矩阵由局部坐标系向整体坐标系转换的公式。

将式（12-5）和式（12-16）代入式（12-25），经进行矩阵乘法运算，可得结构坐标系中

的一般单元刚度矩阵计算公式如下：

$$\boldsymbol{K}^{\mathrm{e}} = \boldsymbol{T}^{\mathrm{T}} \overline{\boldsymbol{K}}^{\mathrm{e}} \boldsymbol{T}$$

$$= \begin{bmatrix} R_{11}^{\mathrm{e}} & R_{12}^{\mathrm{e}} & R_{13}^{\mathrm{e}} & \vdots & R_{14}^{\mathrm{e}} & R_{15}^{\mathrm{e}} & R_{16}^{\mathrm{e}} \\ R_{21}^{\mathrm{e}} & R_{22}^{\mathrm{e}} & R_{23}^{\mathrm{e}} & \vdots & R_{24}^{\mathrm{e}} & R_{25}^{\mathrm{e}} & R_{26}^{\mathrm{e}} \\ R_{31}^{\mathrm{e}} & R_{32}^{\mathrm{e}} & R_{33}^{\mathrm{e}} & \vdots & R_{34}^{\mathrm{e}} & R_{35}^{\mathrm{e}} & R_{36}^{\mathrm{e}} \\ \cdots & \cdots & \cdots & & \cdots & \cdots & \cdots \\ R_{41}^{\mathrm{e}} & R_{42}^{\mathrm{e}} & R_{43}^{\mathrm{e}} & \vdots & R_{44}^{\mathrm{e}} & R_{45}^{\mathrm{e}} & R_{46}^{\mathrm{e}} \\ R_{51}^{\mathrm{e}} & R_{52}^{\mathrm{e}} & R_{53}^{\mathrm{e}} & \vdots & R_{54}^{\mathrm{e}} & R_{55}^{\mathrm{e}} & R_{56}^{\mathrm{e}} \\ R_{61}^{\mathrm{e}} & R_{62}^{\mathrm{e}} & R_{63}^{\mathrm{e}} & \vdots & R_{64}^{\mathrm{e}} & R_{65}^{\mathrm{e}} & R_{66}^{\mathrm{e}} \end{bmatrix} \quad (12\text{-}26)$$

式中：$R_{11}^{\mathrm{e}} = R_{44}^{\mathrm{e}} = -R_{14}^{\mathrm{e}} = -R_{41}^{\mathrm{e}} = \dfrac{EA}{l}\cos^2\alpha + \dfrac{12EI}{l^3}\sin^2\alpha$；

$R_{15}^{\mathrm{e}} = R_{51}^{\mathrm{e}} = R_{24}^{\mathrm{e}} = R_{42}^{\mathrm{e}} = -R_{12}^{\mathrm{e}} = -R_{21}^{\mathrm{e}} = -R_{45}^{\mathrm{e}} = -R_{54}^{\mathrm{e}} = \left(-\dfrac{EA}{l} + \dfrac{12EI}{l^3}\right)\cos\alpha\sin\alpha$；

$R_{22}^{\mathrm{e}} = R_{55}^{\mathrm{e}} = -R_{25}^{\mathrm{e}} = -R_{52}^{\mathrm{e}} = \dfrac{EA}{l}\sin^2\alpha + \dfrac{12EI}{l^3}\cos^2\alpha$；

$R_{34}^{\mathrm{e}} = R_{43}^{\mathrm{e}} = R_{46}^{\mathrm{e}} = R_{64}^{\mathrm{e}} = -R_{13}^{\mathrm{e}} = -R_{31}^{\mathrm{e}} = -R_{16}^{\mathrm{e}} = -R_{61}^{\mathrm{e}} = \dfrac{6EI}{l^2}\sin\alpha$；

$R_{23}^{\mathrm{e}} = R_{32}^{\mathrm{e}} = R_{26}^{\mathrm{e}} = R_{62}^{\mathrm{e}} = -R_{35}^{\mathrm{e}} = -R_{53}^{\mathrm{e}} = -R_{56}^{\mathrm{e}} = -R_{65}^{\mathrm{e}} = \dfrac{6EI}{l^2}\cos\alpha$；

$R_{33}^{\mathrm{e}} = R_{66}^{\mathrm{e}} = \dfrac{4EI}{l}$；

$R_{36}^{\mathrm{e}} = R_{63}^{\mathrm{e}} = \dfrac{2EI}{l}$。

同样，将式（12-7）和式（12-22）代入式（12-25）可得结构坐标系中的轴力单元刚度矩阵为

$$\boldsymbol{K}^{\mathrm{e}} = \frac{EA}{l} \begin{bmatrix} \cos^2\alpha & \cos\alpha\sin\alpha & -\cos^2\alpha & -\cos\alpha\sin\alpha \\ \cos\alpha\sin\alpha & \sin^2\alpha & -\cos\alpha\sin\alpha & -\sin^2\alpha \\ -\cos^2\alpha & -\cos\alpha\sin\alpha & \cos^2\alpha & \cos\alpha\sin\alpha \\ -\cos\alpha\sin\alpha & -\sin^2\alpha & \cos\alpha\sin\alpha & \sin^2\alpha \end{bmatrix} \quad (12\text{-}27)$$

如果将 $\alpha = 90°$ 代入式（12-26）可得竖直单元在结构坐标中的单元刚度矩阵，即

$$\boldsymbol{K}^{\mathrm{e}} = \begin{bmatrix} \dfrac{12EI}{l^3} & 0 & -\dfrac{6EI}{l^2} & -\dfrac{12EI}{l^3} & 0 & -\dfrac{6EI}{l^2} \\[2mm] 0 & \dfrac{EA}{l} & 0 & 0 & -\dfrac{EA}{l} & 0 \\[2mm] -\dfrac{6EI}{l^2} & 0 & \dfrac{4EI}{l} & \dfrac{6EI}{l^2} & 0 & \dfrac{2EI}{l} \\[2mm] -\dfrac{12EI}{l^3} & 0 & \dfrac{6EI}{l^2} & \dfrac{12EI}{l^3} & 0 & \dfrac{6EI}{l^2} \\[2mm] 0 & -\dfrac{EA}{l} & 0 & 0 & \dfrac{EA}{l} & 0 \\[2mm] -\dfrac{6EI}{l^2} & 0 & \dfrac{2EI}{l} & \dfrac{6EI}{l^2} & 0 & \dfrac{4EI}{l} \end{bmatrix} \quad (12\text{-}28)$$

第四节 结构的刚度矩阵

矩阵位移法是以结点位移为基本未知量的。整体分析的任务，就是在单元分析的基础上，考虑各结点的几何条件和平衡条件，以建立求解基本未知量的位移法典型方程，即结构的刚度方程，一般缩写形式为

$$P = K\Delta \tag{12-29}$$

式中：P——结点荷载（也称结点外力）列矩阵；

$\quad\quad K$——结构刚度矩阵（也称总刚）；

$\quad\quad \Delta$——结点位移列矩阵。

在结构整体分析中，结构刚度矩阵 K 的形成是主要环节，本节将学习结构刚度矩阵的形成方法。

1. 结点位移分量的统一编号

结点位移分量的个数是决定结构刚度矩阵阶数的关键数字，所以在形成结构刚度矩阵前，必须对所有可能的结点位移分量（或对应的结点力分量）进行统一编号。结点位移分量的统一编号，也是用 1，2，…，n 表示，称为结构的总体编号，写在结点编号右侧括号内。对于不可能发生结点位移分量的结点处，一律用"0"编号。

在进行结构统一编号时，还应注意：在刚架中考虑轴向变形与否，其结点位移分量的数目是不相同的。在不考虑轴向变形时，结点位移分量的数目和传统位移法的相同，有时会出现几个结点的同一位移分量相同的情况，如图 12-7a) 所示；在刚架中出现铰结点时，在铰结点处各单元的杆端角位移不连续，因此会在同一结点上出现几个结点角位移，如图12-7b)中结点 3 所示；对于平面理想桁架，由于只考虑杆件的轴向变形，因此每个结点只有两个结点线位移分量，如图 12-7c) 所示；对于无侧移刚架和连续梁等结构，不考虑轴向变形时，每个自由刚结点只有一个结点位移分量，如图 12-7d) 所示。

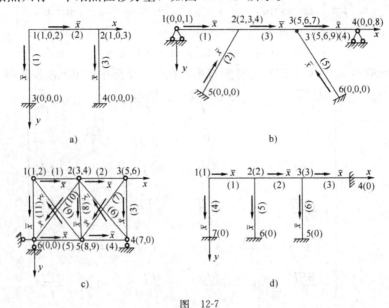

图 12-7

2. 两套编号的关系

在单元分析时，对单元的 6 个杆端位移分量和 6 个杆端力分量进行了①～⑥的局部编号，根据局部编号，就可以确定单元的任何一个刚度系数 $k_{ij}^{(e)}$ 在单元刚度矩阵 $K^{(e)}$ 中的位置。同样，在整体分析时，对结构进行了 1～n 的总体编号，据此，可以确定任何一个结构刚度系数 k_{ij} 在结构刚度矩阵 K 中的位置。另外，结构刚度系数 k_{ij} 是由单元刚度系数 $k_{ij}^{(e)}$ 叠加而成的。如何用局部编号表示的单元刚度系数叠加成用总体编号表示的结构刚度系数，首先要弄清单元的局部编号和结构的总体编号之间的对应关系。以下结合图 12-7 讨论两套编号的对应关系。

仔细考察图 12-7 可知，组成结构的每个单元的局部编号总是和总体编号 1～n（或 0）中的某一部分对应，如图 12-7a) 中（1）单元的局部编号①、②、③、④、⑤、⑥和总体编号 1、0、2、0、0、0 相对应，图 12-7c)中（2）单元的局部编号①、②、③、④和总体编号 3、4、5、6 相对应，图 12-7d)中（2）单元的局部编号①、②和总体编号 2、3 相对应。为了更加明确局部编号和总体编号的对应关系，现将图 12-7b) 所示刚架各个单元的局部编号和结构总体编号的对应关系列于表 12-1。总体编号是结构刚度矩阵 K 之行与列的序号，所以单元的局部编号所对应的总体编号部分，就是该单元刚度系数 $k_{ij}^{(e)}$ 在结构刚度矩阵 K 中的位置标记。例如，图 12-7b)（4）单元的刚度矩阵 $K^{(4)}$ 中第③行第⑥列的刚度系数 $k_{36}^{(4)} = \dfrac{2EI}{l}$，它在结构刚度矩阵 K 的第 7 行第 8 列交点的位置上。$\lambda^{(e)}$ 称为定位向量，定位向量中的元素代表总体编号，而元素所处的位置代表局部编号。例如，表 12-1 中 $\lambda^{(1)} = [0\ 0\ 1\ 2\ 3\ 4]^T$，2 本身代表结构刚度矩阵 K 的 2 行和 2 列，同时 2 所处的位置是单元刚度矩阵 $K^{(1)}$ 的④行和④列，依此类推。定位向量的作用就是指明单元刚度矩阵系数在结构刚度矩阵中的位置。

各单元局部编号和结构总体编号的对应关系　　　　表 12-1

局部编号 总体编号 单元编号	始端 i			终端 j			单元定位向量 $\lambda^{(e)}$
	u_i	v_i	φ_i	u_j	v_j	φ_j	
	①	②	③	④	⑤	⑥	
(1)	0	0	1	2	3	4	$\lambda^{(1)} = [0\ 0\ 1\ 2\ 3\ 4]^T$
(2)	0	0	0	2	3	4	$\lambda^{(2)} = [0\ 0\ 0\ 2\ 3\ 4]^T$
(3)	2	3	4	5	6	7	$\lambda^{(3)} = [2\ 3\ 4\ 5\ 6\ 7]^T$
(4)	5	6	7	0	0	8	$\lambda^{(4)} = [5\ 6\ 7\ 0\ 0\ 8]^T$
(5)	0	0	0	5	6	9	$\lambda^{(5)} = [0\ 0\ 0\ 5\ 6\ 9]^T$

3. 结构刚度矩阵的形成

（1）设置结构刚度空白矩阵。

当结构的非零总体编号（即可能结点位移分量个数）确定之后，其结构刚度矩阵的阶数也就确定了。如果结构非零总体编号为 1～n 时，其结构刚度矩阵为 $n \times n$ 阶的方阵。例如，图 12-7b) 所示刚架的非零总体编号为 1～9，故其结构刚度矩阵为 9×9 的方阵。所以在总体编号确定后，要设置一个同总体编号同阶的空白方阵，暂称其为结构刚度空白矩阵，表示为 $[0]_{n \times n}$。它实际上就是一张 n 行 n 列的空白表格。下面的工作就是如何利用定位向量将结构坐标系中的单元刚度系数填充到结构刚度空白矩阵（即空白表格）。

（2）对单元刚度矩阵的处理。

单元刚度矩阵的各元素进入结构刚度矩阵是有选择的，即有些元素可以进入，有些元素不可以进入。对可进入的元素要保留，不可进入的元素要删除，这项工作就是对单元刚度矩阵的处理。单元刚度矩阵的元素能否进入结构刚度矩阵，与该单元的杆端位移分量有关。当杆端位移分量为零时，其单元刚度矩阵中与为零的杆端位移分量对应的行与列上的所有元素都不能进入结构刚度矩阵，应被删除。由变形连续条件知，杆端位移分量为零时，相应的结点位移分量也为零，即总体编号为零，所以在定位向量中对应的元素也为零。因此，利用定位向量将单元刚度矩阵中的刚度系数输入结构刚度矩阵时，凡遇到定位向量中零元素对应的行与列上的刚度系数就不予指示位置，使其自然删除，以达到处理单元刚度矩阵的目的。

（3）对号入座同号相加。

要将用局部编号表示的单元刚度系数准确无误地输送到用总体编号表示的结构刚度矩阵中去，首先要确定单元的局部编号与结构总体编号的对应关系，这在直接刚度法中，俗称对号。对号是通过定位向量实现的。如上所述，对于一般单元，其定位向量 6 个元素的排列顺序与其局部编号①～⑥的顺序是一致的，而每个元素本身又代表结构刚度矩阵的行与列的序号。所以只要看到结构某一单元（e）的定位向量 $\{\lambda\}^{(e)}$，立刻会明白两套编号的对应关系和该单元所有刚度系数在结构刚度矩阵中的位置。例如，已知结构某一单元（e）的定位向量 $\{\lambda\}^{(e)} = [892051]^T$，则其两套编号的对应关系为

$$
\boldsymbol{K}^{(e)} =
\begin{array}{c}
\begin{array}{cccccc}
\quad 8 & \quad 9 & \quad 2 & \quad 0 & \quad 5 & \quad 1 \\
(1) & (2) & (3) & (4) & (5) & (6)
\end{array} \\
\begin{bmatrix}
k_{11}^{(e)} & k_{12}^{(e)} & k_{13}^{(e)} & k_{14}^{(e)} & k_{15}^{(e)} & k_{16}^{(e)} \\
k_{21}^{(e)} & k_{22}^{(e)} & k_{23}^{(e)} & k_{24}^{(e)} & k_{25}^{(e)} & k_{26}^{(e)} \\
k_{31}^{(e)} & k_{32}^{(e)} & k_{33}^{(e)} & k_{34}^{(e)} & k_{35}^{(e)} & k_{36}^{(e)} \\
k_{41}^{(e)} & k_{42}^{(e)} & k_{43}^{(e)} & k_{44}^{(e)} & k_{45}^{(e)} & k_{46}^{(e)} \\
k_{51}^{(e)} & k_{52}^{(e)} & k_{53}^{(e)} & k_{54}^{(e)} & k_{55}^{(e)} & k_{56}^{(e)} \\
k_{61}^{(e)} & k_{62}^{(e)} & k_{63}^{(e)} & k_{64}^{(e)} & k_{65}^{(e)} & k_{66}^{(e)}
\end{bmatrix}
\begin{array}{l}
(1)8 \\
(2)9 \\
(3)2 \\
(4)0 \\
(5)5 \\
(6)1
\end{array}
\end{array}
$$

很明显，单元刚度矩阵的（1）、（2）、（3）、（4）、（5）、（6）行与列，依次对应结构刚度矩阵的 8、9、2、0、5、1 行与列，（4）行与（4）列对应的是"0"，不能进入结构刚度矩阵。第（3）行第（2）列的 $k_{32}^{(e)}$ 应送入结构刚度矩阵 $\boldsymbol{K}$ 的第 2 行第 9 列，俗称对号入座。若遇到结构刚度矩阵中的某些位置已被前面的单元刚度系数占据，而又有新的刚度系数需要进入时，就将原来的和新的刚度系数相加，再占据此位置，这简称为同号相加。

对于由 n 个单元组成的结构，其结构刚度矩阵的形成过程则要从 $e=1$ 开始，到 $e=n$ 结束，进行 n 次循环才能完成。

[**例12-1**] 图 12-8a) 所示刚架，各杆均为等截面直杆，EA 和 EI 为常数，求其结构刚度矩阵 $\mathbf{K}$。

解：(1)建立坐标系。

结构坐标系和单元坐标系如图12-8a)所示。

(2)统一编号。

单元编号、结点编号和总体编号如图 12-8b) 所示。此刚架 2 结点是铰结点，在总体编号时，要注意此处结点线位移连续，而结点角位移不连续，因此，该结点可按两个结点 [图 12-8b)] 中的 2 和 2′ 考虑。

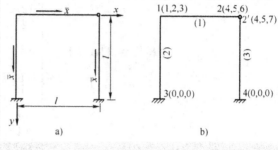

图 12-8

(3)局部编号与总体编号的关系。

根据图12-8a)、图12-8b) 所示坐标系和统一编号，各单元局部编号与结构总体编号的对应关系列于表12-2。

表 12-2

各单元局部编号与结构总体编号的对应关系

总体编号\单元编号 （总局编号）	始端 i u_i ①	v_i ②	φ_i ③	终端 j u_j ④	v_j ⑤	φ_j ⑥	单元定位向量 $\{\lambda\}^{(e)}$
(1)	1	2	3	4	5	6	$\{\lambda\}^{(1)} = [123456]^T$
(2)	1	2	3	0	0	0	$\{\lambda\}^{(2)} = [123000]^T$
(3)	4	5	7	0	0	0	$\{\lambda\}^{(3)} = [457000]^T$

(4)按式 (12-26) 计算各单元刚度矩阵。

$$
\mathbf{K}^{(1)} = \mathbf{T}^{\mathrm{T}} \overline{\mathbf{K}}^{(1)} \mathbf{T} =
\begin{array}{cccccc}
1 & 2 & 3 & 4 & 5 & 6 \\
(1) & (2) & (3) & (4) & (5) & (6)
\end{array}
$$

$$
\begin{bmatrix}
\dfrac{EA}{l} & 0 & 0 & -\dfrac{EA}{l} & 0 & 0 \\[2mm]
0 & \dfrac{12EI}{l^3} & \dfrac{6EI}{l^2} & 0 & \dfrac{-12EI}{l^3} & \dfrac{6EI}{l^2} \\[2mm]
0 & \dfrac{6EI}{l^2} & \dfrac{4EA}{l} & 0 & \dfrac{-6EI}{l^2} & \dfrac{2EI}{l} \\[2mm]
-\dfrac{EA}{l} & 0 & 0 & \dfrac{EA}{l} & 0 & 0 \\[2mm]
0 & \dfrac{-12EI}{l^3} & \dfrac{-6EI}{l^2} & 0 & \dfrac{12EI}{l^3} & \dfrac{-6EI}{l^2} \\[2mm]
0 & \dfrac{6EI}{l^2} & \dfrac{2EI}{l} & 0 & \dfrac{-6EI}{l^2} & \dfrac{4EI}{l}
\end{bmatrix}
\begin{array}{l}
(1)1 \\[2mm]
(2)2 \\[2mm]
(3)3 \\[2mm]
(4)4 \\[2mm]
(5)5 \\[2mm]
(6)6
\end{array}
$$

$$\boldsymbol{K}^{(2)} = \boldsymbol{T}^{\mathrm{T}}\overline{\boldsymbol{K}}^{(2)}\boldsymbol{T} = \begin{array}{ccc} & \begin{array}{ccc} 1 & 2 & 3 \\ (1) & (2) & (3) \end{array} \\ & \begin{bmatrix} \dfrac{12EI}{l^3} & 0 & \dfrac{-6EI}{l^2} \\[2mm] 0 & \dfrac{EA}{l} & 0 \\[2mm] \dfrac{-6EI}{l^2} & 0 & \dfrac{4EI}{l} \end{bmatrix} & \begin{array}{c} (1)1 \\[2mm] (2)2 \\[2mm] (3)3 \end{array} \end{array}$$

$$\boldsymbol{K}^{(3)} = \boldsymbol{T}^{\mathrm{T}}\overline{\boldsymbol{K}}^{(3)}\boldsymbol{T} = \begin{array}{ccc} & \begin{array}{ccc} 4 & 5 & 7 \\ (1) & (2) & (3) \end{array} \\ & \begin{bmatrix} \dfrac{12EI}{l^3} & 0 & \dfrac{-6EI}{l^2} \\[2mm] 0 & \dfrac{EA}{l} & 0 \\[2mm] \dfrac{-6EI}{l^2} & 0 & \dfrac{4EI}{l} \end{bmatrix} & \begin{array}{c} (1)4 \\[2mm] (2)5 \\[2mm] (3)7 \end{array} \end{array}$$

(5)按照两套编码的对应关系送入总刚矩阵，对号入座，同号相加，即得

$$\boldsymbol{K} = \begin{array}{c} \begin{array}{ccccccc} 1 & 2 & 3 & 4 & 5 & 6 & 7 \end{array} \\ \begin{bmatrix} \left(\dfrac{EA}{l}+\dfrac{12EI}{l^3}\right) & 0 & \dfrac{-6EI}{l^2} & \dfrac{-EA}{l} & 0 & 0 & 0 \\[3mm] 0 & \left(\dfrac{12EI}{l^3}+\dfrac{EA}{l}\right) & \dfrac{6EI}{l^2} & 0 & \dfrac{-12EI}{l^3} & \dfrac{6EI}{l^2} & 0 \\[3mm] \dfrac{-6EI}{l^2} & \dfrac{6EI}{l^2} & \dfrac{8EI}{l} & 0 & \dfrac{-6EI}{l^2} & \dfrac{2EI}{l} & 0 \\[3mm] \dfrac{-EA}{l} & 0 & 0 & \left(\dfrac{EA}{l}+\dfrac{12EI}{l^3}\right) & 0 & 0 & \dfrac{-6EI}{l^2} \\[3mm] 0 & \dfrac{-12EI}{l^3} & \dfrac{-6EI}{l^2} & 0 & \left(\dfrac{12EI}{l^3}+\dfrac{EA}{l}\right) & \dfrac{-6EI}{l^2} & 0 \\[3mm] 0 & \dfrac{6EI}{l^2} & \dfrac{2EI}{l} & 0 & \dfrac{-6EI}{l^2} & \dfrac{4EI}{l} & 0 \\[3mm] 0 & 0 & 0 & \dfrac{-6EI}{l^2} & 0 & 0 & \dfrac{4EI}{l} \end{bmatrix} \begin{array}{c} 1 \\[3mm] 2 \\[3mm] 3 \\[3mm] 4 \\[3mm] 5 \\[3mm] 6 \\[3mm] 7 \end{array} \end{array}$$

第五节　综合结点荷载列矩阵

到现在为止，所讨论的只是荷载作用在结点上的情况。但在实际问题中，不可避免地会遇到非结点荷载，对于这种情况，可将非结点荷载等效变换成等效结点荷载。

1. 等效结点荷载列矩阵

非结点荷载的等效变换分析，也存在单元分析和整体分析。

（1）单元分析。

首先讨论单元坐标系中的单元固端力列矩阵。单元固端力列矩阵是由单元坐标系中的固端力组成，这些固端力可由现成的公式或表格（表12-3）查得。

序号	荷 载 图 式	符号	始 端 i	终 端 j
1		$\overline{N}_g$	0	0
		$\overline{Q}_g$	$qa\left(1-\dfrac{a^2}{l^2}+\dfrac{a^3}{2l^3}\right)$	$-q\dfrac{a^3}{l^2}\left(1-\dfrac{a}{2l}\right)$
		$\overline{M}_g$	$-\dfrac{qa^2}{12}\left(6-8\dfrac{a}{l}+3\dfrac{a^2}{l^2}\right)$	$\dfrac{qa^3}{12}\left(4-3\dfrac{a}{l}\right)$
2		$\overline{N}_g$	0	0
		$\overline{Q}_g$	$-P\dfrac{b^2}{l^2}\left(1+2\dfrac{a}{l}\right)$	$-P\dfrac{a^2}{l^2}\left(1+2\dfrac{b}{l}\right)$
		$\overline{M}_g$	$-P\dfrac{a^2 b}{l^2}$	$P\dfrac{ab^2}{l^2}$
3		$\overline{N}_g$	0	0
		$\overline{Q}_g$	$\dfrac{6mab}{l^3}$	$-\dfrac{6mab}{l^3}$
		$\overline{M}_g$	$m\dfrac{b}{l}\left(2-3\dfrac{b}{l}\right)$	$m\dfrac{a}{l}\left(2-3\dfrac{a}{l}\right)$
4		$\overline{N}_g$	0	0
		$\overline{Q}_g$	$-q\dfrac{a}{4}\left(2-3\dfrac{a^2}{l^2}+1.6\dfrac{a^3}{l^3}\right)$	$-\dfrac{q}{4}-\dfrac{a^3}{l^2}\left(3-1.6\dfrac{a}{l}\right)$
		$\overline{M}_g$	$-q\dfrac{a^2}{6}\left(2-3\dfrac{a}{l}+1.2\dfrac{a^2}{l^2}\right)$	$\dfrac{qa^3}{4l}\left(1-0.8\dfrac{a}{l}\right)$
5		$\overline{N}_g$	$-qa\left(1-0.5\dfrac{a}{l}\right)$	$-0.5q\dfrac{a^2}{l}$
		$\overline{Q}_g$	0	0
		$\overline{M}_g$	0	0
6		$\overline{N}_g$	$-P\dfrac{b}{l}$	$P\dfrac{a}{l}$
		$\overline{Q}_g$	0	0
		$\overline{M}_g$	0	0

设单元 (e) 在非结点荷载作用下，在其局部坐标系中的固端力为

$$\overline{\boldsymbol{F}}_g^{(e)}=\left\{\dfrac{\overline{F}_{gi}^{(e)}}{\overline{F}_{gj}^{(e)}}\right\}=\left\{\begin{array}{c}\overline{N}_{gi}^{(e)}\\ \overline{Q}_{gi}^{(e)}\\ \overline{M}_{gi}^{(e)}\\ \hline \overline{N}_{gj}^{(e)}\\ \overline{Q}_{gj}^{(e)}\\ \overline{M}_{gj}^{(e)}\end{array}\right\} \qquad (12\text{-}30)$$

这里，下标"g"表示固端之意。若用 $\overline{P}_E^{(e)}$ 表示单元坐标系中的单元等效结点荷载列矩阵，则有

$$\overline{\boldsymbol{P}}_E^{(e)}=-\overline{\boldsymbol{F}}_g^{(e)} \qquad (12\text{-}31)$$

由式（12-15）和式（12-17）可知，结构坐标系中的单元固端力列矩阵为

$$F_g^{(e)} = T^T \overline{F}_g^{(e)} = \left\{ \begin{matrix} F_{gi}^{(e)} \\ \cdots \\ F_{gj}^{(e)} \end{matrix} \right\} = \left\{ \begin{matrix} \overline{X}_{gi}^{(e)} \\ \overline{Y}_{gi}^{(e)} \\ \overline{M}_{gi}^{(e)} \\ \overline{X}_{gj}^{(e)} \\ \overline{Y}_{gj}^{(e)} \\ \overline{M}_{gj}^{(e)} \end{matrix} \right\} \tag{12-32}$$

在结构坐标系中的固端力和等效结点荷载间，同样有

$$P_E^{(e)} = -F_g^{(e)} = -T^T \overline{F}_g^{(e)} \tag{12-33}$$

（2）整体分析。

由式（12-33）求得每个单元在结构坐标系中的等效结点荷载列矩阵 $P_E^{(e)}$ 之后，就可以用直接刚度法形成结构刚度矩阵一样的程序形成结构整体等效结点荷载列矩阵 P_E。

2. 综合结点荷载列矩阵

当结构上同时作用有结点荷载和非结点荷载时，可将非结点荷载变换成等效结点荷载。这样，原结构上就相当于作用有两种类型的结点荷载：一类是原来直接作用在结点上的荷载，一般用 P_D 表示；另一类就是等效结点荷载 P_E。将这两部分结点荷载叠加，就是综合结点荷载，若用 P 来表示，则

$$P = P_D + P_E \tag{12-34}$$

第六节 矩阵位移法的解算步骤与示例

在前述内容的基础上，矩阵位移法的解算步骤可归纳如下。

（1）划分单元，对结点和单元编号，建立单元坐标系和结构坐标系，根据结构可能发生的结点位移分量，进行总体编号，确定结构的结点位移列矩阵 Δ。

（2）整理原始数据，计算各单元的截面惯性矩 I、截面面积 A、弹性模量 E 和单元刚度系数。

（3）求结构坐标系中的单元刚度矩阵 $K^{(e)}$。按式（12-26）计算。

（4）用直接刚度法形成结构刚度矩阵 K。

（5）计算并形成结点荷载列矩阵 P。

（6）建立结构刚度方程，求结点位移列矩阵 Δ。

（7）求各单元在单元坐标系中的杆端力 $\overline{F}^{(e)}$。

计算可分以下两种情况。

①在单元上不作用非结点荷载时，单元坐标系中的杆端力，根据式（12-15）得

$$\overline{F}^{(e)} = TF^{(e)} = TK^{(e)}\Delta^{(e)} \tag{12-35}$$

②在单元上作用非结点荷载时，除式（12-35）所示的杆端力外，还应考虑非结点荷载引起的固端力 $\overline{F}_g^{(e)}$，即

$$\overline{F}^{(e)} = TK^{(e)}\Delta^{(e)} + \overline{F}_g^{(e)} \tag{12-36}$$

（8）绘制结构内力图。

[**例 12-2**] 求图 12-9a) 所示连续梁弯矩图。已知各段梁截面均为矩形，0—1 段和 3—4 段尺寸为 $b_1 \times h_1 = 0.5\text{m} \times 0.844\text{m}$；1—2 段和 2—3 段为 $b_2 \times h_2 = 0.5\text{m} \times 1.26\text{m}$。 $E = 2 \times 10^4 \text{kN/cm}^2$，忽略轴向变形影响。

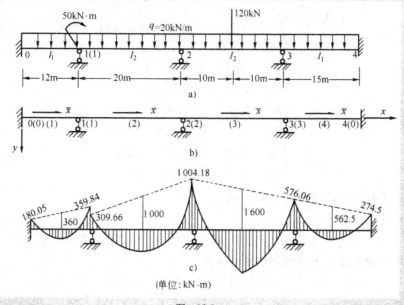

图 12-9

解： (1) 坐标系、结点编号、单元编号、总体编号 [图 12-9b)]

由总体编号知，结点位移列矩阵为

$$\Delta = \begin{bmatrix} \varphi_1 & \varphi_2 & \varphi_3 \end{bmatrix}^T$$

(2) 整理原始数据：

$$I_1 = \frac{b_1 h_1^3}{12} = \frac{0.5 \times 0.844^3}{12} = \frac{1}{40}(\text{m}^4)$$

$$l_1 = 12(\text{m})$$

$$l_4 = 15(\text{m})$$

$$i_1 = \frac{EI_1}{l_1} = 2 \times 10^{-3} E$$

$$2i_1 = 4 \times 10^{-3} E$$

$$4i_1 = 8 \times 10^{-3} E$$

$$I_2 = \frac{b_2 h_2^3}{12} = \frac{0.5 \times 1.26^3}{12} = \frac{1}{12}(\text{m}^4)$$

$$l_2 = l_3 = 20(\text{m})$$

$$i_2 = i_3 = \frac{EI_2}{l_2} = 4.2 \times 10^{-3} E$$

$$2i_2 = 2i_3 = 8.4 \times 10^{-3} E$$

$$4i_2 = 4i_3 = 16.8 \times 10^{-3} E$$

$$i_4 = \frac{EI_1}{l_4} = 1.7 \times 10^{-3} E$$

$$2i_4 = 3.4 \times 10^{-3} E$$

$$4i_4 = 6.8 \times 10^{-3} E$$

(3)结构坐标系中的单元刚度矩阵。

由于不考虑轴向变形影响，所有单元均属纯弯曲单元，所以

$$\overline{K}^{(e)} = K^{(e)} = \begin{bmatrix} \dfrac{4EI}{l} & \dfrac{2EI}{l} \\ \dfrac{2EI}{l} & \dfrac{4EI}{l} \end{bmatrix} = \begin{bmatrix} 4i & 2i \\ 2i & 4i \end{bmatrix}$$

$$K^{(1)} = \begin{bmatrix} 4i_1 & 2i_1 \\ 2i_1 & 4i_1 \end{bmatrix} = \frac{E}{10^3} \begin{bmatrix} 8 & 4 \\ 4 & 8 \end{bmatrix}$$

$$K^{(2)} = \begin{bmatrix} 4i_2 & 2i_2 \\ 2i_2 & 4i_2 \end{bmatrix} = \frac{E}{10^3} \begin{bmatrix} 16.8 & 8.4 \\ 8.4 & 16.8 \end{bmatrix} = K^{(3)}$$

$$K^{(4)} = \begin{bmatrix} 4i_4 & 2i_4 \\ 2i_4 & 4i_4 \end{bmatrix} = \frac{E}{10^3} \begin{bmatrix} 6.8 & 3.4 \\ 3.4 & 6.8 \end{bmatrix}$$

(4)用直接刚度法形成结构刚度矩。

各单元定位向量为

$$\lambda^{(1)} = \begin{bmatrix} 0 & 1 \end{bmatrix}^{\mathrm{T}}, \lambda^{(2)} = \begin{bmatrix} 1 & 2 \end{bmatrix}^{\mathrm{T}}, \lambda^{(3)} = \begin{bmatrix} 2 & 3 \end{bmatrix}^{\mathrm{T}}, \lambda^{(4)} = \begin{bmatrix} 3 & 0 \end{bmatrix}^{\mathrm{T}}$$

按第四节所述方法形成结构刚度矩阵为

$$K = \frac{E}{10^3} \begin{bmatrix} 24.8 & 8.4 & 0 \\ 8.4 & 33.6 & 8.4 \\ 0 & 8.4 & 23.6 \end{bmatrix}$$

(5)综合结点荷载列矩阵。

直接结点荷载列矩阵

$$P_{\mathrm{D}} = \begin{bmatrix} 50 & 0 & 0 \end{bmatrix}^{\mathrm{T}}$$

各单元固端力列矩阵

$$\overline{F}_{\mathrm{g}}^{(1)} = F_{\mathrm{g}}^{(1)} = \begin{bmatrix} \dfrac{-ql_1^2}{12} & \dfrac{ql_1^2}{12} \end{bmatrix}^{\mathrm{T}} = \begin{bmatrix} -240 & 240 \end{bmatrix}^{\mathrm{T}}$$

$$\overline{F}_{\mathrm{g}}^{(2)} = F_{\mathrm{g}}^{(2)} = \begin{bmatrix} \dfrac{-ql_2^2}{12} & \dfrac{ql_2^2}{12} \end{bmatrix}^{\mathrm{T}} = \begin{bmatrix} -667 & 667 \end{bmatrix}^{\mathrm{T}}$$

$$\overline{F}_{\mathrm{g}}^{(3)} = F_{\mathrm{g}}^{(3)} = \begin{bmatrix} -\left(\dfrac{ql_3^2}{12} + \dfrac{ql^3}{8}\right) & \left(\dfrac{ql_3^2}{12} + \dfrac{pl^3}{8}\right) \end{bmatrix}^{\mathrm{T}} = \begin{bmatrix} -967 & 967 \end{bmatrix}^{\mathrm{T}}$$

$$\overline{F}_{\mathrm{g}}^{(4)} = F_{\mathrm{g}}^{(4)} = \begin{bmatrix} -\dfrac{ql_4^2}{12} & \dfrac{ql_4^2}{12} \end{bmatrix}^{\mathrm{T}} = \begin{bmatrix} -375 & 375 \end{bmatrix}^{\mathrm{T}}$$

结构坐标系中的单元等效结点荷载列矩阵为

$$P_{\mathrm{E}}^{(1)} = -F_{\mathrm{g}}^{(1)} = \begin{bmatrix} 240 & -240 \end{bmatrix}^{\mathrm{T}}$$
$$P_{\mathrm{E}}^{(2)} = -F_{\mathrm{g}}^{(2)} = \begin{bmatrix} 667 & -667 \end{bmatrix}^{\mathrm{T}}$$
$$P_{\mathrm{E}}^{(3)} = -F_{\mathrm{g}}^{(3)} = \begin{bmatrix} 967 & -967 \end{bmatrix}^{\mathrm{T}}$$
$$P_{\mathrm{E}}^{(4)} = -F_{\mathrm{g}}^{(4)} = \begin{bmatrix} 375 & -375 \end{bmatrix}^{\mathrm{T}}$$

按定位向量输入 P_{E} 中，形成整体等效结点荷载列矩阵为

$$P_{\mathrm{E}} = \begin{bmatrix} 427 & 300 & -592 \end{bmatrix}^{\mathrm{T}}$$

综合结点荷载列矩阵为

$$P = P_D + P_E$$
$$= [50 \quad 0 \quad 0]^T + [427 \quad 300 \quad -592]^T = [477 \quad 300 \quad -592]^T$$

(6)建立结构刚度方程，计算结点位移列矩阵 $\boldsymbol{\Delta}$。

$$\frac{E}{10^3}\begin{bmatrix} 24.8 & 8.4 & 0 \\ 8.4 & 33.6 & 8.4 \\ 0 & 8.4 & 23.6 \end{bmatrix}\begin{Bmatrix} \varphi_1 \\ \varphi_2 \\ \varphi_3 \end{Bmatrix} = \begin{Bmatrix} 477 \\ 300 \\ -592 \end{Bmatrix}$$

解此方程得

$$\begin{Bmatrix} \varphi_1 \\ \varphi_2 \\ \varphi_3 \end{Bmatrix} = \frac{10^3}{2 \times 10^8}\begin{bmatrix} 24.8 & 8.4 & 0 \\ 8.4 & 33.6 & 8.4 \\ 0 & 8.4 & 23.6 \end{bmatrix}^{-1}\begin{Bmatrix} 477 \\ 300 \\ -592 \end{Bmatrix} = 10^{-5}\begin{Bmatrix} 7.49 \\ 6.29 \\ -592 \end{Bmatrix}$$

(7)计算单元杆端力 $\overline{\boldsymbol{F}}^{(e)}$。

单元（1）：

$$\overline{\boldsymbol{F}}^{(1)} = \boldsymbol{F}^{(1)} = \boldsymbol{K}^{(1)}\boldsymbol{\Delta}^{(1)} + \overline{\boldsymbol{F}}_g^{(1)}$$

$$\begin{Bmatrix} \overline{M}_{01} \\ \overline{M}_{10} \end{Bmatrix} = \frac{2 \times 10^8}{10^3}\begin{bmatrix} 8 & 4 \\ 4 & 8 \end{bmatrix}\begin{Bmatrix} 0 \\ 7.49 \times 10^{-5} \end{Bmatrix} + \begin{Bmatrix} -240 \\ 240 \end{Bmatrix} = \begin{Bmatrix} -180.08 \\ 359.84 \end{Bmatrix}$$

单元（2）：

$$\overline{\boldsymbol{F}}^{(2)} = \boldsymbol{F}^{(2)} = \boldsymbol{K}^{(2)}\boldsymbol{\Delta}^{(2)} + \overline{\boldsymbol{F}}_g^{(2)}$$

$$\begin{Bmatrix} \overline{M}_{12} \\ \overline{M}_{21} \end{Bmatrix} = \frac{2 \times 10^8}{10^3}\begin{bmatrix} 16.8 & 8.4 \\ 8.4 & 16.8 \end{bmatrix}\begin{Bmatrix} 7.49 \times 10^{-5} \\ 6.29 \times 10^{-5} \end{Bmatrix} + \begin{Bmatrix} -667 \\ 667 \end{Bmatrix} = \begin{Bmatrix} -309.66 \\ 1\,004.18 \end{Bmatrix}$$

单元（3）：

$$\overline{\boldsymbol{F}}^{(3)} = \boldsymbol{F}^{(3)} = \boldsymbol{K}^{(3)}\boldsymbol{\Delta}^{(3)} + \overline{\boldsymbol{F}}_g^{(3)}$$

$$\begin{Bmatrix} \overline{M}_{23} \\ \overline{M}_{32} \end{Bmatrix} = \frac{2 \times 10^8}{10^3}\begin{bmatrix} 16.8 & 8.4 \\ 8.4 & 16.8 \end{bmatrix}\begin{Bmatrix} 6.29 \times 10^{-5} \\ -14.78 \times 10^{-5} \end{Bmatrix} + \begin{Bmatrix} -967 \\ 967 \end{Bmatrix} = \begin{Bmatrix} -1\,003.96 \\ 576.06 \end{Bmatrix}$$

单元（4）：

$$\overline{\boldsymbol{F}}^{(4)} = \boldsymbol{F}^{(4)} = \boldsymbol{K}^{(4)}\boldsymbol{\Delta}^{(4)} + \overline{\boldsymbol{F}}_g^{(4)}$$

$$\begin{Bmatrix} \overline{M}_{34} \\ \overline{M}_{43} \end{Bmatrix} = \frac{2 \times 10^8}{10^3}\begin{bmatrix} 6.8 & 3.4 \\ 3.4 & 6.8 \end{bmatrix}\begin{Bmatrix} -14.78 \times 10^{-5} \\ 0 \end{Bmatrix} + \begin{Bmatrix} -375 \\ 375 \end{Bmatrix} = \begin{Bmatrix} -576.01 \\ 274.50 \end{Bmatrix}$$

由于计算时数字取舍形成结点上弯矩微弱不平衡现象。

(8)绘制最后弯矩图。

如图 12-9c) 所示。

[例 12-3] 如图 12-10a) 所示刚架，各杆均为矩形截面，其尺寸为 $b \times h = 0.5\text{m} \times 1.0\text{m}$，$E = 3 \times 10^7 \text{kN/m}^2$，若只考虑弯曲变形影响时，试用矩阵位移法计算，并绘制其内力图。

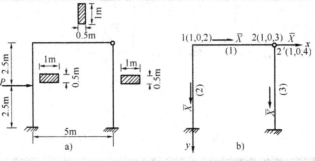

图 12-10

解： (1)单元划分，坐标系的建立，结点、单元和位移分量的统一编号，如图 12-10b)所示。

结点位移列矩阵为 $\boldsymbol{\Delta} = \begin{bmatrix} \Delta_1 & \Delta_2 & \Delta_3 & \Delta_4 \end{bmatrix}^{\mathrm{T}}$。

(2)整理原始数据：

$$A = 0.5 \times 1 = 0.5 (\text{m}^2)$$

$$I = \frac{b \times h^3}{12} = \frac{1}{24} (\text{m}^4)$$

$$\frac{EA}{l} = \frac{3 \times 10^7 \times 0.5}{5} = 3 \times 10^6$$

$$\frac{2EI}{l} = \frac{2 \times 3 \times 10^7 \times \frac{1}{24}}{5} = 5 \times 10^5$$

$$\frac{4EI}{l} = 1 \times 10^6$$

$$\frac{6EI}{l^2} = \frac{6 \times 3 \times 10^7 \times \frac{1}{24}}{25} = 3 \times 10^5$$

$$\frac{12EI}{l^3} = \frac{12 \times 3 \times 10^7 \times \frac{1}{24}}{125} = 1.2 \times 10^5$$

(3)结构坐标系中的单元刚度矩阵。

由图 12-10b) 知，单元 (1)的 $\alpha = 0°$，所以

$$\boldsymbol{K}^{(1)} = \overline{\boldsymbol{K}}^{(1)} = 10^4 \begin{bmatrix} 300 & 0 & 0 & -300 & 0 & 0 \\ 0 & 12 & 30 & 0 & -12 & 30 \\ 0 & 30 & 100 & 0 & -30 & 50 \\ -300 & 0 & 0 & 300 & 0 & 0 \\ 0 & -12 & -30 & 0 & 12 & -30 \\ 0 & 30 & 50 & 0 & -30 & 100 \end{bmatrix}$$

单元(2)和单元 (3) 的 $\alpha_2 = \alpha_3 = 90°$，$\cos\alpha_2 = \cos\alpha_3 = 0$，$\sin\alpha_2 = \sin\alpha_3 = 1$，所以

$$K^{(2)} = K^{(3)} = T^\mathrm{T} \overline{K}^{(2)} T = T^\mathrm{T} \overline{K}^{(3)} T$$

$$= 10^4 \begin{bmatrix} 12 & 0 & -30 & -12 & 0 & -30 \\ 0 & 300 & 0 & 0 & -300 & 0 \\ -30 & 0 & 100 & 30 & 0 & 50 \\ -12 & 0 & 30 & 12 & 0 & 30 \\ 0 & -300 & 0 & 0 & 300 & 0 \\ -30 & 0 & 50 & 30 & 0 & 100 \end{bmatrix}$$

(4)用直接刚度法形成结构刚度矩阵。

由图 12-10b) 知，各单元定位向量为

$$\lambda^{(1)} = \begin{bmatrix} 1 & 0 & 2 & 1 & 0 & 3 \end{bmatrix}^\mathrm{T}$$
$$\lambda^{(2)} = \begin{bmatrix} 1 & 0 & 2 & 0 & 0 & 0 \end{bmatrix}^\mathrm{T}$$
$$\lambda^{(3)} = \begin{bmatrix} 1 & 0 & 4 & 0 & 0 & 0 \end{bmatrix}^\mathrm{T}$$

因此

$$K = 10^4 \begin{bmatrix} 24 & -30 & 0 & -30 \\ -30 & 200 & 50 & 0 \\ 0 & 50 & 100 & 0 \\ -30 & 0 & 0 & 100 \end{bmatrix}$$

(5)结点荷载列矩阵。

只有单元 (2) 上作用非结点荷载，其单元固端力列矩阵为

$$\overline{F}_\mathrm{g}^{(2)} = \begin{bmatrix} 0 & \dfrac{P}{2} & \dfrac{5P}{8} & 0 & \dfrac{P}{2} & \dfrac{-5P}{8} \end{bmatrix}^\mathrm{T}$$

经坐标变换，再置一负号得 $P_\mathrm{E}^{(2)}$，将 $P_\mathrm{E}^{(2)}$ 输入 $P_\mathrm{E} = \begin{bmatrix} 0 \end{bmatrix}_{4 \times 1}$ 中，则得

$$P = P_\mathrm{D} + P_\mathrm{E} = \begin{bmatrix} \dfrac{P}{2} & -\dfrac{5P}{8} & 0 & 0 \end{bmatrix}^\mathrm{T}$$

(6)计算结点位移列矩阵 Δ。

结构刚度方程为

$$10^4 \begin{bmatrix} 24 & -30 & 0 & -30 \\ -30 & 200 & 50 & 0 \\ 0 & 50 & 100 & 0 \\ -30 & 0 & 0 & 100 \end{bmatrix} \begin{Bmatrix} \Delta_1 \\ \Delta_2 \\ \Delta_3 \\ \Delta_4 \end{Bmatrix} = \begin{Bmatrix} \dfrac{P}{2} \\ -\dfrac{5P}{8} \\ 0 \\ 0 \end{Bmatrix}$$

所以结点位移列矩阵为

$$\begin{Bmatrix} \Delta_1 \\ \Delta_2 \\ \Delta_3 \\ \Delta_4 \end{Bmatrix} = 10^{-4} \begin{bmatrix} \dfrac{91}{897} & \dfrac{2}{115} & \dfrac{-1}{115} & \dfrac{7}{230} \\ \dfrac{2}{115} & \dfrac{1}{115} & \dfrac{-1}{230} & \dfrac{3}{575} \\ \dfrac{-1}{115} & \dfrac{-1}{230} & \dfrac{7}{575} & \dfrac{-3}{1\,150} \\ \dfrac{7}{230} & \dfrac{3}{575} & \dfrac{-3}{1\,150} & \dfrac{11}{575} \end{bmatrix} \begin{Bmatrix} \dfrac{P}{2} \\ -\dfrac{5P}{8} \\ 0 \\ 0 \end{Bmatrix} = 10^{-4} \begin{Bmatrix} \dfrac{11}{276}P \\ \dfrac{3}{920}P \\ -\dfrac{3}{1\,840}P \\ \dfrac{11}{920}P \end{Bmatrix}$$

(7)计算杆端力。

单元 (1)：$\alpha_1 = 0°$，所以

$$\overline{F}^{(1)} = F^{(1)} = K^{(1)}\Delta^{(1)}$$

$$= 10^4 \begin{bmatrix} 300 & 0 & 0 & -300 & 0 & 0 \\ 0 & 12 & 30 & 0 & -12 & 30 \\ 0 & 30 & 100 & 0 & -30 & 50 \\ -300 & 0 & 0 & 300 & 0 & 0 \\ 0 & -12 & -30 & 0 & 12 & -30 \\ 0 & 30 & 50 & 0 & -30 & 100 \end{bmatrix} \begin{Bmatrix} \dfrac{11P}{276} \\ 0 \\ \dfrac{3P}{920} \\ \dfrac{11P}{276} \\ 0 \\ \dfrac{-3P}{1\,840} \end{Bmatrix} \times 10^{-4} = \begin{Bmatrix} 0 \\ \dfrac{9P}{184} \\ \dfrac{135P}{552} \\ 0 \\ \dfrac{-9P}{184} \\ 0 \end{Bmatrix}$$

单元 (2)：$\alpha_2 = 90°$，其上又由非结点荷载作用，所以

$$\overline{F}^{(2)} = TK^{(2)}\Delta^{(2)} + \overline{F}_g^{(2)}$$

$$= \begin{bmatrix} 0 & 1 & 0 & 0 & 0 & 0 \\ -1 & 0 & 0 & 0 & 0 & 0 \\ 0 & 0 & 1 & 0 & 0 & 0 \\ 0 & 0 & 0 & 0 & 1 & 0 \\ 0 & 0 & 0 & -1 & 0 & 0 \\ 0 & 0 & 0 & 0 & 0 & 1 \end{bmatrix} \times K^{(2)} \times \begin{Bmatrix} \dfrac{11P}{276} \\ 0 \\ \dfrac{3P}{920} \\ 0 \\ 0 \\ 0 \end{Bmatrix} \times 10^{-4} + \begin{Bmatrix} 0 \\ \dfrac{P}{2} \\ \dfrac{5P}{8} \\ 0 \\ \dfrac{P}{2} \\ -\dfrac{5P}{8} \end{Bmatrix} = \begin{Bmatrix} 0 \\ \dfrac{33P}{276} \\ \dfrac{-135P}{552} \\ 0 \\ \dfrac{243P}{276} \\ \dfrac{-915P}{552} \end{Bmatrix}$$

单元 (3)：$\alpha_3 = 90°$，所以

$$\overline{F}^{(3)} = TK^{(3)}\Delta^{(3)}$$

$$= T \times 10^4 \begin{bmatrix} 12 & 0 & -30 & -12 & 0 & -30 \\ 0 & 300 & 0 & 0 & -300 & 0 \\ -30 & 0 & 100 & 30 & 0 & 50 \\ -12 & 0 & 30 & 12 & 0 & 30 \\ 0 & -300 & 0 & 0 & 300 & 0 \\ -30 & 0 & 50 & 30 & 0 & 100 \end{bmatrix} \begin{Bmatrix} \dfrac{11P}{276} \\ 0 \\ \dfrac{11P}{920} \\ 0 \\ 0 \\ 0 \end{Bmatrix} \times 10^{-4} = \begin{Bmatrix} 0 \\ \dfrac{23P}{276} \\ 0 \\ 0 \\ \dfrac{33P}{276} \\ -\dfrac{330P}{552} \end{Bmatrix}$$

(8)绘制最后内力图。

如图 12-11 所示。

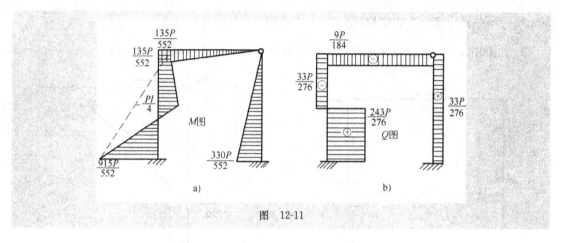

图 12-11

思 考 题

1. 什么叫单元刚度矩阵? 其每一元素的物理意义是什么?

2. 结构的总刚度方程的物理意义是什么? 总刚度矩阵的形成有何规律?

3. 能否用结构的原始刚度方程求解结点位移?

4. 什么叫等效结点荷载? 如何求得?

5. 能否用矩阵位移法计算静定结构? 它与计算超静定结构有何不同?

习 题

1. 试求图 12-12 所示刚架单元 (1) 和 (2) 在结构坐标系中的单元刚度矩阵。坐标系自行建立。

2. 试用直接刚度法形成图 12-13 所示各连续梁的结构刚度矩阵 K。不考虑轴向变形影响。

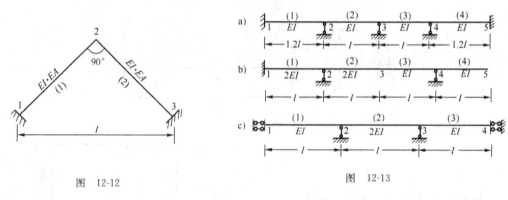

图 12-12

图 12-13

3. 试用直接刚度法形成图 12-14 所示刚架的结构刚度矩阵 K。已知 $E = 2.1 \times 10^4 \mathrm{kN}$，$I = 6\,400 \mathrm{cm}^4$，$A = 20 \mathrm{cm}^2$。

4. 试用直接刚度法形成图 12-15 所示桁架的结构刚度矩阵 K。各杆 EA 为常数。

5. 计算图 12-16 所示连续梁的结点转角和杆端弯矩。

6. 试用矩阵位移法计算图 12-17 所示连续梁的内力，并画出弯矩图。

7. 试求图 12-18 所示连续梁的整体刚度矩阵 K。

8. 试求图 12-19 所示刚架的整体刚度矩阵 K（考虑轴向变形），已知 $L = 5\mathrm{m}$，$A =$

$0.5m^2$，$I=\dfrac{1}{24}m^4$，$E=3\times10^4 MPa$。

9. 试求图 12-20 所示刚架的内力，并画出内力图（忽略轴向变形影响）。

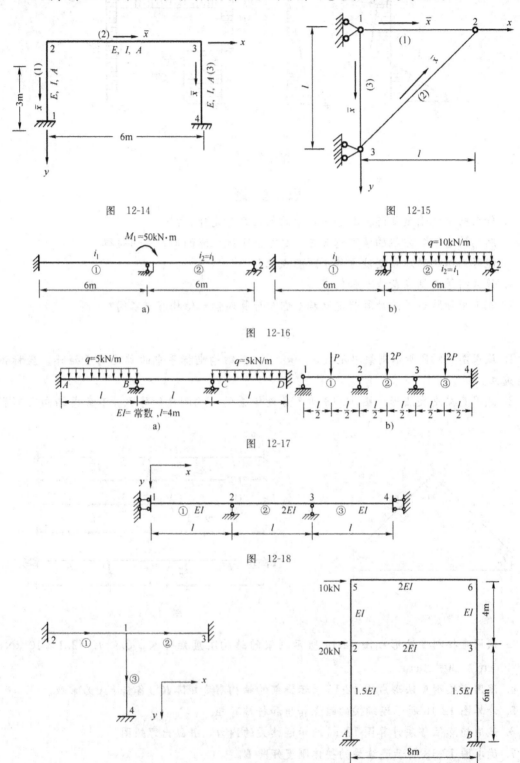

图 12-14

图 12-15

图 12-16

图 12-17

图 12-18

图 12-19

图 12-20

10. 试求图 12-21 所示桁架各杆轴力，设各杆 $\dfrac{EA}{l}$ 相同。

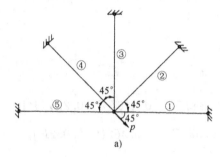

a)

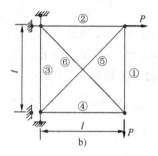

b)

图 12-21

部分习题答案

2. a) $K = \dfrac{EI}{l}\begin{bmatrix} 7.33 & 2 & 0 \\ 2 & 8 & 2 \\ 0 & 2 & 7.33 \end{bmatrix}$;

c) $K = \dfrac{2EI}{l}\begin{bmatrix} \dfrac{6}{l^2} & \dfrac{3}{l} & 0 & 0 \\[2mm] \dfrac{3}{l} & 6 & 2 & 0 \\[2mm] 0 & 2 & 6 & -\dfrac{3}{l} \\[2mm] 0 & 0 & -\dfrac{3}{l} & \dfrac{6}{l^2} \end{bmatrix}$。

5. b) $\begin{Bmatrix} \varphi_1 \\ \varphi_2 \\ \varphi_3 \end{Bmatrix} = \begin{Bmatrix} 0 \\ \dfrac{45}{7i_1} \\ -\dfrac{75}{7i_1} \end{Bmatrix}$,

$\begin{Bmatrix} M_1 \\ M_2 \end{Bmatrix}^{(1)} = \begin{Bmatrix} 12.86 \\ 25.71 \end{Bmatrix}$ (kN·m),

$\begin{Bmatrix} M_1 \\ M_2 \end{Bmatrix}^{(2)} = \begin{Bmatrix} -25.71 \\ 0 \end{Bmatrix}$ (kN·m)。

6. a) $M_{AB} = -8.89$ kN·m, $M_{BA} = 2.22$ kN·m;

b) $\begin{Bmatrix} \varphi_1 \\ \varphi_2 \\ \varphi_3 \end{Bmatrix} = \dfrac{pl^2}{416EI}\begin{Bmatrix} -11 \\ -4 \\ 1 \end{Bmatrix}$, $\begin{Bmatrix} M_2^{(2)} \\ M_3^{(2)} \end{Bmatrix} = \dfrac{pl}{208}\begin{Bmatrix} 45 \\ -54 \end{Bmatrix}$。

8. $\boldsymbol{K} = 10^4 \begin{bmatrix} 612 & 0 & -30 \\ 0 & 324 & 0 \\ -30 & 0 & 300 \end{bmatrix}$。

9. $M_{A2} = -52.36 \mathrm{kN \cdot m}$，$Q_{A2} = 15 \mathrm{kN}$；

   $M_{2A} = -37.70 \mathrm{kN \cdot m}$，$Q_{2A} = 15 \mathrm{kN}$。

10. 按单元顺序

   a)$\{N\}^{\mathrm{T}} = [-0.235\,7P \quad 0.083\,3P \quad 0.353\,5P \quad 0.416\,7P \quad 0.235\,7P]$，

   b)$\{N\}^{\mathrm{T}} = [0.326P \quad 1.327P \quad 0 \quad -0.673P \quad -0.462P \quad 0.952P]$。

第十三章 结构的动力计算

> **本章要点**
> - 动力计算的特点、简图及动力自由度；
> - 单自由度和两个自由度体系的自由振动和强迫振动；
> - 确定自振频率的近似方法——能量法；
> - 多自由度的自由振动和强迫振动，振型分解法。

第一节 概 述

1. 结构动力计算的特点

在前面各章中讨论了结构在静力荷载作用下的计算问题。它研究的是结构处于静力平衡位置时外荷载对结构的影响。此时，荷载的大小、方向和作用位置以及在此荷载作用下所产生的内力、位移等都是不随时间发生变化的。而结构的动力计算讨论的是结构在动力荷载作用下的计算问题。

为了研究动力荷载对结构的影响，首先说明动力荷载与静力荷载的区别。动力荷载的特征是：荷载的大小、方向和作用位置是随时间发生变化的。如果单纯从荷载本身的性质来看，绝大多数的实际荷载都属于动力荷载。但是，从荷载对结构所产生的影响来分析，则可分为两种情况：一种情况是，荷载虽然随时间在变化，但是变化很缓慢，荷载对结构所产生的影响与静力荷载作用下相比相差甚微，因此，在这种荷载作用下的结构计算问题实际上仍属于静力荷载作用下的结构计算问题，换句话说，这种荷载实际上可看做静力荷载；另一种情况是，荷载不仅随时间在变化，而且变化较快，荷载对结构所产生的影响与静力荷载作用下相比相差甚大，因此，在这种荷载作用下的结构计算问题属于动力计算问题，换句话说，这种荷载实际上可看做动力荷载。例如，在进行结构吊装时，如果起吊缓慢，则结构不会发生明显的振动，它的自重可视为逐渐加上去的静力荷载。反之，如果突然起吊，结构将产生明显的振动，其上各质量也将产生不容忽视的惯性力，结构的自重就将成为一个突加荷载而应按动力荷载来考虑。

由此可知，区分静力荷载与动力荷载，并不单纯是从荷载本身的性质来看，更主要的是看其对结构所产生的影响。这里只将那种不仅随时间变化，而且使结构产生较大振动的荷载作为动力荷载来考虑。

其次，说明结构的动力计算和静力计算的区别。根据达朗伯原理，可将动力计算问题转化为静力计算问题来处理。但是，值得注意的是，这只是一种形式上的平衡，是一种动平衡，是在引入惯性力的条件下的平衡。换句话说，在动力计算中，虽然形式上仍在列平衡方程，但是这里需注意两个特点：一是在考虑的力系中要包括惯性力；二是这里考虑的是瞬间的平衡，荷载、内力等都是时间的函数。

2. 动力荷载的分类

根据动力荷载的变化规律及其对结构的作用特点，动力荷载可分为以下几类。

(1)简谐周期荷载。是指随时间按正弦（或余弦）规律改变大小的周期性荷载。例如，机器转动时由于偏心质量产生的离心力对结构的影响就属于这类荷载（图13-1）。

(2)冲击荷载。这类荷载的特点是在很短的时间内，荷载值急剧增大［图13-2a)］或急剧减小［图13-2b)］。例如，锻锤对基础的撞击作用及所有爆炸型荷载都属于这类荷载。

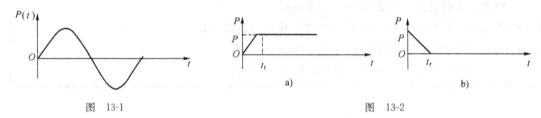

图 13-1　　　　　　　　　　　　　　　　图 13-2

(3)快速移动的荷载。例如，高速通过桥梁的列车、汽车等。

(4)随机荷载。这种荷载的变化极不规则，在任一时刻的数值都无法预测，其变化规律不能用确定的函数关系来表达，只能用概率的方法寻求其统计规律。例如，风力的脉冲风压、地震对建筑物的激振等（图13-3）。

3. 动力计算中体系的自由度

与静力计算一样，在动力计算中也需要事先选取一个合理的计算简图。两者选取的原则基本相同，但在动力计算中，由于要考虑惯性力的作用，因此在动力计算的简图中，多了一项关于质量分布的处理问题，因而需要研究质量在运动过程中的自由度问题。

在动力计算中，一个体系的自由度是指为了确定运动过程中任一时刻全部质量的位置所需独立参数的数目，也称为该体系的振动自由度。

例如，图13-4a)所示简支梁，跨中放置了一个重物。当梁本身的质量远小于重物的质量时，可取图13-4b)所示的计算简图。如果不考虑梁的轴向变形并略去质量 m 的转动，则质量 m 的位置仅由挠度 $y(t)$ 即可确定，故其振动自由度等于1。

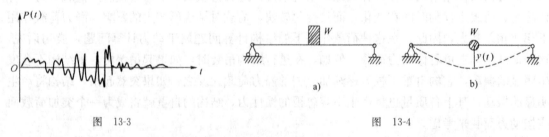

图 13-3　　　　　　　　　　　　　　　　图 13-4

在确定结构振动的自由度时，应该注意，不能根据结构有几个集中质量就判定它有几个自由度，而应该由质量所在处的独立位移参数来确定。例如，图13-5所示结构，在绝对刚性的杆件上附有三个集中质量，它们的位置只需由一个参数，即杆件的转角 α 便能确定，故它的自由度仍为1。

再如图13-6a)所示三层平面刚架，当考虑在水平力作用下刚架做横向振动时，其楼面沿竖向的振动较小，可忽略不计。再假设将各柱的质量分别集中在柱的两端，并考虑到刚架各柱的轴向变形可以忽略不计，则其动力计算简图如图 13-6b) 所示，其振动自由度为 3。凡具有两个以上，且为有限数目自由度的体系，称为多自由度体系。

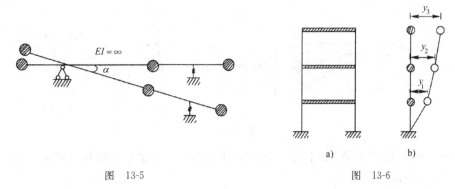

图 13-5　　　　　　　　　　　　图 13-6

在确定刚架的振动自由度时，可以引用位移法中确定结点线位移的方法，在刚架上加入最少数量的链杆以限制刚架上所有质量的位置，则该刚架的振动自由度数目即等于所加入链杆的数目。例如，图 13-7a) 所示刚架上虽然只有一个集中质量，但该质量所在处的独立弹性位移却有水平 y_1 和竖向 y_2 两个位移，因而它的振动自由度为 2。又如图 13-7b) 所示刚架上虽有 4 个集中质量，但只需加入 3 根支座链杆便可确定其全部质量的位置 [图 13-7c)]，故其振动自由度为 3。由以上例题发现，自由度的数目不完全取决于质量的数目，而且也与结构是否静定或超静定无关。

图 13-8 所示为一具有连续分布质量的体系，可将其视为具有无限多个质量的情况，而各个质量点的位移又是相互独立的，故其振动自由度有无限多个，这种体系称为无限自由度体系。

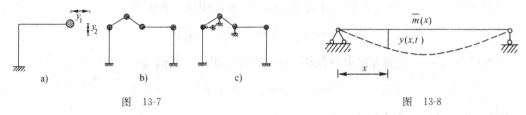

图 13-7　　　　　　　　　　　　图 13-8

凡是需要考虑杆件本身质量的结构都是无限自由度体系。所以严格地说，一切弹性体系都是无限自由度体系。

第二节　单自由度体系的自由振动

单自由度体系的动力分析虽然比较简单，但是非常重要。这是因为：第一，很多实际的动力问题通常可按单自由度体系进行计算，且所得结果基本上能反映其实际的动力效果；第二，单自由度体系的动力分析是多自由度体系动力分析的基础。

先从单自由度的简单结构开始，首先研究其自由振动。所谓自由振动，是指结构在振动过程中不受外界干扰力作用的那种振动。产生振动的原因是初始时刻的干扰。初始的干扰有两种情况：一种是由于结构具有初始位移；另一种是由于结构具有初始速度。或者这两种干扰同时存在。

1. 不考虑阻尼时运动微分方程的建立

结合图 13-9 所示悬臂梁讨论单自由度体系的自由振动。

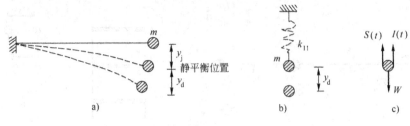

图 13-9

图 13-9a）所示悬臂横梁，端部有一重物，质量为 m。设梁本身质量可略去不计，因此，体系只有一个自由度。

当其未受到外界的干扰时，梁将在质量 m 作用下处于虚线所示的静平衡位置，质量 m 处的静力位移为 y_j。现假设梁由于外界的干扰，质量点 m 离开了静平衡位置，而当干扰消失后，由于梁的弹性影响，质量点 m 沿竖直方向产生自由振动。

在建立自由振动微分方程之前，图 13-9a）的单自由度体系可简化为图 13-9b）的振动模型，将梁的弹性变形性质体现在弹簧的变形能力上，用弹簧的刚度系数 k_{11} 来度量。此时弹簧的刚度系数 k_{11}（使弹簧伸长单位位移时所需加给弹簧的力）应与梁在端部的刚度系数（使梁的端部产生单位竖向位移时在端部所需施加的竖向力）相等。

根据达朗伯原理推导出它的自由振动微分方程。取质量 m 为隔离体，如图 13-9c）所示，作用在 m 上的力有：

(1)重力 W；

(2)惯性力 $I(t)$，它的方向恒与加速度 $\ddot{y}(t)$ 的方向相反，其值为

$$I(t) = -m\ddot{y}(t) = -m(\ddot{y}_j + \ddot{y}_d)$$

(3)弹性力 $S(t)$，它的方向恒与位移 $y(t)$ 的方向相反，其值为

$$S(t) = -k_{11}(y_j + y_d)$$

于是可建立动力平衡方程为

$$I(t) + S(t) + W = 0$$

即

$$m(\ddot{y}_j + \ddot{y}_d) + k_{11}(y_j + y_d) = W \tag{13-1}$$

其中，y_j 是由 W 产生的静力位移，故有 $W = k_{11}y_j$ 和 $\ddot{y}_j = 0$。

则式（13-1）可简化为

$$m\ddot{y}_d + k_{11}y_d = 0 \tag{13-2}$$

式（13-2）表明，若建立体系的运动方程时以静平衡位置作为计算位移的起点，则所得动力位移的微分方程与重力无关。这一做法对其他体系的振动（包括受迫振动）也同样适用。为了方便，略去表示动力位移的下标 d 而用 y 表示 y_d。

这样，式（13-2）改写为

$$m\ddot{y} + k_{11}y = 0 \tag{13-3}$$

式（13-3）即为单自由度体系在不考虑阻尼情况下的自由振动方程。

以上所介绍的方法，是直接利用达朗伯原理建立质量 m 在任一瞬时的动力平衡方程，它要用到结构的刚度系数 k_{11}，故简称为刚度法。对于不便于计算刚度系数的体系，也可用结构的柔度系数来建立运动方程。

设以 δ_{11} 表示弹簧的柔度系数（在单位力作用下弹簧所产生的位移），则质量点 m 的动力位移 y_d 可视为由惯性力 $I(t)$ 所引起，即

$$y = y_d = I(t)\delta_{11} = -m\ddot{y}\delta_{11}$$

$$m\ddot{y} + \frac{1}{\delta_{11}}y = 0 \tag{13-4}$$

将 $k_{11} = \dfrac{1}{\delta_{11}}$ 代入式（13-4）即可得到式（13-3）。这种利用柔度系数表示位移，通过位移协调条件建立运动微分方程的方法，称为柔度法。

2. 自由振动微分方程的解

若令

$$\omega^2 = \frac{k_{11}}{m} \tag{13-5}$$

由式（13-3）可得

$$\ddot{y} + \omega^2 y = 0 \tag{13-6}$$

式中，ω 为体系的自振频率。

式（13-6）是一个具有常系数的线性齐次微分方程，其通解形式为

$$y = C_1\cos\omega t + C_2\sin\omega t \tag{13-7}$$

其中，C_1、C_2 为待定常数，可由体系的初始条件确定。

设在初始时刻 $t=0$ 时，质量点有初始位移 y_0 和初始速度 $\dot{y}_0$，即

$$y(0) = y_0 \qquad \dot{y}(0) = \dot{y}_0$$

则由式（13-7）可得

$$C_1 = y_0$$

$$C_2 = \frac{\dot{y}_0}{\omega}$$

因此

$$y = y_0\cos\omega t + \frac{\dot{y}_0}{\omega}\sin\omega t \tag{13-8}$$

由式（13-8）可知，振动是由两部分所组成：一部分是由初始位移 y_0 引起的，表现为余弦规律，如图 13-10a）所示；另一部分是由初始速度 $\dot{y}_0$ 引起的，表现为正弦规律，如图 13-10b)所示。两者之间的相位差为一直角，后者落后于前者 90°。

若令

$$y_0 = a\sin\varphi$$

$$\frac{\dot{y}_0}{\omega} = a\cos\varphi$$

显然有

$$a = \sqrt{y_0^2 + \left(\frac{\dot{y}_0}{\omega}\right)^2} \qquad (13\text{-}9)$$

$$\tan\varphi = \frac{y_0\omega}{\dot{y}_0}$$

$$\varphi = \arctan\frac{y_0\omega}{\dot{y}_0} \qquad (13\text{-}10)$$

则式（13-8）可写成

$$y = a\sin(\omega t + \varphi) \qquad (13\text{-}11)$$

由式（13-11）可见，单自由度体系自由振动为简谐振动，如图 13-10c) 所示。振动的频率为 ω，质点偏离平衡位置的最大位移为 a，称为振幅，φ 称为初始相位角。

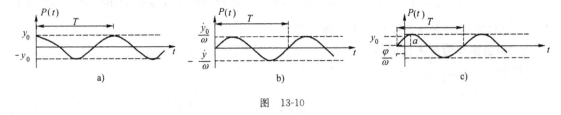

图 13-10

3. 结构的自振周期和频率

式（13-11）的右边是一个周期函数，其周期为

$$T = \frac{2\pi}{\omega} \qquad (13\text{-}12)$$

不难验证

$$y(t) = y(t + T)$$
$$\dot{y}(t) = \dot{y}(t + T)$$

这表明，在自由振动过程中，每经过一段时间 T 后，质点又回到原来的位置，因此 T 被称为结构的自振周期。

自振周期的倒数叫做频率（有时也叫做工程频率），记作 f。

$$f = \frac{1}{T} = \frac{\omega}{2\pi} \qquad (13\text{-}13)$$

频率 f 表示单位时间内的振动次数，其常用单位为 1/秒（1/s），或称为赫兹（Hz）。

由式（13-13）可知

$$\omega = 2\pi f = \frac{2\pi}{T} \qquad (13\text{-}14)$$

它表示 2π 秒内的振动次数，一般称 ω 为圆频率或角频率，简称为频率。

下面给出自振周期计算公式的几种形式。

(1)将 $\omega^2 = \dfrac{k_{11}}{m}$ 代入式（13-12）得

$$T = 2\pi\sqrt{\frac{m}{k_{11}}} \qquad (13\text{-}15)$$

(2)将 $\delta_{11} = \dfrac{1}{k_{11}}$ 代入式（13-15）得

$$T = 2\pi\sqrt{m\delta_{11}} \qquad (13\text{-}16)$$

(3)将 $m = W/g$ 代入式（13-16）得

$$T = 2\pi\sqrt{\frac{W\delta_{11}}{g}} \qquad (13\text{-}17)$$

（4）令 $y_j = W\delta_{11}$ 得

$$T = 2\pi\sqrt{\frac{y_j}{g}} \qquad (13\text{-}18)$$

同样可得自振频率 ω 的加速公式

$$\omega = \sqrt{\frac{k_{11}}{m}} = \sqrt{\frac{1}{m\delta_{11}}} = \sqrt{\frac{g}{W\delta_{11}}} = \sqrt{\frac{g}{y_j}} \qquad (13\text{-}19)$$

结构的自振周期和频率是结构动力特性中很重要的标志，它们只与结构的质量和结构的刚度有关，而与外界的干扰因素无关。干扰力的大小只能影响振幅的大小，而不能影响结构自振周期的大小。

[例 13-1] 等截面悬臂梁的长度为 l，其端部有一质量为 m（图 13-11）的小球，截面的抗弯刚度为 EI。若梁的自重略去不计，试求梁的自振周期和频率。

解： 这是一个单自由度体系。

不难求得

$$\delta_{11} = \frac{l^3}{3EI}$$

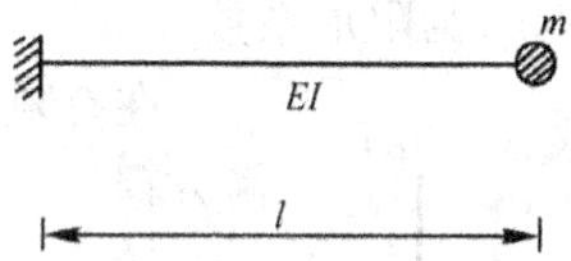

将 m、δ_{11} 代入式（13-16），得

自振周期

$$T = 2\pi\sqrt{\frac{ml^3}{3EI}}$$

频率

$$\omega = \frac{2\pi}{T} = \sqrt{\frac{3EI}{ml^3}}$$

图 13-11

[例 13-2] 试求图 13-12a）所示刚架的自振频率。略去柱的质量，其刚度为 EI，横梁的分布质量为 m，刚度 $EI = \infty$。

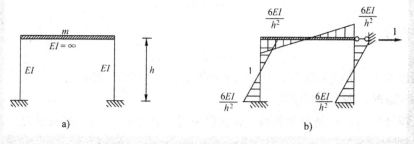

图 13-12

解： 在略去杆件轴向变形的情况下，横梁各质点的水平位移相同，所以它是一个单自由度体系。

先求刚架的刚度系数 k_{11}。

为此，作出刚架横梁发生水平单位位移时的弯矩图，如图 13-12b) 所示。根据横梁的平衡条件可求得

$$k_{11} = \frac{24EI}{h^3}$$

代入式（13-19）即得

$$\omega = \sqrt{\frac{k_{11}}{m}} = \sqrt{\frac{24EI}{mh^3}}$$

4. 有阻尼的自由振动

在实际当中并不存在理想化的无阻尼自由振动的形式，一般所观察到的振动，都是一开始振动的幅度比较大，慢慢地越来越小，经过一段时间后振动就会停止。实际上这是因为阻力所产生的作用。阻力有多种：有外部介质的作用，如空气阻力；有结构与支承之间的摩擦；还有材料内部之间的摩擦等。由于阻力的因素很复杂，为了计算简单起见，通常引用 voigt（福格第）假定，近似地认为振动中的阻尼力与其振动质点的速度成正比，且方向始终与速度方向相反，称其为黏滞阻尼力，用符号 R 表示。

即

$$R = -\beta \dot{y} \tag{13-20}$$

式中，β 为阻尼系数。

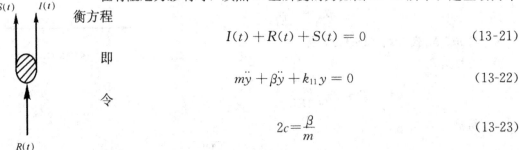

图 13-13

在有阻尼力影响时，质点 m 上所受的力如图 13-13 所示。建立动力平衡方程

$$I(t) + R(t) + S(t) = 0 \tag{13-21}$$

即

$$m\ddot{y} + \beta\dot{y} + k_{11}y = 0 \tag{13-22}$$

令

$$2c = \frac{\beta}{m} \tag{13-23}$$

则有

$$\ddot{y} + 2c\dot{y} + \omega^2 y = 0 \tag{13-24}$$

显然，它也是一个常系数齐次线性微分方程，其特征方程为

$$r^2 + 2cr + \omega^2 = 0 \tag{13-25}$$

有两个根为

$$r_{1,2} = -c \pm \sqrt{c^2 - \omega^2}$$

从根可以看出，方程的解与 c 和 ω 的大小有关。下面分 3 种情况讨论。

(1) 当 $c < \omega$ 时，即小阻尼情况。

此时，特征根 r_1，r_2 是两个复数。在这种情况下方程（13-24）的通解为

$$y = e^{-ct}(A_1\cos\omega' t + A_2\sin\omega' t) \tag{13-26}$$

其中

$$\omega' = \sqrt{\omega^2 - c^2} \tag{13-27}$$

称为有阻尼时的自振频率。常数 A_1、A_2 可由初始条件确定。

将 $t=0$ 时，$y=y_0$ 和 $\dot{y}=\dot{y}_0$ 代入式（13-26）可得

$$A_1 = y_0$$

$$A_2 = \frac{\dot{y}_0 + cy_0}{\omega'}$$

故

$$y = e^{-ct}\left(y_0\cos\omega't + \frac{\dot{y}_0 + cy_0}{\omega'}\sin\omega't\right) \tag{13-28}$$

或

$$y = Be^{-ct}\sin(\omega't + \varphi') \tag{13-29}$$

其曲线如图 13-14 所示，即为衰减性的振动。它虽不是周期函数，但可看出，质点相邻两次通过静平衡位置的时间间隔是相等的，时间间隔为 $T' = \dfrac{2\pi}{\omega'}$，习惯上也称为周期。

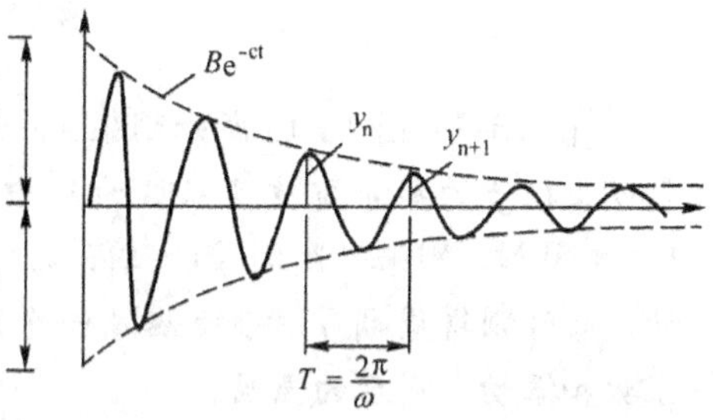

除此以外，工程中常常要用到阻尼比，阻尼比用符号 ξ 表示，即

$$\xi = \frac{c}{\omega} \tag{13-30}$$

图 13-14

由式（13-27）得

$$\omega' = \omega\sqrt{1-\xi^2} \tag{13-31}$$

对于一般的建筑物来说，ξ 的值很小，为 $0.01\sim0.1$，因此，有阻尼频率 ω' 与无阻尼频率 ω 相差不大。在实际计算中，可近似地取 $\omega'\approx\omega$。

若在任一时刻 t_n 的振幅为 y_n，经过一周期后的振幅为 y_{n+1}，则有

$$\frac{y_n}{y_{n+1}} = \frac{Be^{-ct_n}}{Be^{-c(t_n+T)}} = e^{cT}$$

$$\ln\frac{y_n}{y_{n+1}} = \ln e^{cT} = cT = \xi\omega T = \xi\omega\frac{2\pi}{\omega} \approx 2\pi\xi \tag{13-32}$$

在实际中，可利用式（13-32）根据实测所得的位移—时间曲线中两个相邻的振幅来计算阻尼比 ξ。

(2)当 $c>\omega$ 时，即大阻尼情况。

此时，特征根 r_1、r_2 是两个负根。这种情况下方程（13-24）的通解为

$$y = e^{-ct}(C_1\text{ch}\sqrt{c^2-\omega^2}\,t + C_2\text{sh}\sqrt{c^2-\omega^2}\,t)$$

显然不是周期函数，因此不会产生振动。由于很大阻力的作用，结构在受到初始干扰偏离平衡位置后将慢慢回到原来位置。

(3)当 $c=\omega$ 时，即临界阻尼情况。

此时，特征根 r_1，r_2 相等即重根，则方程（13-24）的通解为

$$y = e^{-ct}(C_1 + C_2 t)$$

显然也不是周期函数，体系也不产生振动。它是质点由振动状态过渡到不振动状态的临界状态。

此时

$$\xi = \frac{c}{\omega} = 1$$

阻尼比 $\xi=1$ 时的阻尼系数称为临界阻尼系数，用符号 β_{cr} 表示。

由于

$$2c = \frac{\beta}{m}$$

所以

$$\beta_{cr} = 2cm = 2\xi\omega m = 2\omega m$$

故

$$\xi = \frac{c}{\omega} = \frac{2mc}{2m\omega} = \frac{\beta}{\beta_{cr}}$$

[**例 13-3**] 图 13-15 所示刚架为一单层建筑的计算简图。设横梁 $EI=\infty$，横梁的质量以及柱子的部分质量可以认为集中在横梁处，共计为 m。在刚性横梁处加一水平力 $P=9.8\text{kN}$，刚架发生侧移，测得 $y_0=0.5\text{cm}$；然后突然卸载，使结构发生水平自由振动，此时测得周期 $T'=1.50\text{s}$ 及一个周期后刚架的侧移为 $y_1=0.4\text{cm}$，试求刚架的阻尼系数和振动 5 周后的振幅。

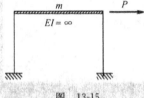

图 13-15

解：（1）求阻尼系数 β。

因为阻尼对周期影响很小，可取 $T=T'=1.50\text{s}$，故

$$\omega^2 = \frac{k_{11}}{m} = \left(\frac{2\pi}{T}\right)^2 = \left(\frac{2\pi}{1.5}\right)^2$$

其中

$$k_{11} = \frac{9.8\text{kN}}{0.005\text{m}} = 19.6(\text{MN/m})$$

则

$$m = \frac{k_{11}}{\left(\frac{2\pi}{1.5}\right)^2} = 19.6 \times 0.057 = 1.12(\text{Mkg})$$

因为

$$\beta = \xi\beta_{cr} = 2m\omega\xi$$

由式（13-32）可知

$$\xi = \frac{1}{2\pi}\ln\frac{y_0}{y_1} = \frac{1}{2\pi}\ln\frac{0.5}{0.4} = 0.035\,5$$

所以

$$\beta = 2m\omega\xi = 2 \times 1.12 \times \frac{2\pi}{1.5} \times 0.035\,5 = 0.33(\text{Mkg/s})$$

（2）求 5 周后振幅 y_5。

由式（13-29）可知

$$\frac{y_1}{y_0} = e^{-\xi\omega T}, \frac{y_5}{y_0} = e^{-5\xi\omega T}$$

则

$$\left(\frac{y_1}{y_0}\right)^5 = \left(\frac{y_5}{y_0}\right)$$

$$y_5 = y_0\left(\frac{y_1}{y_0}\right)^5 = 0.5 \times \left(\frac{0.4}{0.5}\right)^5 = 0.164(\text{cm})$$

第三节　单自由度体系的强迫振动

所谓强迫振动，是指体系在干扰力 $P(t)$ 作用下所产生的振动。图 13-16a）所示为单自由度体系的振动模型，小球质量为 m，弹簧的刚度系数为 k_{11}，如图 13-16b）所示。在考虑有阻尼的情况下，可建立动平衡方程为

$$I(t) + R(t) + S(t) + P(t) = 0$$

即

$$m\ddot{y} + \beta\dot{y} + k_{11}y = P(t)$$

或写成

$$\ddot{y} + 2\xi\omega\dot{y} + \omega^2 y = \frac{1}{m}P(t) \qquad (13\text{-}33)$$

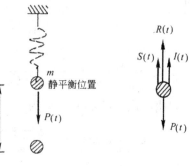

图　13-16

式（13-33）就是单自由度体系强迫振动的微分方程。下面分别讨论几种常见动力荷载 $P(t)$ 作用下结构的振动情况和动力性能。

1. 简谐荷载

设体系承受简谐荷载，即

$$P(t) = P\sin\theta t \qquad (13\text{-}34)$$

式中：θ——简谐荷载的圆频率；

P——荷载的最大值（干扰力的幅值）。

将式（13-34）代入式（13-33），得运动方程为

$$\ddot{y} + 2\xi\omega\dot{y} + \omega^2 y = \frac{P}{m}\sin\theta t \qquad (13\text{-}35)$$

其通解由两部分组成

$$y = \bar{y} + y^*$$

齐次解 $\bar{y}$ 已在上节求出，为

$$\bar{y} = e^{-\xi\omega t}(A_1\cos\omega't + A_2\sin\omega't) \qquad (13\text{-}36)$$

现在求其特解 y^*，设特解为

$$y^* = D_1\cos\theta t + D_2\sin\theta t \qquad (13\text{-}36)$$

则

$$\dot{y}^* = -D_1\theta\sin\theta t + D_2\theta\cos\theta t$$

$$\ddot{y}^* = -D_1\theta^2\cos\theta t - D_2\theta^2\sin\theta t$$

将它们代入方程（13-36）并整理，分别令等号两侧 $\cos\theta t$ 和 $\sin\theta t$ 的相应系数相等，可得

$$(\omega^2 - \theta^2)D_1 + 2\xi\omega\theta D_2 = 0 \qquad (13\text{-}38)$$

$$-2\xi\omega\theta D_1 + (\omega^2 - \theta^2)D_2 = \frac{P}{m} \qquad (13\text{-}39)$$

由以上两式可解出

$$D_1 = -\frac{P}{m}\frac{2\xi\omega\theta}{(\omega^2-\theta^2)^2+4\xi^2\omega^2\theta^2}, D_2 = \frac{P}{m}\frac{\omega^2-\theta^2}{(\omega^2-\theta^2)^2+4\xi^2\omega^2\theta^2} \qquad (13\text{-}40)$$

若将特解 y^* 和齐次解 $\bar{y}$ 合并在一起再将式（13-40）代入，则得式（13-35）的通解为

$$y = e^{-\xi\omega t}(A_1\cos\omega't + A_2\sin\omega't) + \frac{P}{m[(\omega^2 - \theta^2)^2 + 4\xi^2\omega^2\theta^2]} \times$$

$$[(\omega^2 - \theta^2)\sin\theta t - 2\xi\omega\theta\cos\theta t] \tag{13-41}$$

式中，A_1 和 A_2 取决于初始条件。设当 $t=0$ 时，将 $y=0$，$\dot{y}=\dot{y}_0$ 代入式（13-41），可求得

$$A_1 = y_0 + \frac{2\xi\omega\theta P}{m[(\omega^2 - \theta^2) + 4\xi^2\omega^2\theta^2]}$$

$$A_2 = \frac{\dot{y}_0 + \xi\omega y_0}{\omega'} + \frac{2\xi^2\omega^2\theta P}{m\omega'[(\omega^2 - \theta^2)^2 + 4\xi^2\omega^2\theta^2]} - \frac{\theta(\omega^2 - \theta^2)P}{m\omega'[(\omega^2 - \theta^2)^2 + 4\xi^2\omega^2\theta^2]}$$

因此，式（13-41）可写为

$$y = e^{-\xi\omega t}\left[y_0\cos\omega't + \frac{\dot{y}_0 + \xi\omega y_0}{\omega'}\sin\omega't\right] + e^{-\xi\omega t}\frac{\theta P}{m[(\omega^2 - \theta^2)^2 + 4\xi^2\omega^2\theta^2]} \times$$

$$\left[2\xi\omega\cos\omega't + \frac{2\xi^2\omega^2 - (\omega^2 - \theta^2)}{\omega'}\sin\omega't\right] + \frac{P}{m[(\omega^2 - \theta^2)^2 + 4\xi^2\omega^2\theta^2]} \times$$

$$[(\omega^2 - \theta^2)\sin\theta t - 2\xi\omega\theta\cos\theta t] \tag{13-42}$$

由此看出，振动是由三部分组成的：第一部分是由初始条件决定的自由振动，当 y_0 和 $\dot{y}_0$ 全为零时，这一部分将不存在；第二部分与初始条件无关，是伴随干扰力的作用而产生的，称为伴生自由振动；前两部分都含有 $e^{-\xi\omega t}$ 衰减因子，所以随着时间的延长，都将很快衰减，最后只剩下按干扰力频率 θ 而振动的第三部分。一般将振动开始的一段时间内几种振动都存在的阶段称为过渡阶段；而把后来只按干扰力频率振动的阶段称为平稳阶段。由于过渡阶段延续的时间较短，因此在实际问题中平稳阶段的振动更为重要。因为平稳阶段的振幅和频率都是恒定的，所以此阶段的振动一般称为纯强迫振动或稳态强迫振动。

下面讨论稳态强迫振动的情况。

即

$$y = \frac{P}{m[(\omega^2 - \theta^2)^2 + 4\xi^2\omega^2\theta^2]}[(\omega^2 - \theta^2)\sin\theta t - 2\xi\omega\theta\cos\theta t]$$

令

$$\frac{(\omega^2 - \theta^2)P}{m[(\omega^2 - \theta^2)^2 + 4\xi^2\omega^2\theta^2]} = A\cos\varphi$$

$$\frac{-2\xi\omega\theta P}{m[(\omega^2 - \theta^2)^2 + 4\xi^2\omega^2\theta^2]} = -A\sin\varphi \tag{13-43}$$

则有

$$y = A\sin(\theta t - \varphi) \tag{13-44}$$

式中：A——有阻尼的稳态强迫振动的振幅；

φ——位移与荷载之间的相位差。

由式（13-43）得

$$A = \frac{1}{\sqrt{(\omega^2 - \theta^2)^2 + 4\xi^2\omega^2\theta^2}}\frac{P}{m} \tag{13-45}$$

$$\varphi = \arctan\left(\frac{2\xi\omega\theta}{\omega^2 - \theta^2}\right) \tag{13-46}$$

由于 $\omega^2 = \dfrac{k_{11}}{m} = \dfrac{1}{m\delta_{11}}$ ，则振幅 A 可写为

$$A = \frac{1}{\sqrt{\left(1 - \dfrac{\theta^2}{\omega^2}\right)^2 + \dfrac{4\xi^2\theta^2}{\omega^2}}} \cdot \frac{P}{m\omega^2} = \mu y_{\mathrm{j}} \tag{13-47}$$

式中，y_{j} 代表将振动荷载的最大值作为静力荷载作用于结构上时所引起的静力位移。

而

$$\mu = \frac{1}{\sqrt{\left(1 - \dfrac{\theta^2}{\omega^2}\right)^2 + \dfrac{4\xi^2\theta^2}{\omega^2}}} \tag{13-48}$$

则式（13-44）可写为

$$y = \mu y_{\mathrm{j}} \sin(\theta t - \varphi) \tag{13-49}$$

由式（13-49）可知，在简谐荷载作用下，动力位移的幅值等于静力位移 y_{j} 乘上系数 μ，故称 μ 为位移动力系数。

同理，如果求出了内力的动力系数，也可仿此计算结构在动力荷载作用下的最大内力。值得指出的是，当干扰力作用于质量点上时，单自由度体系上的位移动力系数与内力动力系数是完全相同的，故今后在单自由度体系上，对这两类动力系数不作区分而统称动力系数。

由式（13-47）可以看出，振幅大小除与干扰力的幅值有关外，与动力系数 μ 也有密切关系。而由式（13-48）可知，动力系数 μ 则由干扰力频率、结构的自振频率以及阻尼等因素所决定。图 13-17 给出了 μ 与 θ/ω 值的关系曲线。

为了说明单自由度体系在简谐荷载作用下的动力特性，结合动力系数 μ 随 θ/ω 的变化情况，作简单的讨论：

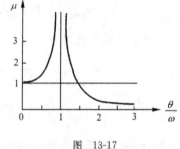

图 13-17

（1）当 θ 远小于 ω 时，则 θ/ω 很小，μ 的值略大于 1，如果 $\omega = \infty$ 或 $\theta = 0$，则 $\mu = 1$，这相当于结构的刚度极大，或荷载随时间变化极为缓慢的情况，相当于静力荷载作用。由式（13-48）可看出，此时根号内的第二项也接近于零，这表明阻尼对动力系数和振幅的影响很小。

（2）当 θ 远大于 ω 时，此时 $(\theta/\omega)^2$ 远大于 1，而式（13-48）中根号内的第二项又远小于第一项，所以 μ 值很小并可认为与阻尼无关。这表明质量只在静平衡位置附近做极微小的颤动。当 $\mu \approx 0$ 时，结构可看做处于静止状态。

（3）当 θ 接近 ω，即干扰频率接近结构自振频率时，动力系数 μ 增加很快。当 $\theta/\omega = 1$ 时，由于存在阻尼，μ 虽然不能成为无限大，但仍有很大的值，这种现象称为共振。

此时动力系数

$$\mu = \frac{1}{2\xi} \tag{13-50}$$

由于共振时产生较大的位移和内力，在设计中应尽量加以避免。一般规定，θ 与 ω 之间至少应相差 25%，通常将区间 $0.75 < \theta/\omega < 1.25$ 称为共振区。在共振区内，阻尼因素不能忽略，而且对 ξ 值应该力求精确，因为 ξ 值的微小差异，会引起 μ 值的明显变化。在共振区外，为了简化计算，可以不考虑阻尼影响，这样偏于安全。

[**例 13-4**] 如图 13-18 所示简支梁中点上放置重量 $W=35\text{kN}$ 的电动机，已知梁 $EI=1.85\times10^8\text{kN/cm}^2$，机器运转时产生的干扰力 $P=P_0\sin\theta t$，且 $P_0=10\text{kN}$。若不考虑阻尼，试求电动机转速为 500r/min 时，梁的最大弯矩和挠度（梁的自重可略去不计）。

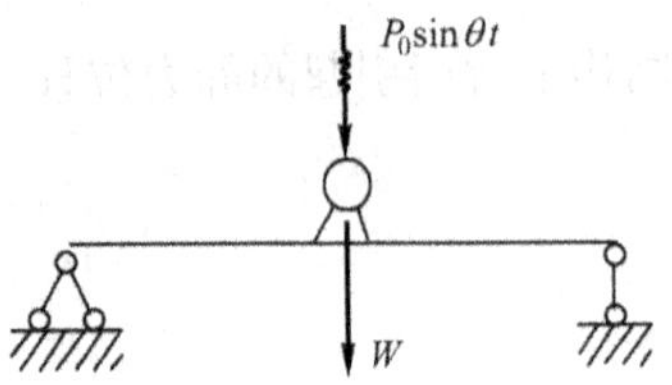

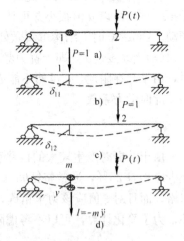

图 13-18

解：梁的自重不计，在电动机重量作用下梁中点最大静位移为

$$y_{\text{j}}=\frac{Wl^3}{48EI}=\frac{35\times400^3}{48\times1.85\times10^8}=0.253(\text{cm})$$

故自振频率

$$\omega=\sqrt{\frac{g}{y_{\text{j}}}}=\sqrt{\frac{980}{0.253}}=62.3(\text{rad/s})$$

干扰力频率

$$\theta=500\times\frac{2\pi}{60}=52.3(\text{rad/s})$$

由式（13-48），取 $\xi=0$，即得到不考虑阻尼时的动力系数为

$$\mu=\frac{1}{1-\dfrac{\theta^2}{\omega^2}}=\frac{1}{1-\left(\dfrac{52.3}{62.3}\right)^2}=3.4$$

由此可知，干扰力影响所产生的内力和位移是静力影响的 3.4 倍。故此时梁中点的最大弯矩为

$$M_{\max}=M^{\text{w}}+\mu M_{\text{j}}^{\text{P}}=\frac{35\times4}{4}+3.4\times\frac{10\times4}{4}=69(\text{kN}\cdot\text{m})$$

梁中点最大挠度为

$$y_{\max}=y_{\text{j}}+\mu y_{\text{j}}^{\text{P}}=\frac{Wl^3}{48EI}+\mu\frac{P_0l^3}{48EI}$$

$$=\frac{35\times400^3}{48\times1.85\times10^8}+3.4\times\frac{10\times400^3}{48\times1.85\times10^8}=0.498(\text{cm})$$

以上的分析都是干扰力直接作用在质点上的情况。在实际问题中，也可能有干扰力不直接作用在质点上。例如，图 13-19a) 所示简支梁，集中质点 m 在点 1 处，而干扰力 $P(t)$ 则作用在点 2 处。建立质点 m 的振动方程时，用柔度法较为简便，现讨论如下。

设单位力作用在点 1 时使点 1 产生的位移为 δ_{11}，单位力作用在点 2 时使点 1 产生的位移为 δ_{12} [图 13-19b)、图 13-19c)]。若在任一时刻质点 m 处的位移为 y，则作用在质点 m 上的惯性力为 $I=-m\ddot{y}$，在惯性力和干扰力的共同作用下，如图 13-19d) 所示，质点 m 处的位移将为

$$y=\delta_{11}I+\delta_{12}P(t)=\delta_{11}(-m\ddot{y})+\delta_{12}P(t)$$

即

$$m\ddot{y}+\frac{1}{\delta_{11}}y=\frac{\delta_{12}}{\delta_{11}}P(t)\qquad(13\text{-}51)$$

这就是质点 m 的振动微分方程。由此可见，对于这种情况，本节前面导出的各个计算公式都是适用的，只需

图 13-19

将公式中的 $P(t)$ 用 $\dfrac{\delta_{12}}{\delta_{11}}P(t)$ 来代替。

2. 任意动力荷载

为了推导任意干扰力 $P(t)$ 作用引起的动力反应，可分两步讨论，首先讨论瞬时冲量的动力反应，然后在此基础上讨论任意动力荷载的动力反应。

(1)瞬时冲量的动力反应。

所谓瞬时冲量，就是荷载 $P(t)$ 只在极短的时间 $\Delta t \approx 0$ 内给予振动物体的冲量。如图 13-20a) 所示，设荷载的大小为 P，作用的时间为 Δt，则其冲量用 $ds = P\Delta t$ 来计算，即图中阴影线所表示的面积。

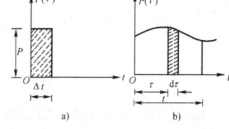

图 13-20

设在 $t=0$ 时，体系处于静止状态，然后有冲量 ds 作用于单自由度质点上。由于冲量 ds 的作用，体系将产生初速度，此时冲量 ds 全部转移给质点，使其增加动量，动量增值即为 $m\dot{y}_0$，故由 $ds = m\dot{y}_0$ 得到

$$\dot{y}_0 = \frac{ds}{m}$$

当质点获得初速度 $\dot{y}_0$ 后还来不及产生位移，冲量即行消失，所以质点在这种冲击下将产生自由振动。将 $y_0 = 0$ 和 $\dot{y}_0 = \dfrac{ds}{m}$ 代入式 (13-28)，即得

$$y = e^{-ct}\left(\frac{\dot{y}_0}{\omega}\sin\omega't\right) = \frac{ds}{m\omega'}e^{-\xi\omega t}\sin\omega't \tag{13-52}$$

此式就是在 $t=0$ 时瞬时冲量 ds 作用下所引起的动力反应。

若瞬时冲量不是在 $t=0$，而是在 $t=\tau$ 时加于质点上，则其位移方程应为

$$y(t) = \frac{ds}{m\omega'}e^{-\xi\omega(t-\tau)}\sin\omega'(t-\tau) \qquad (t > \tau) \tag{13-53}$$

(2)任意动力荷载 $P(t)$ 的动力反应。

如图 13-20b) 所示一般形式的干扰力 $P(t)$，可以认为它是一系列微小冲量 $ds = P(\tau)d\tau$ 连续作用的结果，因此由式 (13-53) 可得

$$y(t) = \frac{1}{m\omega'}\int_0^t P(t)e^{-\xi\omega(t-\tau)}\sin\omega'(t-\tau)d\tau \tag{13-54}$$

这就是在 $t=0$ 时处于静止状态的单自由度体系在任意动力荷载 $P(t)$ 作用下的位移公式。若不考虑阻尼，则有 $\xi=0$，$\omega'=\omega$，于是

$$y(t) = \frac{1}{m\omega}\int_0^t P(t)\sin\omega(t-\tau)d\tau \tag{13-55}$$

式 (13-54) 及式 (13-55) 又称为杜哈梅 (Duhamel) 积分。

如果初始位移 y_0 和初始速度 $\dot{y}_0$ 不为零时，则总位移应为

$$y(t) = e^{-\xi\omega t}\left(y_0\cos\omega't + \frac{\dot{y}_0 + \xi\omega y_0}{\omega'}\sin\omega't\right) +$$

$$\frac{1}{m\omega'}\int_0^t P(t)e^{-\xi\omega(t-\tau)}\sin\omega'(t-\tau)d\tau \tag{13-56}$$

若不考虑阻尼，则有

$$y(t) = y_0 \cos\omega t + \frac{y_0}{\omega}\sin\omega t + \frac{1}{m\omega}\int_0^t P(t)\sin\omega(t-\tau)\mathrm{d}\tau \qquad (13\text{-}57)$$

下面应用式（13-57）来讨论几种动力荷载的动力反应。

①突加荷载。体系在加载前处于静止状态，在 $t=0$ 时，突然加上荷载 P_0，并一直作用在结构上，其变化规律如图 13-21 所示。荷载可表示为

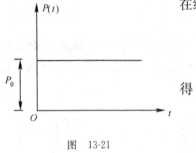

图 13-21

$$P(t) = \begin{cases} 0, t < 0 \\ P_0, t \geqslant 0 \end{cases}$$

在不考虑阻尼时，将上面 $P(t)$ 代入式（13-55）进行积分求得

$$y = \frac{1}{m\omega}\int_0^t P_0 \sin\omega(t-\tau)\mathrm{d}\tau = \frac{P_0}{m\omega^2}(1-\cos\omega t)$$
$$= y_\mathrm{j}(1-\cos\omega t) \qquad (13\text{-}58)$$

式中，$y_\mathrm{j} = \dfrac{P_0}{m\omega^2} = P_0\delta_{11}$，为静荷载 P_0 作用下产生的静位移。

根据式（13-58）作出的动力位移图如图 13-22 所示。可以看出，质点是围绕其静力平衡位置做简谐运动，动力系数为

$$\mu = \frac{[y(t)]_{\max}}{y_\mathrm{j}} = 2 \qquad (13\text{-}59)$$

由此看出，突加荷载作用引起的最大位移比相应的静位移增大一倍，应该引起注意。

②短期荷载。这是指在短时间内停留在结构上的荷载，即当 $t=0$ 时，荷载突然加在结构上，但到 $t=t_0$ 时，荷载又突然消失，如图 13-23 所示。对于这种情况可以作如下分析：首先，在 $t=0$ 时有上述突加荷载加入，并一直作用在结构上；到 $t=t_0$ 时，又有一个大小相等但方向相反的突加荷载加入，以抵消原有荷载的作用。这样，便可利用上述突加荷载作用下的计算公式运用叠加法来求解。于是由式（13-58）可得

当 $0 \leqslant t \leqslant t_0$ 时

$$y = y_\mathrm{j}(1-\cos\omega t)$$

当 $t > t_0$ 时

$$y = y_\mathrm{j}(1-\cos\omega t) - y_\mathrm{j}[1-\cos\omega(t-t_0)]$$
$$= y_\mathrm{j}[\cos\omega(t-t_0) - \cos\omega t]$$
$$= 2y_\mathrm{j}\left[\sin\frac{\omega t_0}{2}\sin\omega\left(t-\frac{t_0}{2}\right)\right] \qquad (13\text{-}60)$$

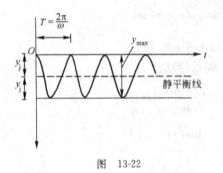

图 13-22

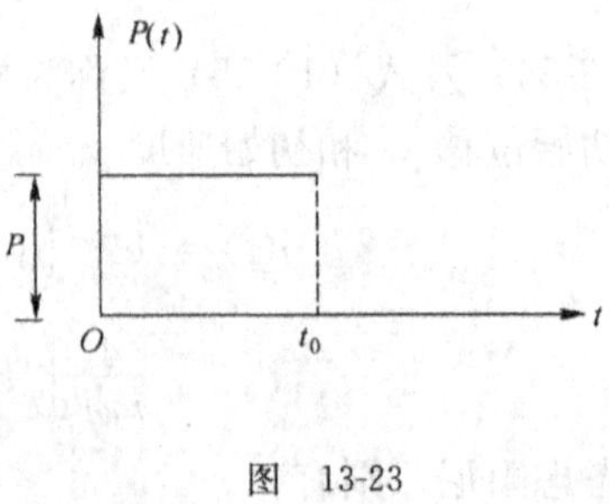

图 13-23

下面分两种情况讨论位移幅值及动力系数。

a. 设 $t_0 > \dfrac{T}{2}$，即加载时间大于半个自振周期，在 t 达到 t_0 之前，有 $\cos\omega t = \cos\dfrac{T}{2} = \cos\pi = -1$ 的可能，故最大位移反应发生在 $0 \leqslant t \leqslant t_0$ 阶段。由式（13-58）可知，这时的动力系数 $\mu = 2$。

b. 设 $t_0 < \dfrac{T}{2}$，根据式（13-58）及其对时间的导数可以看出，位移和速度均为正值，因此，最大位移反应发生在 $t > t_0$ 阶段。由式（13-60）可知，当 $\sin\omega\left(t - \dfrac{t_0}{2}\right) = 1$ 时，$y(t)$ 达到最大值 $y_{\max} = 2y_j\sin\dfrac{\omega t_0}{2}$，故动力系数 $\mu = 2\sin\dfrac{\omega t_0}{2}$。

综合以上两种情况可以看出，动力系数的数值与 t_0/T 有关，也即短时荷载的动力效果取决于其作用时间的长短。

第四节　多自由度体系的自由振动

在进行结构的动力分析时，为了保证所得结果的可靠性，有时需要选取较为复杂的计算简图，按多自由度体系进行计算。本节内容即为分析多自由度体系的自由振动问题。由于阻尼对自由振动影响很小，为简便起见，在多自由度体系自由振动的分析中，可以略去阻尼的影响。

先讨论两个自由度的体系，然后推广到 n 个自由度的体系。

1. 两个自由度体系自由振动

（1）微分方程的建立。

如同单自由度体系自由振动分析一样，其方程的建立也有两种方法：一种是刚度法；一种是柔度法。分别讨论如下。

①刚度法。图 13-24a）所示为一具有两个集中质量 m_1 和 m_2 的两个自由度体系。在自由振动的任一时刻，质量 m_1 和 m_2 的位移分别为 $y_1(t)$、$y_2(t)$。

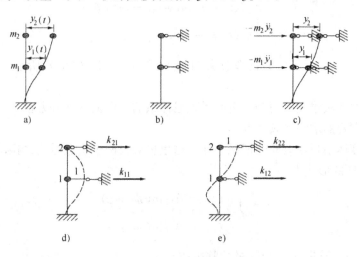

图　13-24

按刚度法建立无阻尼自由振动的微分方程的思路是：取质量 m_1 和 m_2 为研究对象，建立动力平衡方程。这里可将 m_1 和 m_2 脱离出来，为了简便起见，也可以不脱离，而按照位移法求解的思想来处理。在质点 m_1 和 m_2 的地方沿位移方向加入附加链杆如图 13-24b) 所示。然后人为地移动附加链杆，使 1 和 2 连同质量一起移动到原来的实际位移 $y_1(t)$、$y_2(t)$ 处，同时施加相应的惯性力 $-m\ddot{y}_1$ 和 $-m\ddot{y}_2$ [图 13-24c)]。这样体系即恢复到自然状态，于是附加链杆上的反力 $R_1(t)$、$R_2(t)$ 也就等于零。根据这一条件，并应用叠加原理，可得以下方程

$$\begin{cases} R_1(t) = k_{11}y_1 + k_{12}y_2 + R_{11}(t) = 0 \\ R_2(t) = k_{21}y_1 + k_{22}y_2 + R_{21}(t) = 0 \end{cases} \tag{13-61}$$

式中，各 k_{ij} 是结构的刚度系数，它的物理意义如图 13-24d)、图 13-24e) 所示。将 $R_{11}(t) = m\ddot{y}_1$、$R_{21}(t) = m\ddot{y}_2$ 代入即得

$$\begin{cases} k_{11}y_1 + k_{12}y_2 + m_1\ddot{y}_1 = 0 \\ k_{21}y_1 + k_{22}y_2 + m_2\ddot{y}_2 = 0 \end{cases} \tag{13-62}$$

这就是按刚度法建立的两个自由度无阻尼体系的自由振动微分方程。

②柔度法。图 13-25a) 所示的两个自由度体系，在自由振动的任一时刻 t，质量 m_1、m_2 的位移分别是 $y_1(t)$ 和 $y_2(t)$。

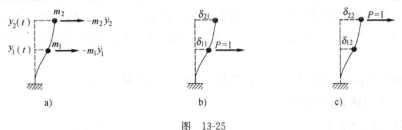

图　13-25

按柔度法建立微分方程的思路是：在自由振动的任一时刻 t，质量 m_1、m_2 的位移 $y_1(t)$ 和 $y_2(t)$ 应等于在该时刻惯性力 $-m_1\ddot{y}_1(t)$、$-m_2\ddot{y}_2(t)$ 共同作用下所产生的静力位移。根据叠加原理，可列出方程如下：

$$\begin{cases} y_1(t) = -m_1\ddot{y}_1\delta_{11} - m_2\ddot{y}_2\delta_{12} \\ y_2(t) = -m_1\ddot{y}_1\delta_{21} - m_2\ddot{y}_2\delta_{22} \end{cases} \tag{13-63}$$

式中，δ_{11}、δ_{12}、δ_{21}、δ_{22} 的物理意义如图 13-25b)、图 13-25c) 所示，是结构的柔度系数。

这就是按柔度法建立的两个自由度无阻尼体系的自由振动微分方程。

（2）微分方程的求解和频率方程。

与单自由度体系自由振动的情况一样，这里也假设两个质点做简谐振动，则式（13-62）和式（13-63）解的形式为

$$\begin{cases} y_1(t) = A_1\sin(\omega t + \varphi) \\ y_2(t) = A_2\sin(\omega t + \varphi) \end{cases} \tag{13-64}$$

式中：A_1、A_2——质量 m_1 和 m_2 的位移振幅；

　　　　ω——体系的自振频率；

φ——相位角。

①用刚度系数表示频率方程和自振频率。

将式（13-64）代入方程（13-62），消去公因子 $\sin(\omega t + \varphi)$ 整理后得

$$\begin{cases} (k_{11} - m_1\omega^2)A_1 + k_{12}A_2 = 0 \\ k_{21}A_1 + (k_{22} - m_2\omega^2)A_2 = 0 \end{cases} \tag{13-65}$$

上式是 A_1 和 A_2 的齐次方程组。显然 $A_1 = A_2 = 0$ 是方程的一组解，但是它相应于没有发生振动的静止状态，因此这不是所要求的自由振动的解。为了使方程组有非零解，则其系数行列式必等于零，即

$$D = \begin{vmatrix} k_{11} - m_1\omega^2 & k_{12} \\ k_{21} & k_{22} - m_2\omega^2 \end{vmatrix} = 0 \tag{13-66}$$

式（13-66）就是用来确定频率的条件，称为频率方程，用它可求出频率 ω。

将上式展开得

$$(k_{11} - m_1\omega^2)(k_{22} - m_2\omega^2) - k_{12}k_{21} = 0 \tag{13-67}$$

整理得

$$(\omega^2)^2 - \left(\frac{k_{11}}{m_1} + \frac{k_{22}}{m_2}\right)\omega^2 + \frac{k_{11}k_{22} - k_{12}k_{21}}{m_1m_2} = 0 \tag{13-68}$$

可解出 (ω^2) 的两个根

$$(\omega^2) = \frac{1}{2}\left(\frac{k_{11}}{m_1} + \frac{k_{22}}{m_2}\right) \pm \sqrt{\left[\frac{1}{2}\left(\frac{k_{11}}{m_1} + \frac{k_{22}}{m_2}\right)\right]^2 - \frac{k_{11}k_{22} - k_{12}k_{21}}{m_1m_2}} \tag{13-69}$$

可以证明这两个根都是正的。由此可见，具有两个自由度的体系共有两个自振频率。用 ω_1 表示其中最小的频率，称为第一频率或基本频率；另一个频率 ω_2 称为第二频率。频率的数目总是与自由度的数目相等。

②用柔度系数表示频率方程和自振频率。

将式（13-64）代入柔度法方程组（13-63）后，同样可得关于 A_1、A_2 的齐次方程组。为求体系发生振动的解，同样令齐次方程组的系数行列式等于零，即得到以柔度系数表示的频率方程

$$D = \begin{vmatrix} m_1\delta_{11} - \dfrac{1}{\omega^2} & m_2\delta_{12} \\ m_1\delta_{21} & m_2\delta_{22} - \dfrac{1}{\omega^2} \end{vmatrix} = 0 \tag{13-70}$$

令 $\lambda = \dfrac{1}{\omega^2}$，由式（13-70）的频率方程展开，可求得 λ 的两个根为

$$\lambda_{1,2} = \frac{1}{2}\left[(m_1\delta_{11} + m_2\delta_{22}) \pm \sqrt{(m_1\delta_{11} + m_2\delta_{22})^2 - 4(\delta_{11}\delta_{22} - \delta_{12}\delta_{21})m_1m_2}\right] \tag{13-71}$$

这两个根都是正的实根，于是，可求得用柔度系数表示的两个频率为

$$\omega_1 = \frac{1}{\sqrt{\lambda_1}}$$

$$\omega_2 = \frac{1}{\sqrt{\lambda_2}}$$

其中，较小的 ω_1 为第一圆频率或基本圆频率，ω_2 为第二圆频率。

（3）主振型。

在求出自振频率 ω_1 和 ω_2 之后，再来确定它们各自相应的振型。

由于行列式 $D=0$，说明方程组中的两个方程是线性相关的，实际上只有一个独立的方程。于是通过它求不出具体的 A_1 和 A_2，而只能由式（13-65）中的任一方程求出 A_1/A_2 的比值，即

$$\frac{A_1}{A_2}=-\frac{k_{12}}{k_{11}-m_1\omega^2}=-\frac{k_{22}-m_2\omega^2}{k_{21}} \tag{13-72}$$

式（13-72）表明比值 A_1/A_2 与 ω 有关，当频率 ω 确定后，A_1/A_2 比值是一个常数，这种结构上位移形状保持不变的振动型式，称为主振型或振型。

当 $\omega=\omega_1$ 时，比值为 A_{11}/A_{21}。A_{11}/A_{21} 所确定的振动形式就是与第一频率 ω_1 相对应的振型，称为第一主振型或基本振型。由式（13-72）可得

$$\rho_1=\frac{A_{11}}{A_{21}}=-\frac{k_{12}}{k_{11}-m_1\omega_1^2} \tag{13-73}$$

当 $\omega=\omega_2$ 时，比值为 A_{12}/A_{22}。A_{12}/A_{22} 所确定的振动形式就是与第二频率 ω_2 相对应的振型，称为第二主振型。由式（13-72）可得

$$\rho_2=\frac{A_{12}}{A_{22}}=-\frac{k_{12}}{k_{11}-m_1\omega_2^2} \tag{13-74}$$

同理，可得到在柔度法中用柔度系数表示的主振型

$$\rho_1=\frac{A_{11}}{A_{21}}=-\frac{m_2\delta_{12}}{m_1\delta_{11}-\dfrac{1}{\omega_1^2}} \tag{13-75}$$

$$\rho_2=\frac{A_{12}}{A_{22}}=-\frac{m_2\delta_{12}}{m_1\delta_{11}-\dfrac{1}{\omega_2^2}} \tag{13-76}$$

[例 13-5] 试求图 13-26a）所示简支梁的自振频率并确定其主振型。梁的刚度 $EI=$ 常量，质量不计，且 $m_1=m_2=m$。

解： 因简支梁柔度系数的计算比较简单，所以用柔度法求解。

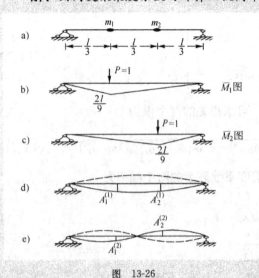

图 13-26

（1）计算结构的柔度系数。

为此绘制 $\overline{M}_1$、$\overline{M}_2$ 图，如图 13-26b）、图 13-26c）所示。

由图乘法可得

$$\delta_{11}=\delta_{22}=\frac{4l^3}{243EI}$$

$$\delta_{12}=\delta_{21}=\frac{7l^3}{486EI}$$

将它们代入式（13-71），可求得

$$\lambda_1=(\delta_{11}+\delta_{12})m=\frac{15ml^3}{486EI}$$

$$\lambda_2=(\delta_{11}-\delta_{12})m=\frac{ml^3}{486EI}$$

故

$$\omega_1 = \frac{1}{\sqrt{\lambda_1}} = 5.69\sqrt{\frac{EI}{ml^3}}$$

$$\omega_2 = \frac{1}{\sqrt{\lambda_2}} = 22.05\sqrt{\frac{EI}{ml^3}}$$

(2)求振型。

由式（13-75）求得第一振型为

$$\rho_1 = \frac{A_{11}}{A_{21}} = -\frac{m_2\delta_{12}}{m_1\delta_{11} - \frac{1}{\omega_1^2}} = -\frac{m\delta_{12}}{m\delta_{11} - (\delta_{11} + \delta_{12})m} = -1$$

这表明结构按第一频率振动时，两质点始终保持同向且有相等的位移，其振型是正对称的，如图 13-26d）所示。

同理，由式（13-76）求得第二振型为

$$\rho_2 = \frac{A_{12}}{A_{22}} = -\frac{m_2\delta_{12}}{m_1\delta_{11} - \frac{1}{\omega_2^2}} = -\frac{m\delta_{12}}{m\delta_{11} - (\delta_{11} - \delta_{12})m} = -1$$

可见，按第二频率振动时，两质点的位移是等值而反向的，振型为反对称形状，如图 13-26e）所示。

［例13-6］ 如图 13-27a）所示为一两层刚架，其横梁 $EI\approx\infty$，设质量集中在横梁上，且第一、二层的质量分别为 m_1、m_2，层间侧移刚度（即该层柱子上、下端发生相对位移时，该层各柱剪力之和）分别为 k_1、k_2，试求刚架水平振动时的自振频率和主振型。

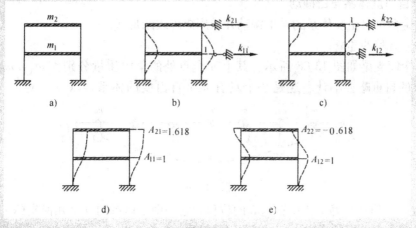

图 13-27

解：在水平振动下，刚架的刚度系数的计算比较简单，所以，用刚度法求解。

(1)计算结构的刚度系数。

结构的刚度系数如图 13-27b）和图 13-27c）所示，得

$$k_{11} = k_1 + k_2, k_{12} = k_{21} = -k_2, k_{22} = k_2$$

将各刚度系数代入式（13-67）得

$$(k_1 + k_2 - m_1\omega^2)(k_2 - m_2\omega^2) - k_2^2 = 0$$

若 $m_1 = m_2 = m$、$k_1 = k_2 = k$ 时，代入上式得

$$(2k - m\omega^2)(k - m\omega^2) - k^2 = 0$$

由此得

$$\omega_1^2 = \frac{3 - \sqrt{5}}{2} \frac{k}{m} = 0.382 \frac{k}{m}$$

$$\omega_2^2 = \frac{3 + \sqrt{5}}{2} \frac{k}{m} = 2.618 \frac{k}{m}$$

则两个频率为

$$\omega_1 = 0.618 \sqrt{\frac{k}{m}}$$

$$\omega_2 = 1.618 \sqrt{\frac{k}{m}}$$

(2) 求振型。

由式（13-73）求得第一振型为

$$\rho_1 = \frac{A_{11}}{A_{21}} = -\frac{k_{12}}{k_{11} - m_1\omega_1^2} = -\frac{-k}{2k - 0.382k} = \frac{1}{1.618}$$

由式（13-74）求得第二振型为

$$\rho_2 = \frac{A_{12}}{A_{22}} = -\frac{k_{12}}{k_{11} - m_1\omega_2^2} = -\frac{-k}{2k - 2.618k} = \frac{1}{0.618}$$

两个主振型形状如图 13-27d)、图 13-27e) 所示。

2. 多个自由度体系自由振动

下面讨论多个自由度体系的自由振动并采用矩阵表示形式。

（1）微分方程的建立。

设有一个简支梁如图 13-28 所示。其上 n 个点处的集中质量分别为 m_1，m_2，…，m_i，…，m_n，梁的自重略去不计。这是一个具有 n 个自由度的体系，以 y_1，y_2，…，y_i，…，

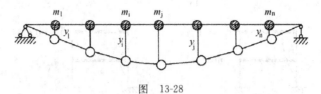

图 13-28

y_n 分别代表这些质点自静平衡位置量起的位移，它们即是体系的 n 个几何坐标。

参照对两个自由度体系建立运动方程的做法，将式（13-62）加以扩展，即得 n 个自由度体系的微分方程

$$\begin{cases} m_1\ddot{y}_1 + k_{11}y_1 + k_{12}y_2 + \cdots + k_{1n}y_n = 0 \\ m_2\ddot{y}_2 + k_{21}y_1 + k_{22}y_2 + \cdots + k_{2n}y_n = 0 \\ \vdots \\ m_n\ddot{y}_n + k_{n1}y_1 + k_{n2}y_2 + \cdots + k_{nn}y_n = 0 \end{cases} \tag{13-77}$$

写成矩阵形式为

$$\begin{bmatrix} m_1 & & & 0 \\ & m_2 & & \\ & & \ddots & \\ 0 & & & m_n \end{bmatrix} \begin{Bmatrix} \ddot{y}_1 \\ \ddot{y}_2 \\ \vdots \\ \ddot{y}_n \end{Bmatrix} + \begin{bmatrix} k_{11} & k_{12} & \cdots & k_{1n} \\ k_{21} & k_{22} & \cdots & k_{2n} \\ \vdots & \vdots & \vdots & \vdots \\ k_{n1} & k_{n2} & \cdots & k_{nn} \end{bmatrix} \begin{Bmatrix} y_1 \\ y_2 \\ \vdots \\ y_n \end{Bmatrix} = \begin{Bmatrix} 0 \\ 0 \\ \vdots \\ 0 \end{Bmatrix}$$

或简写为

$$[M]\{\ddot{Y}\} + [K]\{Y\} = \{0\} \tag{13-78}$$

式中：$[M]$——质量矩阵，在集中质量的结构中它是对角矩阵；

$\qquad [K]$——刚度矩阵，根据反力互等定理，它是对称矩阵；

$\qquad \{\ddot{Y}\}$——加速度列向量；

$\qquad \{Y\}$——位移列向量。

式（13-77）或式（13-78）就是按刚度法建立的多自由度体系无阻尼自由振动的微分方程。

如果按柔度法来建立振动微分方程，可以将两个自由度体系的式（13-63）扩展，并写成矩阵形式为

$$\begin{Bmatrix} y_1 \\ y_2 \\ \vdots \\ y_n \end{Bmatrix} + \begin{bmatrix} \delta_{11} & \delta_{12} & \cdots & \delta_{1n} \\ \delta_{21} & \delta_{22} & \cdots & \delta_{2n} \\ \vdots & \vdots & \vdots & \vdots \\ \delta_{n1} & \delta_{n2} & \cdots & \delta_{nn} \end{bmatrix} \begin{bmatrix} m_1 & & & 0 \\ & m_2 & & \\ & & \ddots & \\ 0 & & & m_n \end{bmatrix} \begin{Bmatrix} \ddot{y}_1 \\ \ddot{y}_2 \\ \vdots \\ \ddot{y}_n \end{Bmatrix} = \begin{Bmatrix} 0 \\ 0 \\ \vdots \\ 0 \end{Bmatrix}$$

或简写为

$$\{Y\} + [\delta][M]\{\ddot{Y}\} = \{0\} \tag{13-79}$$

式中，$[\delta]$ 为柔度矩阵，根据位移互等定理，它是对称矩阵。

式（13-79）就是按柔度法建立的多自由度体系无阻尼自由振动的微分方程。

若对式（13-79）左乘 $[\delta]^{-1}$，则有

$$[\delta]^{-1}\{Y\} + [M]\{\ddot{Y}\} = \{0\}$$

与式（13-78）对比，可知

$$[\delta]^{-1} = [K] \tag{13-80}$$

即柔度矩阵与刚度矩阵是互为逆阵的。可见不论按刚度法或柔度法来建立结构的振动微分方程，实际上是一样的，只是表现形式不同而已。当结构的柔度系数比刚度系数容易求得时，宜采用柔度法，反之宜采用刚度法。

（2）频率和主振型。

参照两个自由度体系的情况，设方程（13-78）有以下特解

$$\{y\} = \{A\}\sin(\omega t + \varphi) \tag{13-81}$$

式中，$\{A\}$ 为位移幅值向量，即

$$\{A\} = \begin{Bmatrix} A_1 \\ A_2 \\ \vdots \\ A_n \end{Bmatrix}$$

将式（13-81）代入式（13-78），消去公因子 $\sin(\omega t + \varphi)$，即得

$$([K] - \omega^2[M])\{A\} = \{0\} \tag{13-82}$$

式（13-82）是位移幅值 $\{A\}$ 的齐次方程。为了得到非零解，应使系数行列式为零，即

$$|[K] - \omega^2[M]| = 0 \qquad (13\text{-}83)$$

式（13-83）就是 n 个自由度体系的频率方程。将式（13-83）展开，可得到一个关于频率 ω^2 的 n 次代数方程，它的 n 个根就是体系的 n 个自振频率；将全部自振频率按照由小到大的顺序排列而成的向量叫做频率向量 $\{\omega\}$，其中最小的 ω_1 叫做第一频率或基本频率。

求出各个频率后，要确定振型还必须确定各质点振幅间的比值。为此，将 ω_j 值代入式（13-82）得

$$([K] - \omega_j^2[M])\{A^{(j)}\} = \{0\} \quad (j = 1, 2, \cdots, n) \qquad (13\text{-}84)$$

由于式（13-84）的系数行列式为零，故其 n 个方程中只有 $(n-1)$ 个是独立的，因而不能求出 $A_1^{(j)}$，$A_2^{(j)}$，$\cdots$，$A_n^{(j)}$ 的确定值，但可以确定各质点振幅间的相对比值，这便确定了振型。

式（13-84）中的

$$A^{(j)} = [A_1^{(j)} \; A_2^{(j)} \; \cdots \; A_n^{(j)}]^T$$

称为振型向量。如果假定了其中任一个元素的值，通常可假设第一个元素的 $A_1^{(j)} = 1$，便可求出其余各元素的值，这样求得的振型称为标准化振型。

以上是按刚度法求解。若按柔度法求解，推导过程与之相似。然而也可以利用刚度矩阵与柔度矩阵互为逆阵的关系，将前述求频率和振型的公式加以变换。为此，用 $[K]^{-1}$ 左乘式（13-82）有

$$([E] - \omega^2[K]^{-1}[M])\{A\} = \{0\}$$

即

$$\left([\delta][M] - \frac{1}{\omega^2}[E]\right)\{A\} = \{0\} \qquad (13\text{-}85)$$

这便是按柔度法求解的振幅方程。因 $\{A\}$ 不能全为零，故可得频率方程为

$$\left|[\delta][M] - \frac{1}{\omega^2}[E]\right| = 0 \qquad (13\text{-}86)$$

将其展开，可求得 n 个自振频率。再将它们逐一代回振幅方程式（13-85）得

$$\left([\delta][M] - \frac{1}{\omega_j^2}[E]\right)\{A^{(j)}\} = \{0\} \quad (j = 1, 2, \cdots, n) \qquad (13\text{-}87)$$

便可确定相应的 n 个主振型。

[例 13-7] 试求图 13-29a）所示刚架的频率和振型，假设横梁的刚度无穷大，刚架的质量都集中在各层横梁上。

解：由于横梁刚度无穷大，体系振动时各横梁只能做水平运动，故体系只有三个自由度。下面按刚度法来求其自振频率。结构的刚度系数如图 13-29b）、图 13-29c）、图 13-29d）所示。

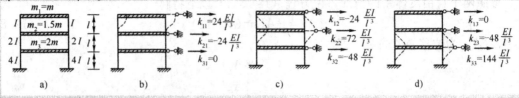

图 13-29

由此可建立刚度矩阵为

$$[K] = \frac{24EI}{l^3} \begin{bmatrix} 1 & -1 & 0 \\ -1 & 3 & -2 \\ 0 & -2 & 6 \end{bmatrix}$$

而质量矩阵为

$$[M] = m \begin{bmatrix} 1 & 0 & 0 \\ 0 & 1.5 & 0 \\ 0 & 0 & 2 \end{bmatrix}$$

因而有

$$[K] - \omega^2[M] = \frac{24EI}{l^3} \begin{bmatrix} 1-\eta & -1 & 0 \\ -1 & 3-1.5\eta & -2 \\ 0 & -2 & 6-2\eta \end{bmatrix}$$

其中

$$\eta = \frac{ml^3}{24EI}\omega^2$$

将上式代入式(13-83)有

$$\begin{vmatrix} 1-\eta & -1 & 0 \\ -1 & 3-1.5\eta & -2 \\ 0 & -2 & 6-2\eta \end{vmatrix} = 0$$

展开得

$$3\eta^3 - 18\eta^2 + 27\eta - 8 = 0$$

由试算法可求得

$$\eta_1 = 0.392 \quad \eta_2 = 1.774 \quad \eta_3 = 3.834$$

于是得到三个频率为

$$\omega_1 = \sqrt{\frac{24EI}{ml^3}\eta_1} = 3.067\sqrt{\frac{EI}{ml^3}}$$

$$\omega_2 = 6.525\sqrt{\frac{EI}{ml^3}}$$

$$\omega_3 = 9.592\sqrt{\frac{EI}{ml^3}}$$

求主振型，再将上式代入式(13-84)并约去公因子 $\frac{24EI}{l^3}$ 有

$$\begin{bmatrix} 1-\eta_j & -1 & 0 \\ -1 & 3-1.5\eta_j & -2 \\ 0 & -2 & 6-\eta_j \end{bmatrix} \begin{Bmatrix} A_1^{(j)} \\ A_2^{(j)} \\ A_3^{(j)} \end{Bmatrix} = \begin{Bmatrix} 0 \\ 0 \\ 0 \end{Bmatrix}$$

若求第一振型，取 $\eta_j = \eta_1 = 0.392$ 代入上式有

$$\begin{bmatrix} 0.608 & -1 & 0 \\ -1 & 2.412 & -2 \\ 0 & -2 & 5.216 \end{bmatrix} \begin{Bmatrix} A_1^{(1)} \\ A_2^{(1)} \\ A_3^{(1)} \end{Bmatrix} = \begin{Bmatrix} 0 \\ 0 \\ 0 \end{Bmatrix}$$

因上式的系数行列式为零，故三个方程中只有两个是独立的，可在三个方程中任取两个，如取前两个方程：

$$\begin{cases} 0.618A_1^{(1)} - A_2^{(1)} = 0 \\ -A_1^{(1)} + 2.412A_2^{(1)} - 2A_3^{(1)} = 0 \end{cases}$$

并假设 $A_1^{(1)}=1$，即可得标准化的第一振型为

$$A^{(1)} = \begin{Bmatrix} A_1^{(1)} \\ A_2^{(1)} \\ A_3^{(1)} \end{Bmatrix} = \begin{Bmatrix} 1 \\ 0.608 \\ 0.233 \end{Bmatrix}$$

同理，可求得第二和第三振型分别为

$$A^{(2)} = \begin{Bmatrix} A_1^{(2)} \\ A_2^{(2)} \\ A_3^{(2)} \end{Bmatrix} = \begin{Bmatrix} 1 \\ -0.774 \\ -0.631 \end{Bmatrix}$$

$$A^{(3)} = \begin{Bmatrix} A_1^{(3)} \\ A_2^{(3)} \\ A_3^{(3)} \end{Bmatrix} = \begin{Bmatrix} 1 \\ -2.834 \\ 3.398 \end{Bmatrix}$$

第一、二、三振型分别如图 13-30a)、图 13-30b)、图 13-30c) 所示。

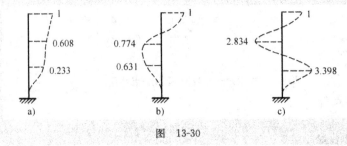

图 13-30

（3）主振型的正交性。

对于同一体系来说，不同的两个固有振型之间，存在着一个重要的特性，即主振型的正交性。在分析体系的动力反应时，常用到这个特性。现以图 13-26 所示的两个自由度体系的主振型为例，说明主振型的正交性。

图 13-26d)、图 13-26e) 虚线表示简支梁两个质点自由振动的第一主振型和第二主振型。对于图 13-26d) 所示的第一主振型，质点 1、2 的振幅分别为 A_{11} 和 A_{21}，其值正好等于相应惯性力幅值 $(m_1\omega_1^2 A_{11}$、$m_2\omega_1^2 A_{21})$ 所产生的静力位移。

而图 13-26e) 所示的第二主振型，质点 1、2 的振幅分别为 A_{12} 和 A_{22}，其值正好等于惯性力幅值 $(m_1\omega_2^2 A_{12}$、$m_2\omega_2^2 A_{22})$ 所产生的静力位移。

对于上述线性变形体系的动力平衡状态，可应用功的互等定理，即第一振型中的惯性力在第二振型中的相应位移上所做的虚功，应等于第二振型中的惯性力在第一振型中的相应位移上所做的虚功，即

$$(m_1\omega_1^2 A_{11})\, A_{12} + (m_2\omega_1^2 A_{21})\, A_{22} = (m_1\omega_2^2 A_{12})\, A_{11} + (m_2\omega_2^2 A_{22})\, A_{21}$$

整理可得

$$(\omega_1^2 - \omega_2^2)\, (m_1 A_{11} A_{12} + m_2 A_{21} A_{22}) = 0$$

因 $\omega_1^2 \neq \omega_2^2$，则必有

$$m_1 A_{11} A_{12} + m_2 A_{21} A_{22} = 0 \tag{13-88}$$

上式表明两个自由度体系自由振动的主振型相互正交的特性。

将式（13-88）分别乘以 ω_1^2 与 ω_2^2，可得下列两式

$$(m_1\omega_1^2 A_{11})\ A_{12} + (m_2\omega_1^2 A_{21})\ A_{22} = 0 \tag{13-89}$$

$$(m_1\omega_2^2 A_{12})\ A_{11} + (m_2\omega_2^2 A_{22})\ A_{21} = 0 \tag{13-90}$$

式（13-90）说明第一主振型的惯性力在第二主振型上所做的虚功为零；式（13-89）说明第二主振型的惯性力在第一主振型上所做的虚功为零。这表明体系在振动过程中，某一主振型的惯性力不会在其他主振型上做功，即它的能量不会转移到其他主振型上，也就不会引起其他振型的振动。因此，各个主振型能单独存在而不相互干扰。

[例 13-8] 验证例 13-6 主振型的正交性。

解：例 13-6 的两个主振型形状如图 13-27d)、图 13-27e) 所示。

由式（13-88）得

$$m_1 A_{11} A_{12} + m_2 A_{21} A_{22} = m_1 (1) \times (1) + m_2 (1.618) \times (-0.618) = 0$$

第五节　多自由度体系在简谐荷载作用下的强迫振动

与单自由度体系一样，在动力荷载作用下多自由度结构的强迫振动开始也存在一个过渡阶段。由于实际中阻尼的存在，不久即进入平稳阶段。下面将只讨论平稳阶段的纯强迫振动。

1. 两个自由度的体系

图 13-31 所示为两个自由度体系，作用在质点 1、2 上的简谐荷载分别为 $P_1\sin\theta t$、$P_2\sin\theta t$。取质点作为研究对象，可写出两个自由度体系在简谐荷载作用下的动力平衡方程为

$$\begin{cases} m_1\ddot{y}_1 + k_{11}y_1 + k_{12}y_2 = P_1\sin\theta t \\ m_2\ddot{y}_2 + k_{21}y_1 + k_{22}y_2 = P_2\sin\theta t \end{cases} \tag{13-91}$$

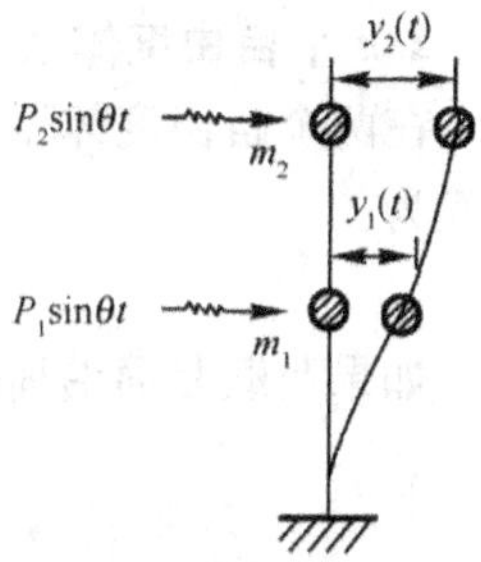

这就是两个自由度体系在简谐荷载作用下用刚度法建立的振动微分方程。

设平稳阶段纯强迫振动部分位移的解为

$$\begin{cases} y_1(t) = A_1\sin\theta t \\ y_2(t) = A_2\sin\theta t \end{cases} \tag{13-92}$$

图　13-31

将式（13-92）代入式（13-91），消去公因子 $\sin\theta t$，可得

$$\begin{cases} (k_{11} - m_1\theta^2)A_1 + k_{12}A_2 = P_1 \\ k_{21}A_1 + (k_{22} - m_2\theta^2)A_2 = P_2 \end{cases} \tag{13-93}$$

由式（13-93），可解得振幅值为

$$A_1 = \frac{D_1}{D_0}, A_2 = \frac{D_2}{D_0} \tag{13-94}$$

式中

$$D_0 = \begin{vmatrix} k_{11} - m_1\theta^2 & k_{12} \\ k_{21} & k_{22} - m_2\theta^2 \end{vmatrix}$$

$$D_1 = \begin{vmatrix} P_1 & k_{12} \\ P_2 & k_{22} - m_2\theta^2 \end{vmatrix}$$

$$D_2 = \begin{vmatrix} k_{11} - m_1\theta^2 & P_1 \\ k_{21} & P_2 \end{vmatrix} \tag{13-95}$$

下面对振幅解答的几种情况分别加以讨论。

(1)当 $\theta \to 0$ 时，由式（13-92）可知，$y_1 \to 0$，$y_2 \to 0$。这说明，当干扰力频率很小时，它的动力作用很小。质点位移的幅值相当于将干扰力幅值作为静力荷载所产生的位移。

(2)当 $\theta \to \infty$ 时，由式（13-93）可知，$A_1 \to 0$，$A_2 \to 0$。这说明，当干扰力频率极大时，动位移则非常小。

(3)当 $\theta \to \omega_1$ 或 $\theta \to \omega_2$ 时，式（13-95）中，$D_0 = \begin{vmatrix} k_{11} - m_1\theta^2 & k_{12} \\ k_{21} & k_{22} - m_2\theta^2 \end{vmatrix}$ 写成矩阵形式，即为

$$D_0 = |\ [K] = \theta^2[M]\ |$$

与频率方程（13-83）比较可以看出，当 $\theta \to \omega_1$ 或 $\theta \to \omega_2$ 时 $D_0 \to 0$。当 D_1、D_2 不全为零时，则振幅 A_1、A_2 将趋于无穷大。实际上，由于阻尼的存在，振幅虽然不可能达到无限大，但仍然是很大的，这就是共振现象。由此可知，两个自由度体系可以有两个共振点，各对应一个自振频率。

(4)求得振幅 A_1、A_2 后，再代入式（13-92）即得各质点的振动方程，并从而可得各质点的惯性力为

$$\begin{cases} I_1 = -m_1 \ddot{y}_1 = m_1\theta^2 A_1 \sin\theta t \\ I_2 = -m_2 \ddot{y}_2 = m_2\theta^2 A_2 \sin\theta t \end{cases} \tag{13-96}$$

因位移、惯性力、荷载同时达到幅值，动内力也在幅值位置达到幅值。因此，在计算最大动力位移和内力时，可将惯性力和干扰力的最大值当做静力荷载加于结构上进行计算。

2. n 个自由度体系

在两个自由度体系分析的基础上，对于 n 个自由度体系，同理，可写出矩阵形式的振动方程为

$$[M]\{\ddot{Y}\} + [K]\{Y\} = \{P(t)\} \tag{13-97}$$

如果荷载是简谐荷载，即

$$\{P(t)\} = \begin{Bmatrix} P_1 \\ P_2 \\ \vdots \\ P_n \end{Bmatrix} \sin\theta t = \{P\}\sin\theta t$$

则在平稳振动阶段，各质点也做简谐振动

$$\{y(t)\} = \begin{Bmatrix} A_1 \\ A_2 \\ \vdots \\ A_n \end{Bmatrix} \sin\theta t = \{A\}\sin\theta t \tag{13-98}$$

代入式（13-97），得

$$([K] - \theta^2[M])\{A\} = \{P\} \tag{13-99}$$

由上式便可求出各质点的振幅值。然后代入式（13-98）即得各质点的位移方程，并可求出各质点的惯性力。

[**例 13-9**] 图 13-32a) 刚架在二层楼面作用有 $P\sin\theta t$，$\theta=\sqrt{\dfrac{16EI}{mh^3}}$，$m_1=m_2=m$，计算第一、二层楼面处振幅值、惯性力幅值及柱底端截面弯矩幅值。

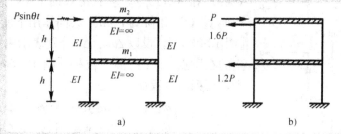

图 13-32

解：(1)由位移法求出结构的刚度系数：

$$k_{11}=\frac{48EI}{h^3}$$

$$k_{12}=k_{21}=-\frac{24EI}{h^3}$$

$$k_{22}=\frac{24EI}{h^3}$$

(2)计算 D_0、D_1、D_2：

$$m_1\theta^2=m_2\theta^2=m\left(\sqrt{\frac{16EI}{mh^3}}\right)^2=\frac{16EI}{h^3}$$

由式 (13-95) 得

$$D_0=\begin{vmatrix} k_{11}-m_1\theta^2 & k_{12} \\ k_{21} & k_{22}-m_2\theta^2 \end{vmatrix}=-320\left(\frac{EI}{h^3}\right)^2$$

$$D_1=\begin{vmatrix} P_1 & k_{12} \\ P_2 & k_{22}-m_2\theta^2 \end{vmatrix}=\begin{vmatrix} 0 & -24 \\ P & 8 \end{vmatrix}\frac{EI}{h^3}=24\frac{PEI}{h^3}$$

$$D_2=\begin{vmatrix} k_{11}-m_1\theta^2 & P_1 \\ k_{21} & P_2 \end{vmatrix}=\begin{vmatrix} 32 & 0 \\ -24 & P \end{vmatrix}\frac{EI}{h^3}=32\frac{PEI}{h^3}$$

(3)计算 A_1、A_2：
由式 (13-94) 得

$$A_1=\frac{D_1}{D_0}=-0.075P\frac{h^3}{EI}，\quad A_2=\frac{D_2}{D_0}=-0.1P\frac{h^3}{EI}$$

(4)计算惯性力幅值 I_1^0、I_2^0：
由式 (13-96) 知

$$I_1^0=m_1\theta^2A_1=\frac{16EI}{h^3}\times\left(-0.075P\frac{h^3}{EI}\right)=-1.2P$$

$$I_2^0=m_2\theta^2A_2=\frac{16EI}{h^3}\times\left(-0.1P\frac{h^3}{EI}\right)=-1.6P$$

(5)计算内力（柱底截面弯矩幅值）：
刚架受力如图 13-32b) 所示，由位移法可得

$$M_A=0.45Ph$$

以上是刚度法的求解，下面再给出两个自由度体系按柔度法计算的有关公式。

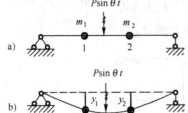

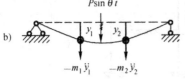

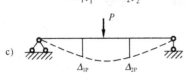

图 13-33

图 13-33a) 所示为一两个自由度体系，受到简谐荷载 $P(t)=P\sin\theta t$ 的作用。在任一时刻 t，质点 1、2 的位移 $y_1(t)$ 和 $y_2(t)$ 应等于在该时刻惯性力 $-m_1\ddot{y}_1(t)$、$-m_2\ddot{y}_2(t)$ 和荷载 $P\sin\theta t$ 共同作用下所产生的静力位移 [图 13-33b)]。设以 Δ_{1P}、Δ_{2P} 分别表示由荷载幅值 P 所产生的在质点 1、2 的静力位移 [图 13-33c)]，根据叠加原理，可列出方程如下

$$\begin{cases} m_1\ddot{y}_1\delta_{11}+m_2\ddot{y}_2\delta_{12}+y_1=\Delta_{1P}\sin\theta t \\ m_1\ddot{y}_1\delta_{21}+m_2\ddot{y}_2\delta_{22}+y_2=\Delta_{2P}\sin\theta t \end{cases} \quad (13\text{-}100)$$

这就是两个自由度体系在简谐荷载作用下用柔度法建立的振动微分方程。

仍然设平稳阶段纯强迫振动部分位移的解为

$$\begin{cases} y_1(t)=A_1\sin\theta t \\ y_2(t)=A_2\sin\theta t \end{cases} \quad (13\text{-}101)$$

将式 (13-101) 代入式 (13-100)，消去公因子 $\sin\theta t$，可得

$$\begin{cases} (m_1\theta^2\delta_{11}-1)A_1+m_2\theta^2\delta_{12}A_2+\Delta_{1P}=0 \\ m_1\theta^2\delta_{21}A_1+(m_2\theta^2\delta_{22}-1)A_2+\Delta_{2P}=0 \end{cases} \quad (13\text{-}102)$$

由式 (13-102)，可解得振幅值为

$$A_1=\frac{D_1}{D_0}$$
$$A_2=\frac{D_2}{D_0} \quad (13\text{-}103)$$

式中：

$$D_0=\begin{vmatrix} m_1\theta^2\delta_{11}-1 & m_2\theta^2\delta_{12} \\ m_1\theta^2\delta_{21} & m_2\theta^2\delta_{22}-1 \end{vmatrix}$$
$$D_1=\begin{vmatrix} -\Delta_{1P} & m_2\theta^2\delta_{12} \\ -\Delta_{2P} & m_2\theta^2\delta_{22}-1 \end{vmatrix} \quad (13\text{-}104)$$
$$D_2=\begin{vmatrix} m_1\theta^2\delta_{11}-1 & -\Delta_{1P} \\ m_1\theta^2\delta_{21} & -\Delta_{2P} \end{vmatrix}$$

求出振幅 A_1、A_2 后，仍可按式 (13-96) 计算惯性力 I_1、I_2。将 I_1、I_2 和荷载 P 的幅值加在体系上，按静力计算方法，可求出内力幅值。

第六节　振型分解法

多自由度结构的无阻尼强迫振动的微分方程在上节已推导出，按刚度法有

$$[M]\{\ddot{y}\}+[K]\{y\}=\{P(t)\} \quad (13\text{-}105)$$

通常对只具有集中质量的结构，质量矩阵 $[M]$ 是对角矩阵，但刚度矩阵 $[K]$ 一般不是对角矩阵，因此方程组是联立的，即这些方程互相耦联，因而求解联立微分方程组是很困

难的。若能设法解除方程组的耦联，也即使其变为一个个独立方程，则可使计算大为简化。实际上这一目的可以利用主振型的正交性通过坐标变换的途径来实现。

前面所建立的多自由度结构振动微分方程，是以各质点的位移 y_1，y_2，$\cdots$，y_n 为对象来求解的，位移向量

$$\{y\} = \{y_1 \quad y_2 \quad \cdots \quad y_n\}^{\mathrm{T}}$$

称为几何坐标。为了解除方程组的耦联，一般进行以下坐标变化：以结构的 n 个主振型向量 $A^{(1)}$，$A^{(2)}$，$\cdots$，$A^{(n)}$ 作为基底，把几何坐标 $\{y\}$ 表示为基底的线性组合，即

$$\{y\} = \{A^{(1)}\}\eta_1 + \{A^{(2)}\}\eta_2 + \cdots + \{A^{(n)}\}\eta_n \tag{13-106}$$

式（13-106）就是将位移向量 $\{y\}$ 按各主振型进行分解。上式的展开形式为

$$
\begin{Bmatrix} y_1 \\ y_2 \\ \vdots \\ y_n \end{Bmatrix} = \eta_1 \begin{Bmatrix} A_1^{(1)} \\ A_2^{(1)} \\ \vdots \\ A_n^{(1)} \end{Bmatrix} + \eta_2 \begin{Bmatrix} A_1^{(2)} \\ A_2^{(2)} \\ \vdots \\ A_n^{(2)} \end{Bmatrix} + \cdots + \eta_n \begin{Bmatrix} A_1^{(n)} \\ A_2^{(n)} \\ \vdots \\ A_n^{(n)} \end{Bmatrix}
$$

$$
= \begin{bmatrix} A_1^{(1)} & A_1^{(2)} & \cdots & A_1^{(n)} \\ A_2^{(1)} & A_2^{(2)} & \cdots & A_2^{(n)} \\ \vdots & \vdots & \vdots & \vdots \\ A_n^{(1)} & A_n^{(2)} & \cdots & A_n^{(n)} \end{bmatrix} \begin{Bmatrix} \eta_1 \\ \eta_2 \\ \vdots \\ \eta_n \end{Bmatrix} \tag{13-107}
$$

可简写为

$$\{y\} = [A]\{\eta\} \tag{13-108}$$

这样就把几何坐标 $\{y\}$ 变化为数目相同的另一组新坐标

$$\{\eta\} = \{\eta_1 \ \eta_2 \ \cdots \ \eta_n\}^{\mathrm{T}}$$

$\{\eta\}$ 称为正则坐标。式（13-107）中

$$[A] = [A^{(1)} \ A^{(2)} \cdots \ A^{(n)}]^{\mathrm{T}}$$

$[A]$ 称为主振型矩阵，它就是几何坐标和正则坐标之间的转换矩阵。将（13-108）代入式（13-105）并左乘以 $[A]^{\mathrm{T}}$，得到

$$[A]^{\mathrm{T}}[M][A]\{\ddot{\eta}\} + [A]^{\mathrm{T}}[K][A]\{\eta\} = [A]^{\mathrm{T}}\{P(t)\} \tag{13-109}$$

利用主振型的正交性，很容易证明上式中的 $[A]^{\mathrm{T}}[M][A]$ 和 $[A]^{\mathrm{T}}[K][A]$ 都是对角矩阵。由矩阵的乘法有

$$
[A]^{\mathrm{T}}[M][A] = \begin{Bmatrix} \{A^{(1)\,\mathrm{T}}\} \\ \{A^{(2)\,\mathrm{T}}\} \\ \vdots \\ \{A^{(n)\,\mathrm{T}}\} \end{Bmatrix} [M][A^{(1)} \ A^{(2)} \ \cdots \ A^{(n)}]
$$

$$
= \begin{bmatrix} \{A^{(1)}\}^{\mathrm{T}}MA^{(1)} & \{A^{(1)}\}^{\mathrm{T}}MA^{(2)} & \cdots & \{A^{(1)}\}^{\mathrm{T}}MA^{(n)} \\ \{A^{(2)}\}^{\mathrm{T}}MA^{(1)} & \{A^{(2)}\}^{\mathrm{T}}MA^{(2)} & \cdots & \{A^{(2)}\}^{\mathrm{T}}MA^{(n)} \\ \vdots & \vdots & \vdots & \vdots \\ \{A^{(n)}\}^{\mathrm{T}}MA^{(1)} & \{A^{(n)}\}^{\mathrm{T}}MA^{(2)} & \cdots & \{A^{n}\}^{\mathrm{T}}MA^{(n)} \end{bmatrix} \tag{13-110}
$$

由主振型的正交性可知，上式右端矩阵中所有非主对角线上的元素均为零，因而只剩下主对角线上的元素。令

$$\overline{M}_i = \{A^{(i)}\}^{\mathrm{T}}MA^{(i)} \tag{13-111}$$

称为相应于第 i 个主振型的广义质量。于是（13-110）可写为

$$[A]^\mathrm{T}[M][A] = \begin{bmatrix} \overline{M}_1 & & & 0 \\ & \overline{M}_2 & & \\ & & \ddots & \\ 0 & & & \overline{M}_n \end{bmatrix} = [\overline{M}] \qquad (13\text{-}112)$$

$[\overline{M}]$ 称为广义质量矩阵，它是一个对角矩阵。同理，可以证明 $[A]^\mathrm{T}[K][A]$ 也是对角矩阵，并可将其表示为

$$[A]^\mathrm{T}[K][A] = \begin{bmatrix} \overline{K}_1 & & & 0 \\ & \overline{K}_2 & & \\ & & \ddots & \\ 0 & & & \overline{K}_n \end{bmatrix} = [\overline{K}] \qquad (13\text{-}113)$$

$[\overline{K}]$ 称为广义刚度矩阵。再把 $[A]^\mathrm{T}\{P(t)\}$ 看作广义荷载向量，记为 $\{\overline{P}(t)\}$，即

$$\{\overline{P}(t)\} = [A]^\mathrm{T}\{P(t)\} = \begin{Bmatrix} \{A^{(1)}\}^\mathrm{T}P(t) \\ \{A^{(2)}\}^\mathrm{T}P(t) \\ \vdots \\ \{A^{(n)}\}^\mathrm{T}P(t) \end{Bmatrix} = \begin{Bmatrix} \overline{P}_1(t) \\ \overline{P}_2(t) \\ \vdots \\ \overline{P}_n(t) \end{Bmatrix} \qquad (13\text{-}114)$$

其中任一元素

$$\{\overline{P}_i(t)\} = \{A^{(i)}\}^\mathrm{T}P(t) \qquad (13\text{-}115)$$

称为相应于第 i 个主振型的广义荷载，$\{\overline{P}(t)\}$ 则称为广义荷载向量。

将式（13-112）～式（13-114）代入式（13-109），则成为

$$[\overline{M}]\{\ddot{\eta}(t)\} + [\overline{K}]\{\eta(t)\} = \{\overline{P}(t)\} \qquad (13\text{-}116)$$

由于 $[\overline{M}]$ 和 $[\overline{K}]$ 都是对角矩阵，故方程组（n）已经成为解耦形式，其中包含 n 个独立方程

$$\overline{M}_i\{\ddot{\eta}_i(t)\} + \overline{K}_i\{\eta_i(t)\} = \overline{P}_i(t) \quad (i = 1, 2, \cdots, n)$$

上式两边除以 $\overline{M}_i$，再考虑到 $\omega_i^2 = \dfrac{\overline{K}_i}{\overline{M}_i}$，故得

$$\{\ddot{\eta}_i(t)\} + \omega_i^2\{\eta_i(t)\} = \frac{1}{\overline{M}_i}\overline{P}_i(t) \quad (i = 1, 2, \cdots, n) \qquad (13\text{-}117)$$

这与单自由度体系的无阻尼时强迫振动方程式形式相同，因而可按同样方法求解。方程式（13-117）的解可用杜哈梅积分求得，在初位移和初速度为零的情况下，参照式（13-55）有

$$\eta_i(t) = \frac{1}{\overline{M}_i\omega_i}\int_0^t \overline{P}_i(t)\sin\omega_i(t-\tau)\mathrm{d}\tau \quad (i = 1, 2, \cdots, n) \qquad (13\text{-}118)$$

这样，就把 n 个自由度结构的计算问题简化为 n 个单自由度的计算问题。在分别求得了各正则坐标 η_1，η_2，$\cdots$，η_n 后，再代入式（13-108）即可得到各几何坐标 y_1，y_2，$\cdots$，y_n。以上解法的关键就在于将位移 $\{y\}$ 分解为各主振型的叠加，故称为振型分解法或振型叠加法。

综上所述，可将振型分解法的步骤归纳如下。

(1)求自振频率 ω_i 和振型 $A^{(i)}$ $\quad$ ($i=1$，2，$\cdots$，n)。

(2)计算广义质量和广义荷载

$$\overline{M}_i = \{A^{(i)}\}^\mathrm{T}MA^{(i)} \quad (i = 1, 2, \cdots, n)$$

$$\overline{P}_i(t) = \{A^{(i)}\}^\mathrm{T}P(t) \quad (i = 1, 2, \cdots, n)$$

（3）求解正则坐标的振动微分方程为

$$\{\ddot{\eta}_i(t)\} + \omega_i^2\{\eta_i(t)\} = \frac{1}{\overline{M}_i}\overline{P}_i(t) \quad (i = 1,2,\cdots,n)$$

与单自由度问题一样求解，得到 η_1，η_2，$\cdots$，η_n。

（4）计算几何坐标。

由 $\{y\}=[A]\{\eta\}$ 求出各质点位移 y_1，y_2，$\cdots$，y_n，然后即可计算其他动力反应（加速度、惯性力、动内力等）。

[例13-10] 例 13-5 的结构在质点 2 处受到突加荷载的作用 [图 13-34a)]，试求两质点的位移和梁的弯矩。

$$P(t) = \begin{cases} 0, & t<0 \\ P, & t>0 \end{cases}$$

解：（1）由例 13-5 知，结构的两个自振频率及振型 [图 13-34b)、图 13-34c)] 为

$$\omega_1 = 5.69\sqrt{\frac{EI}{ml^3}}, \quad \omega_2 = 22.05\sqrt{\frac{EI}{ml^3}}$$

$$\{A^{(1)}\} = \begin{Bmatrix} 1 \\ 1 \end{Bmatrix}, \quad \{A^{(2)}\} = \begin{Bmatrix} 1 \\ -1 \end{Bmatrix}$$

（2）广义质量为

$$\overline{M}_1 = \{A^{(1)}\}^{\mathrm{T}}MA^{(1)}$$

$$= \begin{bmatrix} 1 & 1 \end{bmatrix} \begin{bmatrix} m & 0 \\ 0 & m \end{bmatrix} \begin{Bmatrix} 1 \\ 1 \end{Bmatrix} = 2m$$

$$\overline{M}_2 = \{A^{(2)}\}^{\mathrm{T}}MA^{(2)}$$

$$= \begin{bmatrix} 1 & 1 \end{bmatrix} \begin{bmatrix} m & 0 \\ 0 & m \end{bmatrix} \begin{Bmatrix} 1 \\ -1 \end{Bmatrix} = 2m$$

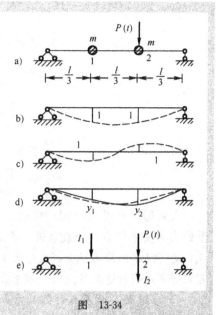

图 13-34

广义荷载为

$$\overline{P}_1(t) = \{A^{(1)}\}^{\mathrm{T}}P(t) = \begin{bmatrix} 1 & 1 \end{bmatrix} \begin{Bmatrix} 0 \\ P(t) \end{Bmatrix} = P(t)$$

$$\overline{P}_2(t) = \{A^{(2)}\}^{\mathrm{T}}P(t) = \begin{bmatrix} 1 & -1 \end{bmatrix} \begin{Bmatrix} 0 \\ P(t) \end{Bmatrix} = -P(t)$$

（3）求正则坐标。由式 (13-118) 有

$$\eta_1(t) = \frac{1}{\overline{M}_1\omega_1}\int_0^t \overline{P}_1(t)\sin\omega_1(t-\tau)\mathrm{d}\tau$$

$$= \frac{1}{2m\omega_1}\int_0^t P\sin\omega_1(t-\tau)\mathrm{d}\tau$$

$$= \frac{P}{2m\omega_1^2}(1-\cos\omega_1 t)$$

$$\eta_2(t) = \frac{1}{\overline{M}_2\omega_2}\int_0^t \overline{P}_2(t)\sin\omega_2(t-\tau)\mathrm{d}\tau$$

$$= \frac{1}{2m\omega_2} \int_0^t (-P) \sin\omega_2 (t-\tau) d\tau$$

$$= -\frac{P}{2m\omega_2^2} (1-\cos\omega_2 t)$$

(4)求位移。由式（13-108）有

$$\begin{Bmatrix} y_1 \\ y_2 \end{Bmatrix} = \begin{bmatrix} 1 & 1 \\ 1 & -1 \end{bmatrix} \begin{Bmatrix} \eta_1 \\ \eta_2 \end{Bmatrix}$$

得

$$y_1 = \eta_1 + \eta_2$$

$$= \frac{P}{2m\omega_1^2} (1-\cos\omega_1 t) - \frac{P}{2m\omega_2^2} (1-\cos\omega_2 t)$$

$$= \frac{P}{2m\omega_1^2} \left[(1-\cos\omega_1 t) - 0.066\ 7 (1-\cos\omega_2 t) \right]$$

$$y_2 = \eta_1 - \eta_2$$

$$= \frac{P}{2m\omega_1^2} \left[(1-\cos\omega_1 t) + 0.066\ 7 (1-\cos\omega_2 t) \right]$$

大致形状如图 13-34d）所示。由上式可见，第二主振型分量的影响比第一主振型分量的影响要小得多。一般来讲，多自由度结构的动力位移主要由前几个较低频率的振型组成，更高频率的影响很小，可略去不计。还必须注意，第一主振型与第二主振型频率不同，它们并不是同时达到最大值，故求最大值时，不能简单地把两个分量的最大值叠加。

(5)求弯矩。两质点的惯性力分别为

$$I_1 = -m_1 \ddot{y}_1 = -\frac{P}{2} (\cos\omega_1 t - \cos\omega_2 t)$$

$$I_2 = -m_2 \ddot{y}_2 = -\frac{P}{2} (\cos\omega_1 t + \cos\omega_2 t)$$

然后由图 13-34e）便可求得梁的弯矩。例如，截面 2 的弯矩为

$$M_2(t) = I_1 \frac{l}{9} + [P(t) + I_2] \frac{2l}{9}$$

$$= \frac{Pl}{6} \left[(1-\cos\omega_1 t) + \frac{1}{3}(1-\cos\omega_2 t) \right]$$

第七节　计算频率的近似方法

由以上讨论可知，随着结构自由度的增多，计算自振频率的工作量也随之加大。但是，在许多工程实际问题中，较为重要的通常只是结构前几个较低的自振频率。这是因为频率越高，则振动速度越大，因而介质的阻尼影响也就越大，相应于高频率的振动形式也就越不容易出现。基于这种原因，用近似法计算结构的较低频率以简化计算就显得必要了。

下面分别介绍能量法和集中质量法。

1. 能量法

能量法本属于精确法，但由于它要求预先假定振动的形式，才能计算相应的频率。由于振型

假定的近似性，故得出的频率也是近似的。这里仅介绍用来求最低频率的能量法即瑞利法。

瑞利法的基本理论出发点是能量守恒原理，对于一个无阻尼的体系自由振动时，体系既无能量输入，也无能量损耗，因而在任一时刻体系的总能量（动能与应变能之和）应保持不变，即

$$K(t) + U(t) = 常量 \tag{13-119}$$

式中：$K(t)$ ——体系在某一时刻的动能；

$U(t)$ ——体系在同一时刻的变形能。

当体系在振动中达到幅值时，动能为零，而变形能则为最大值。反之，在体系经过静平衡位置时，动能有最大值，而变形能则等于零。据此，有

$$0 + U_{\max} = K_{\max} + 0$$

即

$$U_{\max} = K_{\max} \tag{13-120}$$

以梁的自由振动为例，假设其位移为

$$y(x,t) = A(x)\sin(\omega t + \varphi)$$

式中，$A(x)$ 是位移幅值，ω 是自振频率。

其速度为

$$v = \dot{y}(x,t) = A(x)\omega\cos(\omega t + \varphi)$$

因而梁的动能为

$$K(t) = \frac{1}{2}\int_0^t m(t)v^2\,\mathrm{d}x$$

$$= \frac{1}{2}\omega^2\cos^2(\omega t + \varphi)\int_0^t m(x)A^2(x)\,\mathrm{d}x$$

其最大值为

$$K_{\max} = \frac{1}{2}\omega^2\int_0^t m(x)A^2(x)\,\mathrm{d}x \tag{13-121}$$

梁的弯曲应变能为

$$U(t) = \frac{1}{2}\int_0^t \frac{M^2}{EI}\,\mathrm{d}x = \frac{1}{2}\int_0^t EI[y''(x,t)]^2\,\mathrm{d}x$$

$$= \frac{1}{2}\sin^2(\omega t + \varphi)\int_0^t EI[A''(x)]^2\,\mathrm{d}x$$

其最大值为

$$U_{\max} = \frac{1}{2}\int_0^t EI[A''(x)]^2\,\mathrm{d}x \tag{13-122}$$

由式（13-120）得

$$\omega^2 = \frac{\displaystyle\int_0^t EI[A''(x)]^2\,\mathrm{d}x}{\displaystyle\int_0^t m(x)A^2(x)\,\mathrm{d}x} \tag{13-123}$$

利用上式计算自振频率 ω 时，必须知道振型曲线 $A(x)$。ω 求解的精度取决于 $A(x)$ 的假设的精确性，如果 $A(x)$ 选择的是精确的 i 振型函数，则可求得第 i 个频率 ω_i 的精确值，否则为近似值。由于第一主振型易于假设，故通常用此法求基本频率，对于较高频率的振型难以假设，通常误差很大，所以求其他频率一般不采用此法。

如果梁上除分布质量 $m(x)$ 外，还有集中质量 m_i（$i = 1, 2, \cdots, n$），则上式应改为

$$\omega^2 = \frac{\int_0^t EI[A''(x)]^2 \mathrm{d}x}{\int_0^t m(x)A^2(x)\mathrm{d}x + \sum_i m_i A_i^2} \tag{13-124}$$

式中，A_i 是集中质量 m_i 处的位移幅值。

假设的振型函数 $A(x)$ 必须是满足边界条件的函数，静挠曲线是一种满足边界条件的曲线，故常选用它作为振型曲线求解基本频率（静挠曲线与第一主振型形状接近）。当选取静挠曲线作为振型函数 $A(x)$ 时，此时的应变能可用相应荷载 $q(x)$ 所做的功来代替，即

$$U_{\max} = W_{\max} = \frac{1}{2}\int_0^t q(x)A(x)\mathrm{d}x$$

而式（13-124）可改写为

$$\omega^2 = \frac{\int_0^t q(x)A(x)\mathrm{d}x}{\int_0^t m(x)A^2(x)\mathrm{d}x + \sum_i m_i A_i^2} \tag{13-125}$$

[例 13-11] 试求等截面简支梁的第一频率。

解： 下面分别选择几种不同的曲线作为振型函数计算其频率，注意坐标原点均选在梁左端。

(1)取均布荷载 q 作用下的挠度曲线作为 $A(x)$，则

$$A(x) = \frac{q}{24EI}(l^2 x^2 - 2l x^3 + x^4)$$

代入式（13-125），得

$$\omega_1^2 = \frac{\int_0^t qA(x)\mathrm{d}x}{\int_0^t m(x)A^2(x)\mathrm{d}x} = \frac{\dfrac{q^2}{24EI}\int_0^t (l^2 x^2 - 2l x^3 + x^4)\mathrm{d}x}{\dfrac{mq^2}{(24EI)^2}\int_0^t (l^2 x^2 - 2l x^3 + x^4)^2 \mathrm{d}x}$$

$$\omega_1 = \frac{9.88}{l^2}\sqrt{\frac{EI}{m}} \text{（误差为 } +0.1\% \text{）}$$

(2)设位移函数为正弦曲线

$$A(x) = a\sin\frac{\pi x}{l}$$

代入式（13-123），得

$$\omega_1^2 = \frac{\int_0^t EI[A''(x)]^2 \mathrm{d}x}{\int_0^t m(x)A^2(x)\mathrm{d}x} = \frac{EI\left(\dfrac{a\pi^2}{l^2}\right)^2 \int_0^t \left(\sin\dfrac{\pi x}{l}\right)^2 \mathrm{d}x}{ma^2 \int_0^t \left(\sin\dfrac{\pi x}{l}\right)^2 \mathrm{d}x}$$

$$\omega_1 = \sqrt{\frac{\pi^4 EI}{ml^4}} = \frac{9.87}{l^2}\sqrt{\frac{EI}{m}} \text{（为精确解）}$$

(3)设形状函数为抛物线

$$A(x) = Bx(l - x)$$

$$A''(x) = -2B$$

代入式（13-123），得

$$\omega_1^2 = \frac{\int_0^t EI[A''(x)]^2 \mathrm{d}x}{\int_0^t m(x)A^2(x)\mathrm{d}x} = \frac{EI(2B)^2 \int_0^t \mathrm{d}x}{mB^2 \int_0^t (lx-x^2)^2 \mathrm{d}x}$$

$$\omega_1 = \sqrt{\frac{120EI}{ml^4}} = \frac{10.95}{l^2}\sqrt{\frac{EI}{m}} \text{（误差为} +10.08\%\text{）}$$

[例 13-12] 求图 13-35a) 所示刚架对称振动和反对称振动时的最低频率。各杆的 m 和 EI 相同。

解：（1）求对称振动的最低频率。

用横梁作用均布荷载的静挠曲线 [图 13-35b)] 作为位移函数，以 $H(x)$ 代表横梁的挠曲线，$V(y)$ 代表柱子的挠曲线，由静力学方法求得

$$H(x) = \frac{q}{72EI}(l^3x + 2l^2x^2 - 6lx^3 + 3x^4)$$

$$V(y) = \frac{q}{72EI}(l^2y^2 - ly^3)$$

代入式（13-125），得

$$\omega_1^2 = \frac{\int_0^t qH(x)\mathrm{d}x}{\int_0^t mH^2(x)\mathrm{d}x + 2\int_0^t mV^2(y)\mathrm{d}y} = 174\frac{EI}{ml^4}$$

则

$$\omega_1 = \frac{13.2}{l^2}\sqrt{\frac{EI}{m}}$$

精确解为 $\dfrac{12.65}{l^2}\sqrt{\dfrac{EI}{m}}$，误差为 $+4.35\%$。

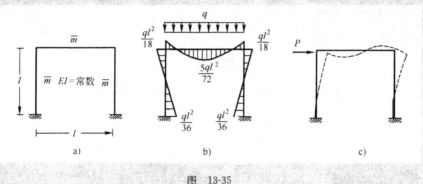

图 13-35

（2）反对称振动的最低频率。

采用柱顶作用水平集中力的挠曲线 [图 13-35c)] 作为振型曲线，则

$$H(x) = \frac{3P}{84EI}(3lx^2 - l^2x - 2x^3)$$

$$V(y) = \frac{P}{84EI}(12ly^2 - 7y^3)$$

结点水平位移为

$$\Delta=\frac{5Pl^3}{84EI}$$

故体系外力功为

$$W_{max}=\frac{1}{2}P\Delta=\frac{5P^2l^3}{168EI}$$

体系的最大动能为

$$K_{max}=\frac{1}{2}\omega^2\left[\int_0^l mH^2(x)\mathrm{d}x+2\int_0^l mV^2(y)\mathrm{d}y+ml\Delta^2\right]$$

上式中 $\frac{1}{2}ml\Delta^2$ 为横梁由于水平运动产生的动能，由 $W_{max}=K_{max}$ 可得

$$\omega_1=\frac{3.21}{l^2}\sqrt{\frac{EI}{m}}$$

精确解为 $\dfrac{3.204}{l^2}\sqrt{\dfrac{EI}{m}}$，误差为 $+1.84\%$。

2. 集中质量法

把结构的分布质量在一些适当的位置集中起来而简化为若干集中质量，即将无限自由度体系简化为单自由度和多自由度体系。显然，集中质量的数目越多，精度越高，但计算的工作量也随之增大。为了保证足够精度，通常选取集中质量的数目比所需求的频率数多一倍。

下面以图 13-36 所示的均匀质量的简支梁自振频率为例说明集中质量的个数对计算精度的影响。

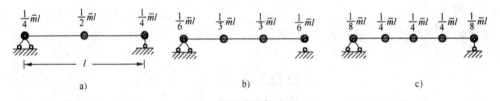

图 13-36

自由度数	第一频率 ω_1	第二频率 ω_2	第三频率 ω_3
1	$\dfrac{9.80}{l^2}\sqrt{\dfrac{EI}{m}}$		
2	$\dfrac{9.86}{l^2}\sqrt{\dfrac{EI}{m}}$	$\dfrac{38.2}{l^2}\sqrt{\dfrac{EI}{m}}$	
3	$\dfrac{9.865}{l^2}\sqrt{\dfrac{EI}{m}}$	$\dfrac{39.2}{l^2}\sqrt{\dfrac{EI}{m}}$	$\dfrac{84.6}{l^2}\sqrt{\dfrac{EI}{m}}$

由上述结果可以看出：集中质量的数目越多，精度越高；在其低频的精度高的同时，高频的误差却相对增大。

对于刚架，横梁的质量可按杠杆原理将分布质量分段集中于梁的两端，侧柱则须根据柱

下端的约束条件将质量适当分配于柱顶。如果柱下端铰支，宜将柱 40% 的质量集中于柱顶 [图 13-37b)]；如果柱下端固定，宜将柱 30% 的质量集中于柱顶 [图 13-37d)]。

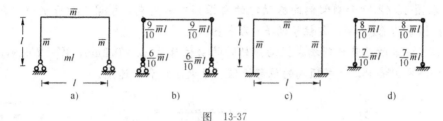

图 13-37

思 考 题

1. 动力荷载的特点是什么？它与静力荷载有什么区别？动力计算与静力计算的主要区别是什么？

2. 结构动力计算中自由度的概念与结构几何组成分析中自由度的概念有何不同？

3. 为什么说结构的自振频率是体系固有的性质？它与哪些因素有关？

4. 弱阻尼对自振频率和振幅有什么影响？

5. 何谓动力系数？它与哪些因素有关？

6. 在什么范围内阻尼对动力系数的影响是不可忽视的？

7. 柔度法和刚度法分别是根据什么原理建立体系的运动方程？并说明在什么情况下用柔度法较为简单，在什么情况下用刚度法较为简单。

8. 什么是主振型？在什么情况下，多自由度体系将只按某个主振型振动？

9. 多自由度体系各质点的位移、内力的动力系数是否相同？

10. 能量法的基本原理是什么？它为何只宜用于求最低频率？

习 题

1. 确定图 13-38 所示体系的振动自由度（略去各集中质点转动惯量）。

2. 试列出图 13-39 所示体系的振动微分方程，不考虑阻尼影响。

3. 试求图 13-40 所示结构的自振频率和周期，不考虑结构的自重及阻尼的影响。

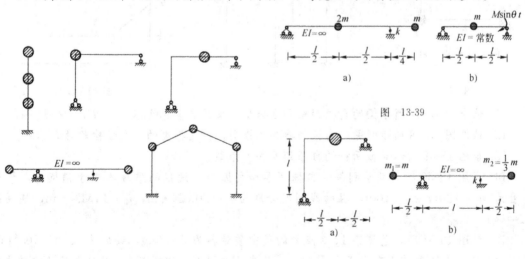

图 13-38

图 13-39

图 13-40

4. 试求图 13-41 所示桁架的自振频率。设各杆件截面相同，$A = 2 \times 10^{-3}\,\text{m}^2$，$E = 206\text{GPa}$。质量 m 的重力为 $mg = 40\text{kN}$。各杆质量及质点 m 的水平运动忽略不计。

5. 试求图 13-42 所示刚架侧向振动时的自振频率和周期。横梁及柱子的部分质量集中在横梁处，横梁的 $EI = \infty$，各柱子的 EI 为常量。

6. 设图 13-43 所示竖杆顶端在振动开始时的初位移为 $y_0 = 0.1\text{cm}$，$W = 20\text{kN}$，$E = 2 \times 10^6\text{Pa}$，$I = 16 \times 10^4\text{cm}^4$，试求顶端的位移幅值、最大速度和加速度。

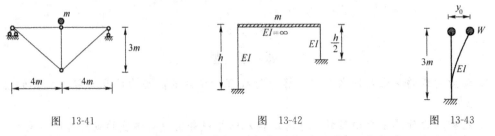

图 13-41   图 13-42   图 13-43

7. 测得某结构自由振动经过 5 周后的振幅降为原来的 15%，试求其阻尼比 ξ。

8. 有一集中质量 $W = 10\text{kN}$ 置于悬臂梁的端部（图 13-44），并作用有振动荷载 $P\sin\theta t$，且 $P = 2.5\text{kN}$，若不考虑阻尼，试计算梁在简谐荷载作用下的最大竖向位移和最大负弯矩。已知梁的 $E = 2 \times 10^{11}\text{Pa}$，$I = 1\,130\text{cm}^4$，$l = 1.50\text{m}$，$\theta = 57.6\text{s}^{-1}$。

9. 图 13-45 所示为结构自由振动实验，用油压千斤顶使横梁产生侧移，当梁侧移 0.49cm 时，需施加侧向力 90.698kN。在此初始状态下放松横梁（即卸载），经过一个周期（$T = 1.40\text{s}$）后，横梁最大位移为 0.392cm，试求：

(1) 结构的重量 W（假设重量集中在横梁上）；

(2) 阻尼比；

(3) 振动 6 个周期后的位移振幅。

10. 设有一自振频率为 ω 的单自由度体系，承受图 13-46 所示荷载作用，试求 $t > t_d$ 时动力系数的表达式。

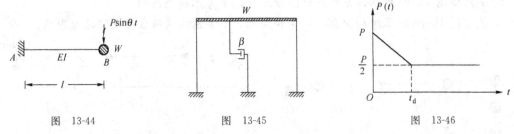

图 13-44   图 13-45   图 13-46

11. 试求图 13-47 所示梁的自振频率和主振型（梁的自重忽略不计）。$EI = $ 常量。

12. 试求图 13-48 所示刚架的自振频率和主振型，并用振型的正交性检验计算结果。

13. 求图 13-49 所示等截面杆的自振频率和主振型。

14. 求图 13-50 所示两层刚架的自振频率和主振型。设柱的质量集中于横梁上，横梁总重为 $m_1 = 120\text{t}$，$m_2 = 100\text{t}$，柱的线刚度分别为 $i_1 = 20\text{MN}\cdot\text{m}$，$i_2 = 14\text{MN}\cdot\text{m}$，横梁的 $EI = \infty$。

15. 设图 13-51 所示悬臂梁 1、2 点处的集中质量各为 $3\,000\text{kg}$，梁的 $I = 2.4 \times 10^{-4}\text{m}^4$，$E = 210\text{GPa}$，在 1 处作用有干扰力 $P\sin\theta t$，其中 $P = 5\text{kN}$，$n = 500\text{r/min}$，试求梁的动力弯矩图。

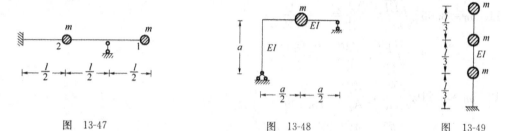

图 13-47　　　　　　　　図 13-48　　　　　　　　図 13-49

16. 在习题14两层刚架的上层横梁水平方向作用干扰力 $P\sin\theta t$，如图 13-52 所示，其中 $P=5\mathrm{kN}$，机器转速 $n=150\mathrm{r/min}$，试求一、二层横梁处的振幅值和柱端 A 的弯矩幅值。

17. 试用振型叠加法重做习题16。

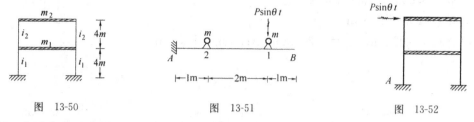

图　13-50　　　　　　　　图　13-51　　　　　　　　图　13-52

18. 试用能量法求图 13-53 所示梁的第一频率。

19. 试用集中质量法求图 13-54 所示刚架的最低频率（提示：第一频率对应于反对称的振动形式）。

图　13-53　　　　　　　　　　　　图　13-54

部分习题答案

1. 3，1，2，1，2。

3. $\omega=\dfrac{16}{l}\sqrt{\dfrac{6EI}{23ml}}$，$T=\sqrt{\dfrac{k}{\mathrm{m}}}$。

4. $\omega=86.51\dfrac{1}{s}$。

5. $\omega=\dfrac{6}{k}\sqrt{\dfrac{3EI}{mh}}$。

6. $y_{\max}=0.1\mathrm{cm}$，$v_{\max}=4.175\mathrm{cm/s}$，$a_{\max}=174.3\mathrm{cm/s^2}$。

7. $\xi=0.03$。

8. $y_{\max}=0.697\mathrm{cm}$，$M_A=20.6\mathrm{kN\cdot m}$。

9. $W=8\,817\mathrm{kN}$，$\xi=0.035\,5$，$y_{\max}=0.128\,5\mathrm{cm}$。

10. $\beta(t)=1-2\cos\omega t+\dfrac{1}{\omega t_{\mathrm{d}}}\left[\sin\omega t-\sin\omega\left(t-t_{\mathrm{d}}\right)\right]$。

11. $\omega_1 = 3.062\sqrt{\dfrac{EI}{ml^3}}$, $\dfrac{A_1^{(1)}}{A_2^{(1)}} = -\dfrac{1}{0.160\,2}$;

$\omega_2 = 12.298\sqrt{\dfrac{EI}{ml^3}}$, $\dfrac{A_1^{(2)}}{A_2^{(2)}} = \dfrac{0.160\,2}{1}$。

12. $\omega_1 = 1.219\sqrt{\dfrac{EI}{ma^3}}$, $\dfrac{A_1^{(1)}}{A_2^{(1)}} = \dfrac{1}{10.429}$;

$\omega_2 = 8.213\sqrt{\dfrac{EI}{ma^3}}$, $\dfrac{A_1^{(2)}}{A_2^{(2)}} = -\dfrac{10.403}{1}$。

13. $\omega_1 = 1.52\sqrt{\dfrac{EI}{ml^3}}$; $\omega_2 = 9.95\sqrt{\dfrac{EI}{ml^3}}$; $\omega_3 = 26.77\sqrt{\dfrac{EI}{ml^3}}$。

14. $\omega_1 = 9.88\text{s}^{-1}$; $\omega_2 = 23.18\text{s}^{-1}$。

15. $M_A = 29.45\text{kN} \cdot \text{m}$。

16. $A_1 = 0.202\text{mm}$; $A_2 = 0.206\text{mm}$; $M_A = 6.06\text{kN} \cdot \text{m}$。